高等职业教育建设工程管理类专业系列教材
GAODENG ZHIYE JIAOYU JIANSHE GONGCHENG GUANLI LEI ZHUANYE XILIE JIAOCAI

GONGCHENG ZHAOTOUBIAO YU HETONG GUANLI

工程招投标与合同管理

主　编/吴渝玲

副主编/姚翔宇　张　禾　饶　婕

参　编/黄　怀　胡孝彭　张家瑛　周润然　付小凤　肖　露

主　审/周雪梅

重庆大学出版社

内容提要

本书根据我国最新颁布的规范、标准编写，适应现代建设工程发展的需要。本书分为 8 个项目，内容包括绪论，建设工程招标，建设工程投标，建设工程开标、评标与定标，建设工程合同，建设工程施工合同管理，施工索赔，BIM 招投标。本书在编写过程中考虑到高职高专的教学要求及特点，力求内容充实、精炼，突出重点，并理论联系实际，文字通俗易懂，便于教学。

本书可作为高职高专土木工程大类学科专业教材，还可作为土建施工类及工程管理类执业资格考试的培训教材，还可供有关工程技术人员自学参考。

图书在版编目(CIP)数据

工程招投标与合同管理/吴渝玲主编. --重庆：
重庆大学出版社，2024.4
高等职业教育建设工程管理类专业系列教材
ISBN 978-7-5689-4236-2

Ⅰ.①工…　Ⅱ.①吴…　Ⅲ.①建筑工程—招标—高等职业教育—教材 ②建筑工程—投标—高等职业教育—教材 ③建筑工程—经济合同—管理—高等职业教育—教材
Ⅳ.①TU723

中国国家版本馆 CIP 数据核字(2024)第 051163 号

高等职业教育建设工程管理类专业系列教材

工程招投标与合同管理

主　编　吴渝玲
副主编　姚翔宇　张　禾　饶　婕
主　审　周雪梅
策划编辑：刘颖果
责任编辑：杨育彪　版式设计：刘颖果
责任校对：王　倩　责任印制：赵　晟

*

重庆大学出版社出版发行
出版人：陈晓阳
社址：重庆市沙坪坝区大学城西路 21 号
邮编：401331
电话：(023) 88617190　88617185(中小学)
传真：(023) 88617186　88617166
网址：http://www.cqup.com.cn
邮箱：fxk@cqup.com.cn (营销中心)
全国新华书店经销
重庆正光印务股份有限公司印刷

*

开本：787mm×1092mm　1/16　印张：18.25　字数：457 千
2024 年 4 月第 1 版　2024 年 4 月第 1 次印刷
印数：1—2 000
ISBN 978-7-5689-4236-2　定价：49.00 元

前　言

随着我国招投标市场的不断发展和完善，相关部委根据市场需求及经济发展，也在不断完善相关法律法规和行政规范性文件。电子招投标技术已广泛应用于国家及各省市公共资源中心建设，为紧跟我国招投标制度的发展步伐，本书在编写过程中，参照了《中华人民共和国标准施工招标文件》、《建设项目工程总承包合同示范文本（试行）》（GF-2011-0216）、2019年最新修订的《中华人民共和国招标投标法实施条例》、《建设工程施工合同（示范文本）》（GF-2017-0201）、《国家发展改革委等部门关于严格执行招标投标法规制度进一步规范招标投标主体行为的若干意见》（发改法规〔2022〕1117号）等文件，内容涵盖了近几年新出现的承发包模式、招投标变化及索赔变化等新内容，突出对学生招标、投标文件的编制和合同管理能力的培养，保证了学生在校期间能够完成建设工程项目从招标、投标到开标、评标、定标的全过程，以及工程项目合同管理的具体实施流程的学习，并具备工程项目招标文件与投标文件的编制能力和工程项目合同的管理能力。

本书采用任务驱动式教材模式，共分为绪论，建设工程招标，建设工程投标，建设工程开标、评标与定标，建设工程合同，建设工程施工合同管理，施工索赔与BIM招投标等8个项目。

本书注重实践性，意在使学生掌握建设工程招投标及合同管理的理论和方法。本书的特色在于：

（1）从国际和国内建筑市场的基本概念、现状和构成要素入手，内容结构从宏观到微观层层展开，使学生从建筑市场的全局开始学习招投标的基本理论。

（2）在各个章节中坚持理论教学与案例教学相结合，通过大量的案例介绍强化理论知识学习，增强了本书的实用性和可读性。

（3）结构清晰，内容充实，对国内工程招投标、合同管理等内容进行了较详尽的论述。

（4）为达到职业教育德技并修、育训结合的目的，积极响应"把思想政治工作贯穿教育教学全过程"的号召，提炼出本书课程思政方案，通过内容导引、问题与思考、总结分析等环节把法治意识、职业道德、工匠精神等思政教育有机融入课程教学，达到润物细无声的育人效果。

（5）系统梳理全书和各章的知识脉络，突出教学重难点，引导学生对所学知识有所侧重地进行预习和总结，有助于学生进行拓展思考，提升学习效果，从而使学生真正实现学会学习。

本书由重庆水利电力职业技术学院吴渝玲担任主编并负责全书统稿，由重庆建工第九建设有限公司周雪梅担任主审。项目一由重庆水利电力职业技术学院张家瑛、重庆市住房和城乡建设工程造价总站黄怀编写，项目二由重庆水利电力职业技术学院姚翔宇编写，项目三由重庆水利电力职业技术学院张禾编写，项目四由重庆水利电力职业技术学院吴渝玲、江西建设职业技术学院饶婕编写，项目五由重庆电子工程职业学院肖露编写，项目六由重庆水利电力职业技术学院付小凤编写，项目七由重庆水利电力职业技术学院吴渝玲、重庆市住房和城乡建设工程造价总站黄怀编写，项目八由重庆水利电力职业技术学院周润然编写，课程涉及的动画资源由重庆水利电力职业技术学院胡孝彭制作。

本书为“重庆市首届重点建设教材”，也是中国职业技术教育学会教学改革与教材建设课题研究课题“基于大数据《工程招投标与合同管理》课程智慧教材教学平台的构建与应用研究(课题编号:1711066)”成果之一，本书配套资源已上线智慧职教 MOOC 学院及重庆高等教育智慧教育平台，对应课程“工程招投标与合同管理”被评为重庆市市级精品在线开放课程。

本书在编写中参考和引用了所列参考文献中的部分内容，谨向这些文献的作者致以衷心的谢意！由于编者水平有限，书中疏漏和不妥之处在所难免，欢迎广大读者批评指正。

编　者
2023 年 12 月

课程思政元素

本书从“格物、致知、诚意、正心、修身、齐家、治国、平天下”的中国传统文化角度着手，再结合社会主义核心价值观“富强、民主、文明、和谐、自由、平等、公正、法治、爱国、敬业、诚信、友善”设计课程思政的主题。然后紧紧围绕“价值塑造、能力培养、知识传授”三位一体的课程建设目标，在课程内容中寻找相关的落脚点，通过案例、知识点等教学素材的设计运用，以润物细无声的方式将正确的价值追求有效地传递给学生，以期培养学生的理想信念、价值取向、政治信仰、社会责任，全面提高学生缘事析理、明辨是非的能力，把学生培养成德才兼备、全面发展的人才。

书中每个思政元素的教学过程都包括内容导引、展开研讨、总结分析等环节。在课堂教学中，教师可结合下表中的内容导引，针对相关知识点或案例，引导学生进行思考或展开讨论。

内容导引 （案例或知识点）	问题与思考	课程思政元素
鲁布革水电站	招投标制度在我国的发展历程	竞争意识 工匠精神
工程承发包	1. 工程承发包模式 2. 违反发包、分包、转包的后果	法治意识 职业精神
建筑市场的资质管理	1. 为什么我国会对建筑市场实施资质管理制度？ 2. 请同学们查阅中华人民共和国成立以来，我国建筑市场资质管理的相关规定，通过对比，可以发现什么变化规律？ 3. 作为未来的建筑业从业人员，你有什么职业规划？	国家发展 现代化 职业规划
理想之城	结合电视剧《理想之城》，造价工程师执业资格的内容有哪些？	职业规划 职业精神
招标投标法	2017 招投标法的新增、修订法律条款内容有哪些？	职业道德 法治意识

续表

内容导引 (案例或知识点)	问题与思考	课程思政元素
招投标概述	招投标与承发包的关系是什么?	爱国热情 职业自豪感
招投标暗箱操作案例	招投标中的围标、串标有哪些情况?	遵纪守法
工程招标程序	1. 工程招标一般遵循什么程序? 2. 思考一下,招标投标仅仅是一种市场行为吗?	法治意识 职业精神
招标文件的编制	编写招标文件应注意哪些问题?	法治意识 诚信意识 专业能力 职业精神
招标、投标文件的编制	招投标文件编制中对安全生产许可证、安全员资格证的要求	安全意识
投标文件的编制	投标文件组成内容有哪些?	团结协作 集体荣誉感
投标决策	投标决策的内容有哪些?	职业道德观
决策树的运用	决策树案例的计算过程是怎样的?	工匠精神
投标技巧	常见的投标技巧有哪些?	竞争意识
不平衡报价	结合南水北调工程,谈谈不平衡报价的内容有哪些	法治意识
废标与无效标	1. 什么情况下是废标、无效标 2. 废标与无效标的区别	严谨作风 职业道德观
联合体投标	1. 联合体的资质等级是由较高还是较低单位的资质等级决定的? 2. 你知道木桶效应吗?	努力学习 个人管理 团队合作 集体主义
投标行为的 限制性规定	1. 投标人相互串通投标的情形有哪些? 2. 投标人与招标人相互串通投标的情形有哪些?	法律意识 诚信意识 规范与道德
招标控制价、 投标报价	编制招标控制价、投标报价的注意事项有哪些?	遵纪守法 创新意识 职业道德
完美工期	结合技术标的编制,说说针对工期编制的方式有哪些	中庸思想 儒家思想 拼搏精神

续表

内容导引 （案例或知识点）	问题与思考	课程思政元素
开标程序	1. 开标会议流程中的注意事项有哪些？ 2. 现实工作中的开标会议有哪些常见错误？	法治意识 专业能力 职业道德 职业规范
评标委员会	1. 评标委员会的组建是如何体现公平公正原则的？ 2. 评标委员会如不依法评标将承担什么法律责任？	规范与道德 法律意识
民法典	民法典中关于合同的内容有哪些？	知法守法 诚实守信
合同法律基础	1. 当今社会明确双方权利及义务关系的主要方式是什么？ 2. 合同法律关系的三要素是指什么？	法律意识 诚信意识
合同的效力	1. 合同的生效要件有什么？ 2. 无效合同或被撤销合同的法律后果有哪些？	法治意识
合同的履行、担保、变更转让、终止	1. 合同的履行和担保形式有哪些？ 2. 合同变更的内容是什么？ 3. 违约责任承担的方式有哪些？ 4. 争议处理的方式有哪些？	遵纪守法
建设工程施工示范文本	2017 示范文本的内容有哪些？	诚实守信 竞争意识
阴阳合同	什么是阴阳合同？	合法纳税 城市守信
合同谈判	合同谈判的注意事项有哪些？	职场礼仪
合同纠纷	合同抗辩权是怎么行使的？	法治意识 职业道德
进度控制条款分析	什么是隐蔽工程？简述隐蔽工程的检查程序	科技发展 产业报国
质量控制条款分析	施工过程中如何对材料质量进行控制？	质量强国 创新意识
施工合同履行的一般原则	1. 合同履行应遵循什么原则？ 2. 全面履行原则有没有履行顺序？	法治意识
争议解决	1. 出现合同争议时，一般怎么解决？ 2. 争议解决的途径体现了我国哪些优良传统美德？	契约意识 法律意识
风险分担	1. 你认为建设工程中存在哪些风险？ 2. 我国的建设法律法规体系对合同各主体在工程建设过程中应履行的义务和承担的责任作了哪些要求？	风险意识 职业规划 法律意识

续表

内容导引 （案例或知识点）	问题与思考	课程思政元素
工程合同体系协调	目前大型工程众多，合同关系复杂，业主该如何协调合同关系？	法律意识 职业精神
施工合同管理	结合四史教育，阐述施工合同管理内容有哪些	契约精神
索赔	结合相关案例，谈谈索赔主动性的重要性	法治意识 诚实友善
FIDIC 土木工程 施工合同	结合一带一路，谈谈 FIDIC 条款与 2017 示范文本的区别	中国制造
港珠澳大桥	招投标在工程项目管理中的重要性有哪些？	中国制造 爱国意识 创新意识
BIM 招投标	BIM 招投标与传统招投标的区别有哪些？	创新意识 严谨意识

目　录

项目一　绪　论

知识目标

1. 了解工程承发包的概念、内容、方式；
2. 掌握建筑市场的概念；
3. 熟悉建设工程交易中心的功能及运行程序；
4. 掌握建设工程招标投标的概念、分类、特点；
5. 掌握招投标活动的基本原则；
6. 了解招标投标法的概念；
7. 熟悉招标人、投标人的概念；
8. 熟悉施工招标应当具备的条件；
9. 掌握强制招标的范围和规模标准、招标方式；
10. 掌握联合体投标；
11. 掌握开标、评标、中标的法律规定。

素养目标

1. 培养学生的团队合作能力。
2. 培养学生良好的沟通能力。
3. 培养学生发现问题和解决问题的能力。

驱动任务训练

1. 工程承发包的概念是什么？
2. 工程承发包的内容有哪些？
3. 我国建设工程招标投标活动应当遵循的基本原则主要有哪些？
4. 工程建设项目招标的条件有哪些？
5. 法律规定哪些项目发包必须进行招标？

6. 开标过程中确定为废标的情况有哪些？
7. 投标中的重大偏差有哪些？

案例导入

建筑市场的挂证族

当前建筑业存在各种不诚信行为，如挂证、业务挂靠、阴阳合同、非法分包、串标围标、偷工减料等，极大地阻碍了建筑业的健康发展。

王某是重庆市某政府部门的公务人员，因为业余时间比较充足，2010 年考取了国家一级建造师证书（房建和市政两个专业）。但王某并不打算辞去令人艳羡的"铁饭碗"，于是通过朋友介绍把证件"挂"在了四川××工程有限公司，一年可得 6 万元。不用付出任何劳动就可以获得丰厚的报酬，王某心里乐滋滋的，完全不考虑挂证给建筑市场带来的各种危害。

2018 年 11 月 27 日，住房和城乡建设部发文，联合多部门开展工程建设领域专业技术人员职业资格"挂证"等违法违规行为专项整治工作。王某不知悔改，于 2019 年被查到挂证事实。对其处罚如下：撤销其一级建造师证书注册许可，自撤销注册之日起 3 年内不得再次申请注册，记入不良行为记录并列入建筑市场的"黑名单"，向社会公布；根据《注册建造师管理规定》第三十七条规定没收其全部非法所得 54 万元，并通报其工作单位根据《中华人民共和国公务员法》对其作出相应处分。

案例分析：

挂证的"重灾区"就是建筑业，如注册建造师、注册造价师、注册建筑师、注册岩土工程师、注册电气工程师等资格证被明码标价，从培训辅导到中介介绍，"挂证"形成了完整的利益链。

挂证是一种不诚信行为，会造成人、证分离，有证的人不执业，执业的人没有证。这会给建筑市场带来严重危害。以注册建造师为例来说明挂证所带来的危害。首先，建设工程的项目经理要求必须有一级或者二级建造师证，而在存在挂证的情况下，实际执业的项目经理可能无证上岗，其在专业知识和能力上肯定存在一定的不足，无法保证项目的高水平管理。其次，因为项目经理冒用了他人的建造师证件，并不是形式上的责任人，所以会存在掉以轻心的情况，甚至故意偷工减料导致工程出现质量隐患。再次，挂证的人不仅不劳而获，还漏缴个人所得税从而获得非法收入，这助长了社会不良风气。最后，挂证会造成"劣币驱除良币"现象，真正懂专业的人不执业，真正执业的人不去学习只花钱买证，这会严重扰乱建筑业市场秩序。

思政升华：

引导学生深刻理解并自觉实践各行业的职业精神和职业规范，增强职业责任感，培养遵纪守法、诚实守信的职业品格和行为习惯。

任务一　工程承发包

一、工程承发包的概念

承发包是一种经营方式，是指交易的一方负责为交易的另一方完成某项工作或供应一批货物，并按一定的价格取得相应报酬的交易行为。工程承发包是指根据协议，作为交易一方的建筑施工企业，负责为交易另一方的建设单位完成某项工程的全部或部分工作，并按一定的价格取得相应的报酬。委托任务并负责支付报酬的一方称为发包人（建设单位、业主）；接受任务，负责按时保质保量完成任务并取得报酬的一方称为承包人（建筑施工企业、承包商）。发包人与承包人应当依法订立书面合同，明确双方的权利和义务。

我国在工程建设中采取的经营方式有自营和承包两种。承包方式又可分为指定承包、协议承包和招标承包。

自营方式是指建设单位自己组织施工力量，直接领导组织施工，完成所需进行的建筑安装工程。这种方式在我国1949年后的国民经济恢复时期采用得比较多，但不能适应大规模生产建设的需要，现在已基本不采用。

指定承包是指国家对建筑施工企业下达工程施工任务，建筑施工企业接受任务并完成。

协议承包是指建设单位与建筑施工企业就工程内容及价格进行协商，签订承包合同。

招标承包是指由三家以上建筑施工企业进行承包竞争，建设单位择优选定建筑施工企业，并与其签订承包合同。

二、工程承发包的内容

辉煌中国——港珠澳大桥

工程承发包的内容非常广泛，可以对工程项目建设的全过程进行总承发包，也可以分别对工程项目的项目建议书、可行性研究、勘察与设计、材料和设备的采购供应、建筑安装工程施工、生产职工培训、建设工程监理等进行阶段性承发包。

1. 项目建议书

项目建议书是建设单位向国家提出的要求建设某一项目的建设文件，主要内容是项目的性质、用途、基本内容、建设规模及项目的必要性和可行性分析等。项目建议书可由建设单位自行编制，也可委托工程咨询机构代为编制。

2. 可行性研究

项目建议书经批准后，应进行项目的可行性研究。可行性研究是国内外广泛采用的一种研究工程建设项目的技术先进性、经济合理性和建设可能性的科学方法。

可行性研究的主要内容是对拟建项目的一些重大问题，如市场需求、资源条件、原料、燃料、动力供应条件、厂址方案、拟建规模、生产方式、设备选型、环境保护、资金筹措等,从技术和经济两方面进行详尽的调查研究,分析计算和进行方案比较,并对这个项目建成后可能取得的技术效果和经济效益进行预测,从而提出该项工程是否值得投资建设和怎样投资建设的意见,为投资决策提供可靠的依据。此阶段的任务,可委托工程咨询机构完成。

3. 勘察与设计

勘察与设计之间既有密切联系,又有显著的区别。

(1)工程勘察

工程勘察的主要内容是工程测量、水文地质勘察和工程地质勘察,其任务是查明工程项目建设地点的地形地貌、地层土壤岩性、地质构造、水文条件等自然地质条件,做出鉴定和综合评价,为建设项目的选址、工程设计和施工提供科学的依据。

(2)工程设计

工程设计是工程建设的主要环节,是从技术和经济上对拟建工程进行的全面规划。大中型项目一般采用两阶段设计,即初步设计和施工图设计。对一些大型联合企业、矿区和水利水电枢纽工程,为解决总体部署和开发问题,还需进行总体规划设计和总体设计。

该阶段可通过方案竞选、招标投标等方式选定勘察设计单位。

4. 材料和设备的采购供应

建设项目所需的材料和设备,涉及面广、品种多、数量大。材料和设备采购供应是工程建设过程中的重要环节。建筑材料的采购供应方式有公开招标、询价报价、直接采购等。设备的采购供应方式有委托承包、设备包干、招标投标等。

5. 建筑安装工程施工

建筑安装工程施工是工程建设过程中的一个重要环节,是把设计图纸付诸实施的决定性阶段。其任务是把设计图纸变成物质产品,如工厂、矿井、电站、桥梁、住宅、学校等,使预期的生产能力或使用功能得以实现。建筑安装施工内容包括施工现场的准备工作,永久性工程的建筑施工、设备安装及工业管道安装工程等。此阶段主要采用招标投标的方式进行工程的承发包。

6. 生产职工培训

基本建设的最终目的就是形成新的生产能力。为了使新建项目建成后交付使用、投入生产,在建设期间就要准备合格的生产技术工人和配套的管理人员。因此,需要组织生产职工培训。这项工作通常由建设单位委托设备生产厂家或同类企业进行,在实行总承包的情况下,则由总承包单位负责,委托适当的专业机构、学校、工厂去完成。

7. 建设工程监理

建设工程监理是指监理单位接受项目业主的委托,依据国家批准的工程项目建设文件、有关工程建设的法律法规和工程建设监理合同及其他工程建设合同,对工程建设实施的监督和管理。

三、工程承发包的方式

1.按承发包范围(内容)划分承发包方式

(1)建设全过程承发包

建设全过程承发包又叫统包、一揽子承包、交钥匙合同。它是指发包人一般只要提出使用要求、竣工期限或对其他重大决策性问题作出决定,承包人就可对项目建议书、可行性研究、勘察与设计、材料和设备的采购供应、建筑安装工程施工、生产准备、竣工验收、投产使用和建设后评估等全过程实行全面总承包,并负责对各项分包任务和必要时被吸收参与工程建设有关工作的发包人的部分力量,进行统一组织、协调和管理。

建设全过程承发包主要适用于大中型建设项目。大中型建设项目由于工程规模大、技术复杂,要求工程承包公司必须具有雄厚的技术经济实力和丰富的组织管理经验,通常由实力雄厚的工程总承包公司(集团)承担。这种承包方式的优点是:由专职的工程承包公司承包,可以充分利用其丰富的经验,节约投资、缩短建设工期并保证建设项目的质量,提高投资效益。

(2)阶段承发包

阶段承发包是指发包人、承包人就建设过程中某一阶段或某些阶段的工作,如勘察、设计或施工、材料设备供应等进行发包承包。例如,由设计机构承担勘察与设计,由施工企业承担工业与民用建筑施工,由设备安装公司承担设备安装任务。其中,施工阶段承发包还可依承发包的具体内容,细分为以下三种方式:

①包工包料:工程施工所用的全部人工和材料由承包人负责。

②包工部分包料:承包人负责提供施工的全部人工和一部分材料,其余部分材料由发包人或总承包人负责供应。

③包工不包料:又称包清工,实质上是劳务承包,即承包人(大多是分包人)仅提供劳务而不承担任何材料供应的义务。

(3)专项承发包

专项承发包是指发包人、承包人就某建设阶段中的一个或几个专门项目进行发包承包。专项承发包主要适用于可行性研究阶段的辅助研究项目;勘察设计阶段的工程地质勘察、供水水源勘察,基础或结构工程设计、工艺设计,供电系统、空调系统及防灾系统的设计;施工阶段的深基础施工、金属结构制作和安装、通风设备和电梯安装;建设准备阶段的设备选购和生产技术人员培训等专门项目。由于专门项目专业性强,专项承发包常常由有关专业承包商承包,所以也称作专业发包承包。

2.按承包人所处的地位划分承发包方式

(1)总承包

总承包简称总包,是指发包人将一个建设项目建设全过程或其中某一个或几个阶段的全部工作,发包给一个承包人承包,该承包人可以将自己承包范围内的若干专业性工作,再分包给不同的专业承包人去完成,并对其进行统一协调和监督管理。各专业承包人只同总承包人产生直接关系,不与发包人产生直接关系。

总承包主要有两种情况:一是建设全过程总承包;二是建设阶段总承包。建设阶段总承包主要分为:勘察、设计、施工、设备采购总承包;勘察、设计、施工总承包;勘察、设计总承包;施工总承包;施工、设备采购总承包;投资、设计、施工总承包,即建设项目由承包商贷款垫付,并负责规划、设计、施工,建成后再转让给发包人;投资、设计、施工、经营一体化总承包,通称BOT方式,即发包人和承包人共同投资,承包人不仅负责项目的可行性研究、规划、设计、施工,而且建成后还负责经营几年或几十年,然后再转让给发包人。

采用总承包方式时,可以根据工程具体情况,将工程总承包任务发包给有实力的具有相应资质的咨询公司、勘察设计单位、施工企业及设计施工一体化的大建筑公司等承担。

(2)分承包

分承包简称分包,是相对于总承包而言的,指从总承包人承包范围内分包某一分项工程,如土方、模板、钢筋等分项工程,或某种专业工程,如钢结构制作和安装、电梯安装、卫生设备安装等。分承包人不与发包人产生直接关系,而只对总承包人负责,在现场由总承包人统筹安排其活动。

分承包人承包的工程,不能是总承包范围内的主体结构工程或主要部分(关键性部分),主体结构或主要部分必须由承包人自行完成。

分承包主要有两种情形:一是总承包合同约定的分包,总承包人可以直接选择分包人,经发包人同意后与之订立分包合同;二是总承包合同未约定的分包,总承包人须经发包人认可后方可选择分包人,并与之订立分包合同。可见,分包要经过发包人同意后才能进行。

(3)独立承包

独立承包是指承包人依靠自身力量自行完成承包任务的承发包方式。此方式主要适用于技术要求比较简单、规模不大的工程项目。

(4)联合承包

联合承包是相对于独立承包而言的,指发包人将一项工程任务发包给两个以上的承包人,由这些承包人联合共同承包。联合承包主要适用于大型或结构复杂的工程。参加联合承包的各方,通常是采用成立工程项目合营公司、合资公司、联合集团等联营体形式,推选承包代表人,协调承包人之间的关系,统一与发包人(建设单位)签订合同,共同对发包人承担连带责任。参加联营的各方仍都是各自独立经营的企业,只是就共同承包的工程项目必须事先达成联合协议,以明确各个联合承包人的义务和权利,包括投入的资金数额、工人和管理人员的派遣、机械设备种类、临时设施的费用分摊、利润的分享及风险的分担等。

※知识拓展<联合承包的优势>

在市场竞争日益激烈的形势下,采取联合承包的方式,优越性十分明显,主要表现在以下几个方面:

1. 可以有效地减弱多家承包商之间的竞争,化解和防范承包风险。

2. 促进承包商在信息、资金、人员、技术和管理上互相取长补短,有助于充分发挥各自的优势。

3. 增强共同承包大型或结构复杂工程的能力,增加中大标、中好标、共同获取更丰厚利润的机会。

(5)直接承包

直接承包是指不同的承包人在同一工程项目上,分别与发包人(建设单位)签订承包合同,各自直接对发包人负责。各承包商之间不存在总承包、分承包的关系,现场上的协调工作由发包人自己去做,或由发包人委托一个承包商牵头去做,也可聘请专门的项目经理去做。

3. 按合同计价方法划分承发包方式

(1)固定价格合同

①固定总价合同又称总价合同，是指发包人要求承包人按商定的总价承包工程。这种方式通常适用于规模较小、风险不大、技术简单、工期较短的工程。其主要做法是，以图纸和工程说明书为依据，明确承包内容和计算承包价，总价一次包死，一般不予变更。这种方式的优点是以图纸和工程说明书为依据，发包人、承包人都能较准确地估算工程造价，发包人容易选择最优承包人。其缺点主要是对承包商有一定的风险。如果设计图纸和说明书不太详细，未知数比较多；或遇材料突然涨价、地质条件变化和气候条件恶劣等意外情况，发包人承担的风险就会增大，风险费加大不利于降低工程造价，最终对发包人也不利。

②固定单价合同又分为估算工程量单价合同与纯单价合同两种。

估算工程量单价合同是指以工程量清单和单价表为计算承包价依据的承包方式。通常的做法是，由发包人或委托具有相应资质的中介咨询机构提出工程量清单，列出分部分项工程量，由承包商根据发包人给出的工程量，经过复核并填上适当的单价，再算出总造价，发包人只要审核单价是否合理即可。这种承包方式，结算时单价一般不能变化，但工程量可以按实际工程量计算，所以承包商只承担所报单价的风险，发包人承担工程量变动带来的风险。

纯单价合同是指发包人只向承包人给出发包工程的有关分部分项工程及工程范围，不对工程量作任何规定（即在招标文件中仅给出工程内各个分部分项工程一览表、工程范围和必要的说明，而不必提供实物工程量），承包人在投标时只需要对这种给定范围的分部分项工程报出单价，合同实施过程中按实际完成的工程量进行结算的一种承包方式。

(2)可调价合同

可调价合同是指合同总价或者单价在合同实施期内可根据合同约定，对因资源价格等的变化而调整价格的合同形式。

可调总价合同是指在报价及签约时，按招标文件的要求和当时的物价来计算合同总价，在合同执行过程中，按照合同约定的调整办法，对由于通货膨胀使工、料成本增加时，可以按照合同总价进行相应调整的一种合同形式。

可调单价合同是指在合同中签订的单价，根据合同约定条款，如在工程实施过程中物价发生变化等，可作调整。有的工程在签约时，因某些不确定因素而在合同中暂定某些分部分项工程的单价，在工程结算时，再根据实际情况和合同约定对合同单价进行调整，确定实际结算单价。

(3)成本加酬金（费用）合同

成本加酬金（费用）合同又称成本补偿合同，是指除按工程实际发生的成本结算外，发包人另加上商定好的一笔酬金（总管理费和利润）支付给承包人的一种承发包方式。工程实际发生的成本，主要包括人工费、材料费、施工机械使用费、其他直接费和现场经费及各项独立费等。其主要的做法有成本加固定酬金、成本加固定百分数酬金、成本加浮动酬金、目标成本加奖罚。

【工程实例 1-1】

背景：某施工单位根据领取的某 200 m^2 两层厂房工程项目招标文件和全套施工图纸，采用低报价策略编制了投标文件，并获得中标。该施工单位（乙方）于某年某月某日与建设单位

(甲方)签订了该工程项目的固定价格施工合同。合同工期为8个月。甲方在乙方进入施工现场后,因资金紧缺,无法如期支付工程款,口头要求乙方暂停施工1个月。乙方亦口头答应。工程按合同规定期限验收时,甲方发现工程质量有问题,要求返工。两个月后,返工完毕。结算时甲方认为乙方迟延交付工程,应按合同约定偿付逾期违约金。乙方认为临时停工是甲方要求的。乙方为抢工期,加快施工进度才出现了质量问题,因此迟延交付的责任不在乙方。甲方则认为临时停工和不顺延工期是当时乙方答应的。乙方应履行承诺,承担违约责任。

问题:该工程采用固定价格合同是否合适?

案例分析:本案例主要考核建设工程施工合同的类型及其适用性,解决合同争议的法律依据。建设工程施工合同以计价方式不同分为固定价格合同、可调价格合同和成本加酬金合同。

答:固定价格合同适用于工程量不大且能够较准确计算、工期较短、技术不太复杂、风险不大的项目。该工程基本符合这些条件,故采用固定价格合同是合适的。

4. 按获得任务的途径划分承包方式

(1)计划分配

在传统的计划经济体制下,由中央或地方政府的计划部门分配建设工程任务,由设计、施工单位与建设单位签订承包合同。

工程承发包案例

(2)投标竞争

通过投标竞争,中标者获得工程任务,与建设单位签订承包合同。我国现阶段的工程任务是以投标竞争为主的承包方式。

(3)委托承包

委托承包即由建设单位与承包单位协商,签订委托其承包某项工程任务的合同,主要用于某些投资限额以下的小型工程。

工程承发包业务的形成与发展

(4)指令承包

指令承包是由政府主管部门依法指定工程承包单位。这种承包方式仅适用于某些特殊情况,如少数特殊工程或偏僻地区工程,施工企业不愿投标的,可由项目主管部门或当地政府指定承包单位。

任务二　建筑市场

一、建筑市场的概念、特点

建筑市场

1. 建筑市场的概念

“市场”原意是商品交换的场所,建筑市场是指以建筑产品承发包交易活动为主要内容的市场,一般也称为建设市场。

建筑市场有广义的市场和狭义的市场之分。狭义的市场一般指有形建筑市场,有固定的交易场所。广义的市场包括有形市场和无形市场,与工程建设有关的技术、租赁、劳务等各种要素市场，为工程建设提供专业服务的中介组织，靠广告、通信、中介机构或经纪人等媒介沟通买卖双方或通过招标投标的等多种方式成交的各种交易活动；还包括在建筑商品生产过程及流通过程中的经济联系和经济关系。

建筑市场已形成由发包人（建设单位）、承包人、为双方服务的咨询服务机构和市场组织管理者组成的市场主体；由建筑产品和建筑生产过程为对象组成的市场客体；以招标投标为主要交易形式的市场竞争机制；以资质管理为主要内容的市场监督管理体系；以及我国特有的有形建筑市场等。这构成了完整的建筑市场体系（图 1-1）。

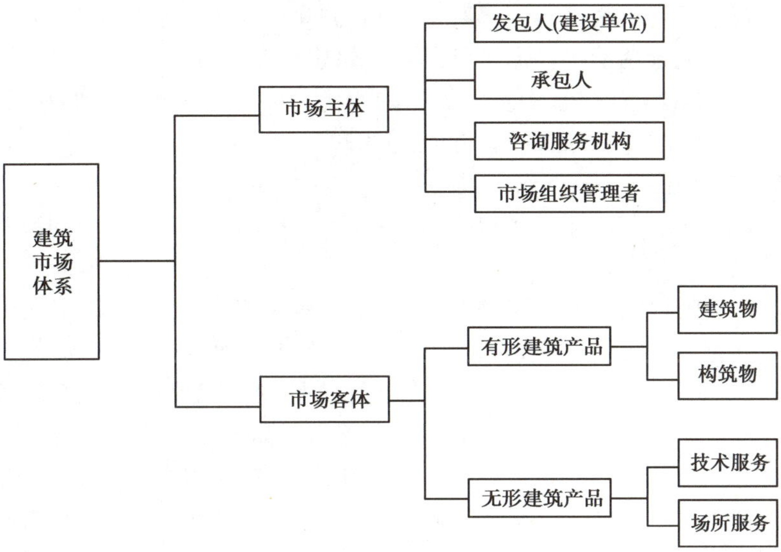

图 1-1　建筑市场体系

2. 建筑市场的特点

(1) 建筑市场的范围广、变化大

凡是有生产或有人生活的地方，都需要建筑产品。建筑产品遍及国民经济各个部门和社会生活的各个领域，为建筑企业提供了广阔的市场。而建筑产品的需求既取决于国民经济的发展状况，又取决于消费者的消费倾向。因此，建筑市场的需求状况也是在不断变化的。

(2) 建筑市场的交换关系复杂

建筑产品的形成涉及用户、勘察、设计、施工和中介机构等多家的经济利益关系。这些关系不仅依靠用户和各个环节的生产单位，还必须按照基本建设程序和国家的有关法律法规、政策，围绕建筑产品的形成来确保它们的实现。

(3) 建筑产品订货交易的直接性

在一般商品市场中，用于交易的商品具有同质性和可替代性，即同种产品的不同生产者向市场提供的商品对消费者来说，基本上是相同的。而建筑产品则表现出多样性的特点。市场上的建筑产品不是由生产者决定的，而是由消费者特定的需求决定的。这就决定了建筑产品的单件性，决定了建筑产品只能由生产者直接与需求者就建筑产品的质量标准、功能、规模、价格、交工时间、付款方式和时间等内容商定交易条件，按照需求者的具体要求，在指定地点为需求者建造建筑产品。

(4)建筑产品交易的长期性和阶段性

建筑产品的生产一般需要较长的时间,这就决定了建筑产品的价值只能分批分期实现。建筑产品交易关系的完全实现存在于建筑产品的形成过程中,需要经历较长的时间。而在建筑产品生产周期内,各阶段交易的内容、交易的时间不完全相同,建筑产品的交易必须按照工程合同,结合各阶段的特点,办理各阶段的交易活动,最终达到整个交易关系的实现。

(5)建筑市场定价方式的独特性

在商品功能、质量相同的前提下,市场竞争主要表现为价格的竞争。建筑市场的竞争也不例外。但是建筑市场定价程序不同于其他商品,它是由建筑产品需求者与建筑产品生产者以招标投标的方式达成预期价格。而这种预期价格也不是一成不变的,往往按照双方事先议定的条件,根据建筑产品生产过程中发生的某些变化对预期价格作相应调整,因此,只有在建筑产品竣工验收后,才能最终确定建筑产品的价格。

(6)建筑市场的风险性

有市场竞争,就必然存在风险。但与一般市场不同的是,建筑市场中的风险较大,且风险存在于建筑产品生产者、需求者双方。

建筑产品生产者的风险主要表现在三个方面:一是定价风险。建筑市场中的风险,在很大程度上是价格的竞争。定价过高,难以中标,企业无法承揽生产任务;定价过低,则可能导致亏损,甚至造成企业破产。而建筑产品是先通过招标投标定价然后生产,这种预先确定的价格很难保证合理性。二是生产过程中的风险。建筑产品的生产周期长,生产过程中可能有许多干扰因素,如生产成本的提高、自然条件的变化。有些干扰因素是可以预见的,有的则难以预见。这些干扰因素不仅直接影响建筑产品成本,而且会影响建筑生产周期,甚至影响建筑产品的质量和功能,造成生产者无法或很难按合同完成。三是需求者支付能力的风险。建筑产品需求者建造建筑产品是否具有相应的支付能力,对建筑产品生产者至关重要。如果需求者的实际支付能力小于建筑产品价款时,就会出现拖欠工程款的情况。这无疑会影响建筑产品生产者的资金周转,甚至使生产难以继续进行。虽然目前采取了一些政策保证建设单位的支付能力,使工程款拖欠情况有所好转,但需求者的支付能力仍然是建筑企业最大的风险。

二、建筑市场的主体和客体

建筑市场的主体是指参与建筑生产交易过程的各方,由三个部分构成:业主(建筑单位或发包人)即建筑产品的需求者,承包商即建筑产品的生产者,工程咨询服务机构等。建筑市场的客体则指为交换而生产的建筑产品,包括有形的建筑物、构筑物,也包括无形的为建造建筑产品而提供的各种服务。

1. 建筑市场的主体

(1)业主

业主是指既有某项工程建设需求,又具有该项工程的建设资金和各种准建手续,在建筑市场中发包工程项目建设的勘察、设计、施工任务,并最终得到建筑产品达到其经营使用目的的政府部门、企事业单位和个人。

在我国,业主也称为建设单位,只有在发包工程或组织工程建设时才成为市场主体,故又称为发包人或招标人。因此,业主方作为市场主体具有不确定性。我国的工程项目大多数是政府投资建设的，业主大多属于政府部门。为了规范业主行为，我国建立了投资责任约束机制，即项目法人责任制，又称业主责任制，由项目业主对项目建设全过程负责。

※知识拓展<业主的职能>

①建设项目立项决策；

②建设项目的资金筹措与管理；

③办理建设项目的有关手续（如征地、建筑许可等）；

④建设项目的招标与合同管理；

⑤建设项目的施工与质量管理；

⑥建设项目的竣工验收和试运行；

⑦建设项目的统计及文档管理。

（2）承包商

承包商是指拥有一定数量的建筑装备、流动资金、工程技术经济管理人员、工人，取得建设行业相应资质证书和营业执照，能够按照业主的要求提供不同形态的建筑产品并最终得到相应工程价款的建筑施工企业。

相对于业主，承包商作为建筑市场主体，是长期和持续存在的。因此，无论是按国内还是国际惯例，对承包商都要实行从业资格管理。承包商从事建设生产，一般需具备以下 4 个方面的条件：

①拥有符合国家规定的注册资本；

②具有相应注册执业资格的专业技术和管理人员；

③有从事相应建筑活动所需的技术装备；

④经资格审查合格，已取得资质证书和营业执照。

承包商可按其从事的专业分为土建、水电、道路、港口、铁路、市政工程等专业公司；按照承包方式，可分为承包商和分包商。在市场经济条件下，承包商需要通过市场竞争（投标）取得施工项目，需要依靠自身实力去赢得市场，承包商的实力主要包括以下 4 个方面：

①技术方面的实力。有精通本行业的工程师、造价师、经济师、会计师、建造师、合同管理人员等专业人员队伍；有施工专业装备；有承揽不同类型项目施工的经验。

②经济方面的实力。具有相当的周转资金用于工程准备，具有一定的融资和垫付资金的能力；具有相当的固定资产和为完成项目需购入大型设备所需的资金；具有支付各种担保和保险的能力，有承担相应风险的能力；承担国际工程尚需具备筹集外汇的能力。

③管理方面的实力。建筑承包市场属于买方市场，承包商为打开局面，往往需要低利润报价取得项目。因此，必须在成本控制上下功夫，向管理要效益，并采用先进的施工方法提高工作效率和技术水平，且必须有一批过硬的建造师和管理专家。

④信誉方面的实力。承包商一定要有良好的信誉，这将直接影响企业的生存与发展。要建立良好的信誉，就必须遵守法律法规，承担国外工程能按国际惯例办事，保证工程质量、安全、工期，文明施工，能认真履约。

承包商承揽工程，必须根据本企业的施工力量、机械装备、技术力量、施工经验等方面的条件，选择适合发挥自己优势的项目，避开企业不擅长或缺乏经验的项目，做到扬长避短，避免给企业带来风险和损失。

(3)工程咨询服务机构

工程咨询服务机构是指具有一定注册资金,具有一定数量的工程技术、经验、管理人员,取得建设咨询证书和营业执照,能为工程建设提供估算测量、管理咨询、建设监理等智力型服务并获取相应报酬的企业。

工程咨询服务机构包括勘察设计机构、工程造价(测量)咨询单位、招标代理机构、工程监理公司、工程管理公司等。这类机构主要是向业主提供工程咨询和管理服务,弥补业主对工程建设过程不熟悉的缺陷,在国际上一般称为咨询公司。在我国,目前数量最多的是勘察设计机构、工程监理公司、工程造价(测量)咨询单位和招标代理机构。工程项目管理和其他咨询类企业近年来也有发展。

工程咨询服务机构虽然不是工程承发包的当事人,但其受业主委托或聘用,作为项目技术、经济咨询单位,对项目的实施具有相当重要的作用,咨询单位为项目提供咨询、设计、监理等服务,在许多情况下,咨询任务贯穿自项目可行性研究至工程验收的全过程。

(4)建筑市场主体的相互关系

在建筑市场中,充分调动市场主体的积极性,建立相互依存、相互约束的机制是培育和发展建筑市场的中心环节。

我国 1988 年推行的工程项目建设监理制就是国际上通用的工程建设项目实施阶段管理体制,该体制设有业主、承包商和监理工程师三个角色。他们之间都受一定合同的约束,在建筑市场中共求生存和发展。

业主与承包商是合同关系,业主与工程师也是合同关系。业主在筹集资金时如需要贷款,则业主与贷款方签订贷款合同。承包商征得业主或监理工程师同意,将部分工程分包出去,承包商应和分包商签订分包合同。工程师与承包商不是合同关系,工程师的任务是按照监理合同中赋予的权限对承包商工作实行监督和管理,工程师在业主和承包商之间是相互独立的第三方。由此可见,业主、承包商和工程师之间不是领导和被领导的关系,这是招标投标承包制、建设监理制与计划经济体制下政府自营之间的本质区别。工程项目建设实施阶段各方的关系如图 1-2 所示。

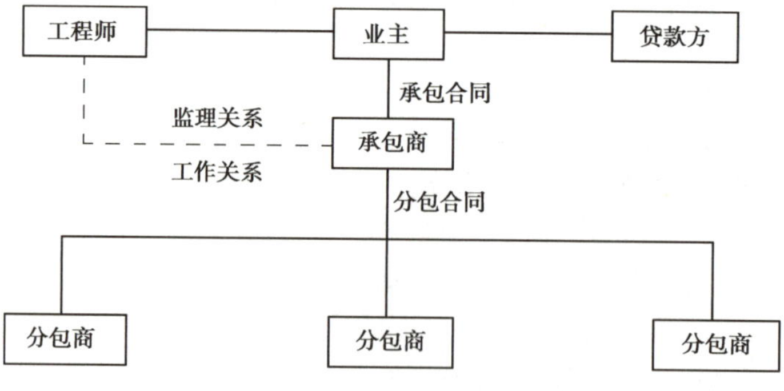

图 1-2　工程项目建设实施阶段各方的关系

2. 建筑市场的客体

建筑市场的客体一般称为建筑产品,是建筑市场的交易对象,既包括有形建筑产品,也包括无形产品——各类智力型服务。

建筑产品不同于一般工业产品,因为建筑产品本身及其生产过程具有不同于其他工业产品的特点。在不同的生产交易阶段,建筑产品表现为不同的形态。它可以是咨询公司提供的咨询报告、咨询意见或其他服务;可以是勘察设计单位提供的设计方案、施工图纸、勘察报告;也可以是生产厂家提供的混凝土构件,当然也包括承包商生产的各类建筑物和构筑物。

三、建筑市场的资质管理

建筑活动的专业性及技术性都很强,而且建设工程投资大、周期长,一旦发生问题,将给社会和人民的生命财产造成极大损失。因此,为保证建设工程的质量和安全,对从事建设活动的单位和专业技术人员必须实行从业资格管理,即资质管理。

建筑市场中的资质管理包括两类:一类是对企业的资质管理;另一类是对专业人士的资格管理。

从事建筑活动的企业的资质管理,是指施工企业、勘察设计企业及工程咨询企业等,按照其拥有的注册资本、专业技术人员、技术装备和工程业绩等不同条件,划分为不同的资质等级,经资质审查合格,取得相应等级的资格证书后,方可在其资质等级许可范围内从事建筑活动的一种管理制度。

从事建筑活动的人员的执业资格管理,是指建设行政主管部门对从事建筑活动的专业技术人员进行考试、注册,并颁发执业资格证书作为市场准入控制的一种管理制度。建筑工程执业人员主要有注册建筑师、注册结构工程师、注册监理工程师、注册造价工程师、注册建造师,以及法律、法规规定的其他从业人员。

为充分发挥市场在资源配置中的决定性作用,更好发挥政府作用,坚持以推进建筑业供给侧结构性改革为主线,按照国务院深化"放管服"改革部署要求,持续优化营商环境,进一步放宽建筑市场准入限制,降低制度性交易成本,破除制约企业发展的不合理束缚,持续激发市场主体活力,加快推动建筑业转型升级,实现高质量发展,国务院常务会议审议通过了《建设工程企业资质管理制度改革方案》(建市〔2020〕94 号)(以下简称《方案》),《方案》由中华人民共和国住房和城乡建设部(以下简称"住房和城乡建设部")正式印发。《方案》明确了包括工程勘察、设计、施工、监理企业在内的建设工程企业资质改革方案,提出将大力精简企业资质类别、归并等级设置、简化资质标准、优化审批方式,同时公布了具体的资质改革措施以及改革后的资质分类分级情况。

1. 工程施工企业

《方案》中将施工资质分为综合资质、施工总承包资质、专业承包资质和专业作业资质。将 10 类施工总承包企业特级资质调整为施工综合资质,可承担各行业、各等级施工总承包业务;保留 12 类施工总承包资质,将民航工程的专业承包资质整合为施工总承包资质;将 36 类专业承包资质整合为 18 类;将施工劳务企业资质改为专业作业资质,由审批制改为备案制。综合资质和专业作业资质不分等级;施工总承包资质、专业承包资质等级原则上压减为甲、乙两级(部分专业承包资质不分等级),其中,施工总承包甲级资质在本行业内承揽业务规模不受限制。

2. 勘察企业和设计企业

《建设工程勘察设计资质管理规定》对工程勘察和设计企业的资质等级与标准、申请与审批、业务范围等作了明确规定。从事建设工程勘察、工程设计活动的企业,应当按照其拥有的注册资本、专业技术人员、技术装备和勘察设计业绩等条件申请资质，经审查合格，取得建设工程勘察、工程设计资质证书后，方可在资质许可的范围内从事建设工程勘察、工程设计活动。

《方案》继续保留工程勘察综合资质；将 4 类专业资质及劳务资质整合为岩土工程、工程测量、勘探测试等 3 类专业资质。综合资质不分等级，专业资质等级压减为甲、乙两级。

《方案》继续保留工程设计综合资质；将 21 类行业资质整合为 14 类行业资质；将 151 类专业资质、8 类专项资质、3 类事务所资质整合为 70 类专业和事务所资质。其中综合资质、事务所资质不分等级；行业资质、专业资质等级原则上压减为甲、乙两级（部分资质只设甲级）。

3. 工程监理企业

《工程监理企业资质管理规定》中明确规定：工程监理企业应当按照其拥有的注册资本、专业技术人员和工程监理业绩等资质条件申请资质，经审查合格，取得相应等级的资质证书后，方可在其资质等级许可的范围内从事工程监理活动。

《方案》继续保留工程监理综合资质；取消专业资质中的水利水电工程、公路工程、港口与航道工程、农林工程资质，保留其余 10 类专业资质；取消事务所资质。综合资质不分等级，专业资质等级压减为甲、乙两级。

4. 工程造价咨询企业

工程造价咨询企业是指接受委托，对建设项目投资、工程造价的确定与控制提供专业咨询服务的企业。

从事工程造价咨询活动，应当遵循公开、公正、公平等竞争的原则，不得损害社会公共利益和他人的合法权益。任何单位和个人不得分割、封锁、垄断工程造价咨询市场。

2021 年，《国务院关于深化“证照分离”改革　进一步激发市场主体发展活力的通知》（国发〔2021〕7 号），自 2021 年 7 月 1 日起，取消对工程造价咨询企业的资质认定审批。取消审批后，企业取得营业执照即可开展经营，行政机关、企事业单位、行业组织等不得要求企业提供相关行政许可证件。

5. 工程建设项目招标代理

工程建设项目招标代理，是指工程招标代理机构接受招标人的委托，从事工程的勘察、设计、施工、监理以及与工程建设有关的重要设备（进口机电设备除外）、材料采购招标的代理业务。

为贯彻落实《全国人民代表大会常务委员会关于修改〈中华人民共和国招标投标法〉、〈中华人民共和国计量法〉的决定》，深推进工程建设领域“放管服”改革，自 2017 年 12 月 28 日起，我国各级住房和城乡建设部门不再受理招标代理机构资格认定申请，停止招标代理机构资格审批，即工程招标代理机构不再有资格等级的划分。

※知识链接

取消资格等级划分后，招标代理机构可按照自愿原则向工商注册所在地省级建筑市场监管一体化工作平台报送基本信息。信息内容包括营业执照相关信息、注册执业人员、具有工程建设类职称的专职人员、近 3 年代表性业绩、联系方式等。上述信息统一在住房和城乡建设部全国建筑市场监管公共服务平台对外公开，供招标人根据工程项目实际情况选择参考。

6. 建筑从业人员

在建筑市场中，把具有从事工程咨询资格的专业工程师称为专业人士。建筑行业尽管有完善的建筑法规，但没有专业人员知识与技能的支持，政府难以对建筑市场进行有效的管理。由于他们的工作水平对工程项目建设成败具有重要影响，所以对专业人士的资格条件有很高要求，许多国家对专业人士均进行资质管理。英国、德国、日本、新加坡等国家的法规规定，业主和承包商向政府申报建筑许可、施工许可、使用许可等手续，必须由专业人士提出，申报手续除应符合有关法律规定，还要有相应资格的专业人士的签章。由此可见，专业人士在建筑市场运作中起着非常重要的作用。

目前，我国已经确定专业人士的种类有建筑师、结构工程师、监理工程师、造价工程师和建造师等。资格和注册条件为：大专以上的专业学历；参加全国统一考试，成绩合格；具有相关专业的实践经验。

目前我国专业人士制度正逐步趋于完善，随着建筑市场的进一步完善，对其管理会进一步规范化、制度化。

四、公共资源交易中心

公共资源交易中心是我国在工程承发包体制改革中出现的，是建筑市场有形化的最有效的管理方式。这种有形建筑市场管理模式在世界上也是独一无二的。

我国是以社会主义公有制为主体的国家，政府部门、事业单位投资及国有企业投资在社会投资中仍然占有主导地位并长期存在。建设单位使用的大都是国有资金，由于国有投资管理体制不完善和建设单位内部管理体制的薄弱，很容易造成工程发包中的不正之风和腐败现象。针对上述情况，我国各省、市均设立了公共资源交易中心，把所有代表国家和国有企业事业单位投资的业主请进公共资源交易中心进行招标，设置专门的监督机构。

建设工程交易中心

1. 概念

公共资源交易中心是负责公共资源交易和提供咨询、服务的机构，是公共资源统一进场交易的服务平台。

工程建设招投标、土地和矿业权交易、企业国有产权交易、政府采购、公立医院药品和医疗用品采购、司法机关罚没物品拍卖、国有的文艺品拍卖等所有公共资源交易项目全部纳入公共资源交易中心集中交易。

2. 成立目的

公共资源交易中心的建立是有形建筑市场的延伸。公共资源交易管理体制改革是政府行政管理体制改革的一项重要内容，是建设服务型政府的重要举措。公共资源交易中心的成立整合规范了公共资源交易的流程，形成了统一、规范的业务操作流程和管理制度，实行八统一，即统一受理登记、统一信息发布、统一时间安排、统一专家中介抽取、统一发放中标通知、统一费用收取退付、统一交易资料保存、统一电子监察监控。公共资源交易中心是维护社会公共利益和市场参与各方利益，实现公开、公平、公正和诚实守信的阳光交易平台。

3. 主要职能

公共资源交易中心的主要职能包括：

①贯彻执行有关招标采购交易的法律、法规和规章。

②制定招标采购交易活动监督管理的具体制度和措施；指导、规范进场交易活动，维护交

易秩序；负责电子交易平台、综合服务平台的建设、运维和管理。

③受理并审核进入中心的交易项目，审批招标采购交易方式；对招标采购交易活动的有关文件的合法性、真实性、完整性进行审查备案；对交易活动的全过程进行监督管理；会同有关行政主管部门对重大项目交易结果的履行情况进行监督检查。

④建立并管理各类专家库、供应商库，建立招标采购交易当事人的诚信档案。

⑤依法监督管理进入交易中心的中介代理机构的代理行为，建立国有投资项目中介代理机构备选库。

⑥受理有关招标采购交易活动的举报投诉；按规定调查处理招标采购交易活动中的违法违规行为，其中涉及行政处罚的，应及时将调查情况及处理意见移送有关行政执法部门，也可依法接受有关行政主管部门委托实施处罚。

⑦对招标采购交易活动当事人的投标（竞买）保证金、履约保证金缴存情况实行监督。

⑧对交易合同的订立及变更进行备案审查。

⑨其他事项。

4. 公共资源交易中心的服务范围及工作程序

（1）公共资源交易中心的服务范围

进入公共资源交易中心公开交易的公共资源包括以下几类：

①按规定必须公开招标的政府性工程建设项目。

②国有土地使用权的招标、拍卖、挂牌。

③用财政性资金的政府采购项目，包含可社会化（含外购、外包等政府购买服务项目）。

④各类环境资源交易行为。

⑤文化、体育、教育、卫生、交通运输及市政园林等部门的特许经营项目，城市路桥和街道冠名权，公共停车场、大型户外广告空间资源等。

⑥城市道路（特大型特殊桥梁、隧道除外）、园林绿化、公共建筑、环境卫生等非经营性公共设施的日常养护、物业管理等资源项目。

⑦党政机关、事业单位资产及股权的市场转让和处置。

⑧涉讼涉诉罚没资产的处置。

⑨政府确定必须进行市场配置的其他公共资源项目。

（2）公共资源交易中心的工作程序

进入公共资源交易中心公开交易的一般工作程序包括交易委托、信息发布、实施交易、结果公示、交易结算、交易见证、立卷归档等。

重庆市公共资源交易中心简介

五、招标投标行政监管机关

建设工程招标投标涉及国家利益、社会公共利益和公众安全，因此必须对其实行强有力的政府监管，建设工程招标投标活动及其当事人应当接受依法实施的监督管理。

为了维护建筑市场的统一性、竞争的有序性和开放性，建设工程招标投标由建设行政主管部门或其授权的招标投标管理机构实行分级管理。其管理机构有：住房和城乡建设部，各省、自治区、直辖市建设行政主管部门，各级施工招标投标办事机构；国务院有关部门。

任务三　建设工程招标投标概述

一、建设工程招标投标的含义

1. 招标投标

认识招投标

招标投标是在市场经济条件下进行工程建设、货物买卖、中介服务等经济活动的一种竞争方式和交易方式，其特征是引入竞争机制以求达成交易协议或订立合同。招标投标是指招标人对工程建设、货物买卖、中介服务等交易业务，事先公布采购条件和要求，吸引愿意承接任务的众多投标人参加竞争，招标人按照规定的程序和办法择优选定中标人的活动。

按照我国有关规定，工程是指各类房屋和土木工程建造、设备安装、管线敷设、装饰装修等建设及附带的服务。货物是指各种各样的物品，包括原材料、产品、设备，固态、液态或气态物体和电力，以及货物供应的附带服务。服务是指除工程、货物以外的任何对象，如勘察、设计、咨询、监理等。

整个招标投标过程，包含着招标、投标和定标（决标）三个主要阶段。招标是招标人为签订合同而进行的准备，在性质上属要约邀请（要约引诱）。投标是投标人获悉招标人提出的条件和要求后，以订立合同为目的向招标人作出愿意参加有关任务的承接竞争，在性质上属要约。定标是招标人完全接受众多投标人中提出最优条件的投标人，在性质上属承诺。承诺即意味着合同成立，定标是招标投标活动中的核心环节。招标投标的过程，是当事人就合同条款提出要约邀请、要约、新要约、再新要约……直至承诺的过程。

2. 建设工程招标投标

建设工程招标投标是指建设单位或个人（即业主或项目法人）通过招标的方式，将工程建设项目的勘察、设计、施工、材料设备供应、监理等业务，一次或分次发包，由具有相应资质的承包单位通过投标竞争的方式承揽业务的活动。建设工程招标投标最突出的优点是将竞争机制引入工程建设领域，将工程项目的发包方、承包方和中介方统一纳入市场，实行交易公开，给市场主体的交易行为赋予了极大的透明度；鼓励竞争，防止和反对垄断，通过平等竞争，优胜劣汰，最大限度地实现投资效益的最优化；通过严格、规范、科学合理的运作程序和监管机制，有力地保证了竞争过程的公正和交易安全。

※特别提示

为了防止任意肢解工程发包，我国一般不允许分部工程招标投标、分项工程招标投标，但允许特殊专业及劳务工程招标投标。

二、建设工程招标投标的分类及特点

建设工程招标投标的目的是在工程建设中引入竞争机制，择优选定勘察、设计、设备安装、施工、装饰装修、材料设备供应、监理和工程总承包单位，以保证缩短工期、提高工程质量和节约建设资金。

工程招标投标总的特点如下：

①通过竞争机制,实行交易公开。

②鼓励竞争、防止垄断、优胜劣汰,实现投资效益。

③通过科学合理和规范化的监管机制与运作程序,可有效地杜绝不正之风,保证交易的公正和公平。但各类建设工程招标投标的内容不尽相同,因为它们有不同的招标投标意图或侧重点,在具体操作上也有细微的差别,呈现出不同的特点。

1. 工程勘察、工程设计招标投标的特点

工程勘察和工程设计是两个有密切联系但又不同的工作。工程勘察是指依据工程建设目标,通过对地形、地质、水文等要素进行测绘、勘察、测试及综合分析测定,查明建设场地和有关范围内的地质地理环境特征,提供工程建设所需的资料及其相关的活动。工程勘察具体包括工程测量、水文地质勘察和工程地质勘察。工程设计是指依据工程建设目标,运用工程技术和经济方法,对建设工程的工艺、土木、建筑、公用、环境等系统进行综合策划、论证,编制工程建设所需文件及其相关的活动。工程设计具体包括总体规划设计(或总体设计)、初步设计、技术设计、施工图设计和设计概(预)算编制。

工程勘察招标投标的主要特点如下:

①有批准的项目建议书或者可行性研究报告、规划部门同意的用地范围许可文件和要求的地形图。

②采用公开招标或邀请招标方式。

③申请办理招标登记,招标人自己组织招标或委托招标代理机构代理招标,编制招标文件,对投标人进行资格审查,发放招标文件,组织勘察现场和进行答疑,投标人编制和递交投标书,开标、评标、定标,发出中标通知书,签订勘察合同。

④在评标、定标上,着重考虑勘察方案的优劣,同时也考虑勘察进度的快慢,勘察收费依据与取费的合理性、正确性,以及勘察资历和社会信誉等因素。

工程设计招标投标的主要特点如下:

①设计招标在招标的条件、程序、方式上,与勘察招标相同。

②在招标的范围和形式上,主要实行设计方案招标,可以是一次性总招标,也可以分单项、分专业招标。

③在评标、定标上,强调把设计方案的优劣作为择优、确定中标的主要依据,同时也考虑设计经济效益的好坏、设计进度的快慢、设计费报价的高低以及设计资历和社会信誉等因素。

④中标人应承担初步设计和施工图设计,经招标人同意也可以向其他具有相应资格的设计单位进行一次性委托分包。

2. 施工招标投标的特点

建设工程施工是指把设计图纸变成预期的建筑产品的活动。

就施工招标投标本身而言,其特点主要如下:

①在招标条件上,比较强调建设资金的充分到位。

②在招标方式上,强调公开招标、邀请招标,议标方式受到严格限制甚至被禁止。

③在投标和评标定标中,要综合考虑价格、工期、技术、质量、安全、信誉等因素,价格因素所占分量比较突出,可以说是关键一环,常常起决定性作用。

3. 工程建设监理招标投标的特点

工程建设监理是指具有相应资质的监理单位和监理工程师,受建设单位或个人的委托,独立对建设工程进行组织、协调、监督、控制和服务的专业化活动。

工程建设监理招标投标的主要特点如下：

①在性质上属工程咨询招标投标的范畴。

②在招标的范围上，可以包括工程建设过程中的全部工作，如项目建设前期的可行性研究、项目评估等，项目实施阶段的勘察、设计、施工等，也可以只包括工程建设过程中的部分工作，通常主要是施工监理工作。

③在评标定标上，综合考虑监理规划（或监理大纲）、人员素质、监理业绩、监理取费、检测手段等因素，但其中考虑的最主要因素是人员素质，分值所占比重较大。

4. 材料设备采购招标投标的特点

建设工程材料设备是指用于建设工程的各种建筑材料和设备。

材料设备采购招标投标的主要特点如下：

①在招标形式上，一般应优先考虑在国内招标。

②在招标范围上，一般为大宗的而不是零星的建设工程材料设备采购，如锅炉、电梯、空调等采购。

③在招标内容上，可以就整个工程建设项目所需的全部材料设备进行总招标，也可以就单项工程所需材料设备进行分项招标或者就单件（台）材料设备进行招标，还可以进行从项目的设计，材料设备生产、制造、供应和安装调试到试车投产的工程技术材料设备成套招标。

④在招标中，一般要求做标底，标底在评标定标中具有重要意义。

⑤允许具有相应资质的投标人就部分或全部招标内容进行投标，也可以联合投标，但应在投标文件中明确一个总牵头单位承担全部责任。

5. 工程总承包招标投标的特点

工程总承包招标投标的主要特点如下：

①它是一种综合性的全过程的一次性招标投标。

②投标人在中标后应当自行完成中标工程的主要部分（如主体结构等），对中标工程范围内的其他部分，经发包人同意，有权作为招标人组织分承包招标投标或依法委托具有相应资质的招标代理机构组织分承包招标投标，并与中标的分包投标人签订工程分包合同。

③分承包招标投标的运作一般按照有关总承包招标投标的规定执行。

三、建设工程招标投标的基本原则

1. 合法原则

合法原则是指建设工程招标投标主体的一切活动，必须符合法律、法规、规章和有关政策的规定。合法原则包括以下 4 个方面的内容：

①主体资格要合法。招标人必须具备一定的条件才能自行组织招标，否则只能委托具有相应资格的招标代理机构组织招标；投标人必须具有与其投标的工程相适应的资格等级，并经招标人资格审查，报建设工程招标投标管理机构进行资格复查。

②活动依据要合法。招标投标活动应按照相关的法律、法规、规章和政策性文件开展。

③活动程序要合法。建设工程招标投标活动的程序，必须严格按照有关法规规定的要求进行。当事人不能随意增加或减少招标投标过程中某些法定步骤或环节，更不能颠倒次序、

超过时限、任意变更。

④对招标投标活动的管理和监督要合法。建设工程招标投标管理机构必须依法监管、依法办事，不能越权干预招（投）标人的正常行为或对招（投）标人的行为进行包办代替，也不能懈怠职责、玩忽职守。

2. 统一、开放原则

统一原则包括以下 3 个方面的内容：

①市场必须统一。任何分割市场的做法都是不符合市场经济规律要求的，也是无法形成公平竞争的市场机制的。

②管理必须统一。要监理和实行由建设行政主管部门（建设工程招标投标管理机构）统一归口管理的行政管理体制。一个地区只能由一个主管部门履行政府统一管理的职责。

③规范必须统一。如市场准入规则的统一，招标文件文本的统一，合同条件的统一，工作程序、办事规则的统一等。只有这样，才能真正发挥市场机制的作用，全面实现建设工程招标投标制度的宗旨。

开放原则，要求根据统一的市场准入规则，打破地区、部门和所有制等方面的限制和束缚，向全社会开放建设工程招标投标市场，破除地区和部门保护主义，反对一切人为的对外封闭市场的行为。

3. 公开、公平、公正原则

公开原则是指建设工程招标投标活动应具有较高的透明度。公开原则包含以下 4 个方面的内容：

①建设工程招标投标的信息公开。通过建立和完善建设工程项目报建登记制度，及时向社会发布建设工程招标投标信息，让有资格的投标者都能得到同等的信息。

②建设工程招标投标的条件公开。什么情况下可以组织招标，什么机构有资格组织招标，什么样的单位有资格参加投标等，必须向社会公开，便于社会监督。

③建设工程招标投标的程序公开。在建设工程招标投标的全过程中，招标单位的主要招标活动程序、投标单位的主要投标活动程序和招标投标管理机构的主要监管程序，必须公开。

④建设工程招标投标的结果公开。哪些单位参加了投标，最后哪个单位中了标，应当予以公开。

公平原则，是指所有投标人在建设工程招标投标活动中，享有均等的机会，具有同等的权利，履行相应的义务，任何一方都不受歧视。

公正原则，是指在建设工程招标投标活动中，按照同一标准实事求是地对待所有的投标人，不偏袒任何一方。

4. 诚实信用原则

诚实信用原则，是指在建设工程招标投标活动中，招（投）标人应当以诚相待、讲求信义、实事求是，做到言行一致、遵守诺言、履行成约，不得见利忘义、投机取巧、弄虚作假、隐瞒欺诈，不得损害国家、集体和其他人的合法权益。诚实信用原则是建设工程招标投标活动中的重要道德规范，是市场经济的基本前提。在社会主义条件下，一切民事权利的行使和民事义务的履行均应遵守诚实信用的原则。

5. 求效、择优原则

求效、择优原则是建设工程招标投标的终极原则。实行建设工程招标投标的目的就是追求最佳的投资效益，在众多的竞争者中选出最优秀、最理想的投标人作为中标人。讲求效益和择优定标是建设工程招标投标活动的主要目标。在建设工程招标投标活动中，除要坚持合法、公开、公正等前提性、基础性原则外，还必须贯彻求效、择优等目的性原则。贯彻求效、择优原则，最重要的是要有一套科学合理的招标投标程序和评标定标办法。

6. 招标投标权益不受侵犯原则

招标投标权益是当事人和中介机构进行招标投标活动的前提和基础。因此，保护合法的招标投标权益是维护建设工程招标投标秩序、促进建筑市场健康发展的必要条件。建设工程招标投标活动当事人和中介机构依法享有的招标投标权益受国家法律的保护和约束，任何单位和个人不得非法干预招标投标活动的正常进行，不得非法限制或剥夺当事人和中介机构享有的合法权益。

四、建设工程招标投标的意义

实行建设工程招标投标是我国建筑市场趋向规范化、完善化的重要举措，对于择优选择承包单位、全面降低工程造价具有十分重要的意义，具体表现在以下几个方面：

(1)形成了市场定价机制，有利于节约投资，提高效益

实行招标投标后，若干的投标人之间通过竞争，尤其是价格的竞争，使价格趋于合理或下降。国内、国际历年的招标投标证明，经过招标投标的工程，最终可节约造价5%～10%。这种通过招标投标形成的市场定价机制，对控制工程投资具有非常重要的意义。

(2)降低社会平均消耗水平，使生产资源较优配置

在建筑市场中，不同的投标企业个别劳动消耗是有差异的。通过推行招标投标，最终使那些个别劳动消耗水平低的投标者获胜，这样便实现了生产资源的较优配置，也对投标者实现了优胜劣汰。面对激烈的竞争压力，为了生存和发展，每个投标者都在降低自己的个别劳动消耗上下功夫，这将会全面降低社会平均劳动消耗水平，提高生产效率。

(3)有利于供求双方相互选择，择优选择，合理控制工程造价

采用招标投标的方式为供求双方在较大的范围内进行相互选择创造了条件，为需求者和供给者在最佳点的结合提供了可能，需求者对供给者选择的基本出发点就是择优选择，即选择了那些报价较低、工期较短、具有良好业绩和管理水平的供给者，从而为合理的工程造价奠定了基础，使价格更加符合价值。

(4)贯彻公开、公平、公正的原则

我国招标投标活动有特定的机构进行管理，有必须遵守的严格程序，有高素质的专家支持系统，有工程技术人员的群体评估与决策，能够避免盲目过度的竞争和徇私舞弊的发生，能够有力地遏制建筑业中的腐败现象，使整个交易过程变得透明而且规范。

建设工程招标投标的发展历史

任务四　招标投标法律规定

中华人民共和国招标投标法（2017年版）

一、招标的法律规定

1. 招标人和招标代理机构

（1）招标人

招标人是指在招标投标活动中以择优选择中标人为目的的提出招标项目、进行招标的法人或者其他组织。法人是指具有民事权利能力和民事行为能力，并依法享有民事权利和承担民事义务的组织，包括企业法人、机关法人和社会团体法人。其他组织，指不具备法人条件的组织，主要包括：法人的分支机构；企业之间或企业、事业单位之间联营，不具备法人条件的组织；合伙组织；个体工商户等。

※知识链接<法人必须具备的条件>

①必须依法成立；

②必须具有必要的财产（企业法人）或经费（机关、社会团体、事业单位法人）；

③有自己的名称、组织机构和场所；

④能够独立承担民事责任。

招标人具有编制招标文件和组织评标能力的，可以自行办理招标事宜，并应当向有关行政监督部门备案。不具备招标评标组织能力的招标人，或者不愿自行招标的，应当委托具有相应资格条件的专业招标代理机构，由其代理招标人进行招标。

（2）招标代理机构

招标代理机构是依法设立、从事招标代理业务并提供相关服务的社会中介组织。招标代理机构与行政机关和其他国家机关不得存在隶属关系或者其他利益关系。

招标代理机构应当具备下列条件：

①有从事招标代理业务的营业场所和相应资金；

②有能够编制招标文件和组织评标的相应专业力量；

③有符合招标投标法规定条件的、可以作为评标委员会成员人选的技术、经济等方面的专家库。

2. 招标应当具备的条件

依法必须招标的工程建设项目，应当具备下列条件才能进行施工招标：

①招标人已经依法成立；

②初步设计及概算应当履行审批手续的，已经批准；

③招标范围、招标方式和招标组织形式等应当履行核准手续的，已经核准；

④有相应资金或资金来源已经落实；

⑤有招标所需的设计图纸及技术资料。

必须招标的工程项目规定

3. 强制招标的范围和规模标准

根据《中华人民共和国招标投标法》（以下简称《招标投标法》）规定，在中华人民共和国境内进行下列工程建设项目，包括项目的勘察、设计、施工、监理以及与工程建设有关的重要设备、材料等的采购，必须进行招标：

①大型基础设施、公用事业等关系社会公共利益、公众安全的项目；

②全部或者部分使用国有资金投资或国家融资的项目；

③使用国际组织或者外国政府贷款、援助资金的项目。

4. 招标方式

根据《招标投标法》规定，招标方式分为公开招标和邀请招标。

(1)公开招标

公开招标也称无限竞争招标，是指招标人以招标公告的方式邀请不特定的法人或者其他组织投标。招标人采用公开招标方式的，应当发布招标公告。依法必须进行招标的项目的招标公告，应当通过国家指定的报刊、信息网络或者其他媒介发布。

公开招标的优点在于能够在最大限度内选择投标商，竞争性更强，择优率更高，同时也可以在较大程度上避免招标活动中的贿标行为。因此，国际上政府采购通常采用这种方式。但公开招标由于投标人众多，一般耗时较长，需花费的成本也较大，对于采购标的较小的招标来说，不宜采用公开招标的方式；另外还有一些专业性较强的项目，由于有资格承接的潜在投标人较少，或者需要在较短时间内完成采购任务等，最好采用邀请招标的方式。

(2)邀请招标

邀请招标也称有限竞争招标，是指招标人以投标邀请书的方式邀请特定的法人或者其他组织投标。有下列情形之一的，经批准可以进行邀请招标：

①项目技术复杂或有特殊要求，只有少量几家潜在投标人可供选择的；

②受自然地域环境限制的；

③涉及国家安全、国家秘密或者抢险救灾，适宜招标但不宜公开招标的；

④拟公开招标的费用与项目的价值相比，不值得的；

⑤法律、法规规定不宜公开招标的。

招标人采用邀请招标方式的，应当向三个以上具备承担招标项目的能力、资信良好的特定的法人或者其他组织发出投标邀请书。

邀请招标的优点是：目标集中，招标组织工作较容易，工作量较小；程序比公开招标简化，并且邀请招标的投标人往往为三至五家，评标工作量减少，所以所需的时间较短，招标费用较省。

邀请招标的缺点是：由于参加投标的投标人较少，邀请招标的竞争性较差，不利于招标人获得最优报价，取得最佳投资效益。

5. 招标文件的禁止内容和招标人的保密义务

《招标投标法》规定："招标文件不得要求或者标明特定的生产供应者以及含有倾向或者排斥潜在投标人的其他内容。"因此，在招标文件中标明的技术规格除有国家强制性标准外，一般应当采用国际或国内公认的标准。各项技术规格均不得要求或标明某一特定的生产厂家、供货商、施工单位或注明某一特定的商标、名称、专利、设计及原产地，以防止招标人和投标人恶意串通，变相指定投标人。

6. 招标文件的出售和修改

(1)招标文件的出售

根据《工程建设项目施工招标投标办法》的规定,招标人应当按招标公告或者投标邀请书规定的时间、地点出售招标文件。自招标文件售出之日起至停止出售之日止,最短不得少于5日。对招标文件的收费应当合理,不得以营利为目的。

招标文件一般发售给通过资格预审、获得投标资格的投标人。投标人在收到招标文件后,应认真核对,核对无误后应以书面形式予以确认。投标人购买招标文件的费用,不论中标与否都不予退还。其中的设计文件,招标人可以酌收押金,开标后将设计文件退还的,招标人应当退还押金。

(2)招标文件的澄清、修改

《招标投标法》规定:"招标人对已发出的招标文件进行必要的澄清或者修改的,应当在招标文件要求提交投标文件截止时间至少15日前,以书面形式通知所有招标文件收受人。该澄清或者修改的内容为招标文件的组成部分。"

工程建设项目施工招标投标办法

二、投标的法律规定

1. 投标人

投标人是指在招标投标活动中以中标为目的响应招标、参与竞争的法人或其他组织。

投标人应当具备承担招标项目的能力;国家有关规定对投标人资格条件或者招标文件对投标人资格条件有规定的,投标人应当具备规定的资格条件。

2. 投标文件

(1)投标文件的编制

根据《招标投标法》规定,投标人应当按照招标文件的要求编制投标文件。投标文件应当对招标文件提出的实质性要求和条件作出响应。招标项目属于建设施工的,投标文件的内容应当包括拟派出的项目负责人与主要技术人员的简历、业绩和拟用于完成招标项目的机械设备等。

违法发包、分包、转包、挂靠是工程质量、安全事故的根源

(2)投标文件的提交

投标人应当在招标文件要求提交投标文件的截止时间前,将投标文件送达投标地点;在截止时间后送达的投标文件,招标人应当拒收。

招标人收到投标文件后,应该签收保存,不得开启。投标人少于三个的,招标人应当依法重新招标。

(3)投标文件的补充、修改、替代或撤回

《招标投标法》规定:"投标人在招标文件要求投标文件的截止时间前,可以补充、修改或者撤回已提交的投标文件,并书面通知招标人。补充、修改的内容为投标文件的组成部分。"

在提交投标文件截止时间后到招标文件规定的投标有效期终止之前,投标人不得补充、修改、替代或者撤回其投标文件。投标人补充、修改、替代投标文件的,招标人不予接受;投标人撤回投标文件的,其投标保证金将被没收。

3. 投标担保

《工程建设项目施工招标投标办法》规定:"招标人可以在招标文件中要求投标人提交投

标保证金，投标保证金除现金外，可以是银行出具的银行保函、保兑支票、银行汇票或现金支票。”投标保证金一般不得超过项目估算价的2%，而且最高不得超过80万元人民币。投标保证金有效期应当与投标有效期一致。投标人应当按照招标文件要求的方式和金额，将投标保证金随投标文件提交给招标人或其委托的招标代理机构。投标人不按招标文件要求提交投标保证金的，该投标文件将被拒绝，作废标处理。

※知识链接<投标有效期>

投标有效期是招标文件中规定的投标文件有效期。在此期间内，投标人有义务保证投标文件的有效性。投标有效期从投标人提交投标文件截止之日起计算。

4. 联合体投标

(1)联合体投标的含义

联合体投标是指某承包单位为了承揽不适于自己单独承包的工程项目而与其他单位联合，以一个投标人的身份去投标的建设行为。

《招标投标法》规定，两个以上法人或者其他组织可以组成一个联合体，以一个投标人的身份共同投标。

(2)联合体各方资质条件

根据《招标投标法》规定，对联合体各方资质条件要求如下：

①联合体各方均应当具备承担招标项目的相应能力；

②国家有关规定或者招标文件对投标人资格条件有规定的，联合体各方均应当具备规定的相应资格条件；

③由同一专业的单位组成的联合体，按照资质等级较低的单位确定资质等级。

(3)联合体共同投标协议及其连带责任

《招标投标法》规定：“联合体各方应当签订共同投标协议，明确约定各方拟承担的工作和责任，并将共同投标协议连同投标文件一并提交招标人。联合体中标的，联合体各方应当共同与招标人签订合同，就中标项目向招标人承担连带责任。”

共同投标协议对于联合体投标这种投标形式是非常必要的，也正是基于此，《工程建设项目施工招标投标办法》规定将没有附共同投标协议的联合体投标确定为废标。

联合体各方签订共同投标协议后，不得再以自己名义单独投标，也不得组成新的联合体或参加其他联合体在同一项目投标。

联合体参加资格预审并获通过的，其组成的任何变化都必须在提交投标文件截止之日前征得招标人的同意。联合体各方必须指定牵头人，授权其代表所有联合体成员负责投标和合同实施阶段的主办、协调工作，投标保证金可由联合体各方或联合体中牵头人的名义提交，但都对联合体各成员具有约束力。

5. 投标的禁止性规定

(1)投标人相互串通投标报价

《工程建设项目施工招标投标办法》规定，下列行为属于投标人串通投标报价：

①投标人之间相互约定抬高或压低投标报价；

②投标人之间相互约定，在招标项目中分别以高、中、低价位报价；

③投标人之间先进行内部竞价，内定中标人，然后再参加投标；

④投标人之间其他串通投标报价的行为。

(2)投标人与招标人串通投标

《工程建设项目施工招标投标办法》规定，下列行为属于投标人与招标人串通投标：

①招标人在开标前开启投标文件并将有关信息泄露给其他投标人，或者授意投标人撤换、修改投标文件；

②招标人向投标人泄露标底、评标委员会成员等信息；

③招标人明示或者暗示投标人压低或抬高投标报价；

④招标人明示或者暗示投标人为特定投标人中标提供方便；

⑤招标人与投标人为谋求特定中标人中标而采取的其他串通行为。

(3)以行贿的手段谋取中标

《招标投标法》规定："禁止投标人以向招标人或者评标委员会成员行贿的手段谋取中标。"

(4)以低于成本的报价竞标

《招标投标法》规定："投标人不得以低于成本的报价竞标。"所谓"成本"，应指投标人的个别成本，该成本一般应根据投标人的企业定额测定。如果投标人低于成本的报价竞标时，将很难保证建设工程的安全和质量。

严打招投标暗箱操作——维护市场公平竞争

(5)以他人名义投标或以其他方式弄虚作假，骗取中标

《招标投标法》规定："投标人不得以他人名义投标或者以其他方式弄虚作假，骗取中标。"根据《工程建设项目施工招标投标办法》规定，以他人名义投标是指投标人挂靠其他施工单位，或从其他单位通过受让或租借的方式获取资格或资质证书，或者由其他单位及其法定代表人在自己编制的投标文件上加盖印章和签字等行为。

三、开标、评标、中标的法律规定

1. 开标

(1)开标的时间、地点

《招标投标法》规定，开标应当在招标文件确定的提交投标文件截止时间的同一时间公开进行；开标地点应当为招标文件中预先确定的地点。

下列情况可以暂缓或者推迟开标时间：

①招标文件发售后对原招标文件作了变更或者补充；

②开标前发现有影响招标公正性的不正当行为；

③出现突发事件等。招标人应当在招标文件中对开标地点做出明确、具体的规定，以便投标人及有关方面按照招标文件规定的开标时间到达开标地点。

(2)出席开标会议的规定

开标由招标人或者招标代理人主持，邀请所有投标人参加。招标文件中规定应出席会议的投标方人员未按时出席，该投标人的标书将被视为废标。

(3)开标程序

开标会议宣布开始后，应首先请各投标单位代表确认其投标文件的密封完整性，也可由招标人委托的公证机构检查并公证。招标人当众宣读评标原则、评标办法。由招标单位依据招标文件的要求，核查投标单位提交的证件和资料，并审查投标文件的密封、标志、签署等情

况。经确认无误后，由工作人员当众拆封，宣读有效标函的投标单位名称、投标价格、工期、质量、主要材料用量、修改或撤回通知、投标保证金、优惠条件，以及招标单位认为有必要的内容。唱标顺序应按各投标单位报送投标文件时间先后的顺序进行。提交合格“撤回通知”和逾期送达的投标文件不予启封。开标过程应当记录，并存档备查。

2. 评标

根据《招标投标法》规定，评标由招标人依法组建的评标委员会负责。

评标委员会由招标人或其委托的招标代理机构熟悉相关业务的代表，以及有关技术、经济等方面的专家组成，成员人数为 5 人以上的单数，其中技术、经济等方面的专家不得少于成员总数的2/3。评标委员会成员名单在中标结果确定前应当保密。

评标委员会的专家成员应当从省级以上人民政府有关部门提供的专家名册或者招标代理机构专家库确定。确定评标专家，可以采取随机抽取或者直接确定的方式。一般项目，可以采取随机抽取的方式；技术特别复杂、专业性要求特别高或者国家有特殊要求的招标项目，采取随机抽取方式确定的专家难以胜任的，可以由招标人直接确定。

评标委员会中的专家成员应符合下列条件：

①从事相关专业领域工作满 8 年并具有高级职称或者同等专业水平；

②熟悉有关招标投标的法律、法规，并具有招标项目相关的实践经验；

③能够认真、公正、诚实、廉洁地履行职责。

有下列情形之一的，不得担任评标委员会专家成员：

①投标人或者投标人主要负责人的近亲属；

②项目主管部门或者行政监督部门的人员；

③与投标人有经济利益关系，可能影响对投标公正评审的；

④曾因在招标、评标以及其他与招标投标有关活动中从事违法行为而受过行政处罚或刑事处罚的。

评标委员会专家成员有上述情形之一的，应当主动提出回避。

根据《招标投标法》和《评标委员会和评标方法暂行规定》的有关规定，评标委员会专家成员应当客观、公正地履行职责，遵守职业道德，对所提出的评审意见承担个人责任。

评标委员会专家成员不得与任何投标人或者与招标结果有利害关系的人进行私下接触，不得收受投标人、中介人、其他利害关系人的财物或者其他好处。

评标委员会专家成员和与评标活动有关的工作人员不得透露对投标文件的评审和比较、中标候选人的推荐情况以及与评标有关的其他情况。

※特别提示<有效投标过少的处理>

投标人数量是决定投标有竞争性的最主要因素。但是，如果投标人数量很多，但有效投标很少，则仍然达不到增加竞争性的目的。因此，《评标委员会和评标方法暂行规定》中规定，如果否决不合格投标或者界定为废标后，因有效投标不足 3 个使得投标明显缺乏竞争的，评标委员会可以否决全部投标。投标人少于 3 个或者所有投标被否决的，招标人在分析招标失败的原因并采取相应措施后，应当依法重新招标。

3. 中标

(1)中标候选人和中标人

经过评标后确定出中标候选人(或中标单位)。评标委员会推荐的中标候选人应当限定在1~3人,并标明排列顺序。

中标人的投标应当符合下列条件之一:

①能够最大限度满足招标文件中规定的各项综合评价标准;

②能够满足招标文件的实质性要求,并且经评审的投标价格最低,但是投标价格低于成本的除外。

在确定中标人前,招标人不得与投标人就投标价格、投标方案等实质性内容进行谈判。

根据《招标投标法》及《工程建设项目施工招标投标办法》的有关规定,评标委员会提出书面评标报告后,招标人一般应当在15日内确定中标人,但最迟应当在投标有效期结束日30个工作日前确定。

招标人应当接受评标委员会推荐的中标候选人,不得在评标委员会推荐的中标候选人之外确定中标人。

依法必须招标的项目,招标人应当确定排名第一的中标候选人为中标人。排名第一的中标候选人放弃中标、因不可抗力提出不能履行合同,或者招标文件规定应当提交履约保证金而在规定的期限内未能提交的,招标人可以确定排名第二的中标候选人为中标人。排名第二的中标候选人因前款规定的同样原因不能签订合同的,招标人可以确定排名第三的中标候选人为中标人。

招标人可以授权评标委员会直接确定中标人。

※知识拓展<其他相关规定>

有下列情形之一的,评标委员会可以要求投标人作出书面说明并提供相关材料:

①设有标底的,投标报价低于标底合理幅度的;

②不设标底的,投标报价明显低于其他投标报价,有可能低于其企业成本的。

经评标委员会论证,认定该投标人的报价低于其企业成本的,不能推荐为中标候选人或者中标人。

(2)中标通知书

根据《招标投标法》及《工程建设项目施工招标投标办法》的有关规定,中标人确定后,招标人应当向中标人发出中标通知书,并同时将中标结果通知所有未中标的投标人。

中标通知书对招标人和中标人具有法律效力。中标通知书发出后,招标人改变中标结果,或者中标人放弃中标项目的,应当依法承担法律责任。

招标人不得以向中标人提出压低报价、增加工作量、缩短工期或其他违背中标人意愿的要求,以此作为发出中标通知书和签订合同的条件。

(3)签订合同

《招标投标法》规定:"招标人和中标人应当自中标通知书发出之日起30日内,按照招标文件和中标人的投标文件订立书面合同。招标人和中标人不得再行订立背离合同实质性内容的其他协议。"

(4)履约保证金

履约保证金实际是履约担保的通称,是指中标人或者招标人为保证履行合同而向对方提交的资金担保。在招标投标实践中，常见的是中标人向招标人提交履约担保。

《招标投标法》规定："招标文件要求中标人提交履约保证金的，中标人应当提交。"由此可见，招标人有权决定是否要求中标人提交履约保证金。履约保证金的形式、金额等具体要求应当由招标人在招标文件规定。

履约保证金的形式有多种，一般包括：银行保函或不可撤销的信用证；保兑支票；银行汇票；现金支票或转账支票；现金；法律规定的其他形式。履约保证金既可能是中标人向招标人提交的，也可能是招标人向中标人提交的。常见的方式是履约保证，即由招标人、中标人以外的第三人保证中标人履行合同。如果是招标人向中标人保证的，一般是支付担保。按照《中华人民共和国民法典》规定的保证和有关国际惯例，履约保证又可以分为两类：一类是银行出具的，一般称为履约保函；一类是银行以外的其他保证人出具的，一般称为履约保证书。银行以外的其他保证人可以是担保公司或其资信获得认可的保证人。履约保函又可以分为有条件保函和无条件保函。除保证外，中标人以支票、汇票、存款单为质押，作为履约保证金的也很常见。如果工程规模较小，中标人甚至可以以现金作为履约保证金。

鲁布革工程项目的招投标管理经验

案例应用

【案例 1-1】某档案馆装修工程招标，某公司以 529 万元的最低报价排在第一名。但因该投标人投标文件的电子文档格式不符合标准，导致评标系统无法正常读取投标文件中的相关文件。调查中还发现，投标人采用的"××市建设工程投标文件编制与管理软件"为 2004 年 7 月使用的 1.0 版本，现在的版本已经是 6.0 版本，但该公司没有及时更新换代，新版本具有的自行检查功能没有被该投标人使用。评标委员会将其作无效标处理。该公司认为评标委员会作出的决定不合理，于是要求该市的公共资源交易中心判定该公司投标文件为有效标。

在该工程的招标文件中，明确提出未提交或提交的电子文档不符合要求的为无效标。因此，该市公共资源交易中心最后给出的处理意见是：评标专家采用的依据没有错误，评标的结论正确，应维持评标委员会的结论。

通过该事件，该市公共资源交易中心也发现了在管理制度中存在的不足和缺陷。因此，在原有公共资源交易中心职能上做出了如下改进：

①加强对用户的宣传和培训，特别是一定要对参加投标的外地施工企业和没有招标经验的建设单位加强培训。

②重新设计招标书和投标书编制软件，大幅度简化操作，降低使用难度，使用户能够通过熟悉、简便的方法编写招标书、投标书，减少用户出错的概率。

③加强标书编制软件对数据的检查功能，即在标书制作生成时由用户自己先把关，保障电子标书文档的有效性。投标单位在使用投标书编制软件生成电子标书时，由软件自动、严格地按照预定规则的数据检查，如果数据与要求不一致，则软件不会生成电子标书，软件自动提示用户进行问题检查，或者向服务单位咨询。

④对招标文件示范文本中的相关条款进行修改，力求规范准确。

问题：

①试分析本次招标给哪些单位带来了不利影响。

②本次招标的最终结果给我们带来了哪些启示？

案例1-1评析

【案例 1-2】某标准厂房分 4 个标段，总价 2 亿多元的工程项目在网上发布招标公告，招标公告中要求具有施工总承包二级及以上资质的建筑企业可在规定时间内报名。甲建筑工程公司周某经熟人找到张某，问张某是否可以串通投标。张某与阮某商量后，回复周某：可对所有参与该工程投标报名的非本地建筑企业进行串通投标操作。

同年 8 月中旬，8 家本地建筑企业负责人或其代表与相关具体承接工程的项目经理等人，在一家茶室商量这些工程的投标事宜。经讨论，8 家企业一致同意对工程投标进行操纵，让工程全部由本地企业中标承建，排挤外来企业。另外，预定中标单位各出资 130 万元作为串通投标费用，其中给没中标的每家本地建筑企业或与会者个人各 50 万元当作串通投标的好处费，剩余的给张某作为对可能参加该工程投标的非本地建筑企业的串通投标费用。

投标前，张某、阮某两人为操纵工程投标，向有意参与投标的十多家非本地企业负责人或投标挂靠人进行游说。参与投标者均被两人成功说服，共同串通投标。在工程第一标开标前，他们把核算好的标书报价通知各参与陪同投标的单位，要求各陪同投标的单位按照其提供的报价填报标书。随后几个标段工程都按照他们预定的计划进行投标。

案例1-2评析

问题：

该行为合法吗？

项目总结

建设项目的兴建是国民经济建设事业的基础。我国非常重视建设项目的计划和管理。国民经济和社会发展计划在综合平衡和专题平衡的基础上，审慎地规划一定时期内国民经济各部门、各地区建设项目的类型、数量，以便合理地确定基本建设的规模、速度、比例和布局，并充分提高基本建设投资的经济效果。

建筑市场虽是市场体系中的重要组成部分，却又不同于其他市场。建筑市场主体包括发包人（业主）、承包人及各种中介机构等，其中应加强对从业企业资质和专业人员职业资格的管理；建筑市场客体包括有形的建筑产品（建筑物、构筑物）和无形的建筑产品（咨询、监理等各种智力型服务）。公共资源交易中心是负责公共资源交易和提供咨询、服务的机构，是公共资源统一进场交易的服务平台。

招投标法律体系是指全部现行的与招投标活动有关的法律、法规、规章及行政规范性文件等组成的有机的统一体。

技能实训

基本建设程序的描述

实训目标：为适应某学校大规模发展需要，该校拟建于该市经济开发区内，占地面积约 10 万 m^2，建筑面积约 7.5 万 m^2，学校计划分设国际部、国内部、国际基础教育交流研究所（或基金会）和英语培训中心，校区将新建教学大楼（国际部、高中部、初中部、小学部、幼儿园）、教师公寓楼、学生公寓楼、学生活动中心、运动场、图书馆、科学楼、国际交流中心、英语培训中心、培训公寓楼等,投资额约3亿元。

实训过程:

1. 分组讨论,每组5人或6人,由各组组长负责。

2. 由组长汇报该项目的基本建设程序。

实训成果:

请根据基本建设程序相关知识,描述该项目的基本建设程序。

能力训练

某学校与某建筑公司签订了一教学楼施工合同,明确了施工单位要保质保量保工期完成学校的教学楼施工任务。工程按合同工期竣工后,承包方向学校提交了竣工报告。学校为了不影响学生上课,还没组织验收就直接投入使用。在使用过程中,校方发现教学楼存在质量问题,要求施工单位修理。施工单位认为工程未经验收,学校提前使用而出现质量问题,施工单位不应承担责任。

根据上述问题,回答以下问题:

1. 请根据建筑市场相关知识,分析本案例中的建筑主体和建筑客体分别是谁。

2. 请根据相关法律法规知识,分析本案中出现的质量问题应由谁承担相关责任。

链接执考

1. 建设工程招标的基本程序主要包括:①发售招标文件;②编制招标文件;③委托招标代理机构;④履行项目审批手续;⑤开标、评标;⑥签订合同;⑦发布招标公告或投标邀请书;⑧发出中标通知书。上述程序正确的排列顺序是(　　)。

A. ①②③④⑤⑥⑦⑧

B. ③②④⑦①⑤⑧⑥

C. ②③①④⑦⑤⑥⑧

D. ④③②⑦①⑤⑧⑥

2. 下列建设项目中,属于依法应当进行公开招标范围的是(　　)。

A. 涉及国家安全、国家秘密的项目

B. 使用各级财政预算资金的项目

C. 使用企业事业单位自有资金的项目

D. 使用上市公司资金的项目

3. 根据《招标投标法》,评标委员会成员的名单在(　　)前应当保密。

A. 开标

B. 合同签订

C. 中标候选人公示

D. 中标结果确定

4. 工程分包的说法错误的是(　　)。

A. 是违法的

B. 是工程承包人承担

C. 是允许的

D. 非发包人同意，承包人不得将承包工程的任何部分分包

5.《招标投标法》的立法目的包括(　　)。

A. 规范招投标活动

B. 提高经济效益，保证项目质量

C. 保护国家利益

D. 保护招标人的合法权益

E. 保护社会公共利益

项目二　建设工程招标

知识目标

1. 认识招标准备和招标策划的重要性；
2. 掌握工程项目施工招标程序及内容；
3. 初步学会编制招标文件；
4. 了解建筑工程招标控制价的编制。

素养目标

1. 培养学生的诚信守法意识；
2. 培养学生积极向上的职业精神和学习态度；
3. 培养学生顺畅沟通和团队协作的能力；
4. 培养学生树立职业自豪感和使命感；
5. 培养学生勇于担当的精神。

驱动任务训练

1.《招标投标法》中规定哪些工程建设项目必须招标？

2. 为什么要对投标人进行资格审查？资格审查的方式有几种？投标人资格审查需要提供哪些资料？

3. 编制招标控制价的主要程序与主要依据是什么？

4. 招标文件的内容有哪些？

5. 招标的程序是什么？

案例导入

招标代理从业人员职业道德

2020 年 3 月 31 日，某招标现场发现作弊。目前，市公安局已对该案立案侦查，拟对该公司三个工作人员采取刑事强制措施。该招标项目为某附属小道绿化及照明附属工程，招标人为某知名公司，项目预算审核价为 12 067 321 元，工程由某招标代理公司代理招投标相关事宜。

此次开标共有 45 家公司到现场参与。经过第一轮抽选后，共有 23 家投标公司进入专家评审阶段，并于当日上午 11:30 进行第二轮中标抽选。第二轮抽选期间有投标人要求对抽标箱进行开箱验证，开箱后发现抽标箱顶部粘有一枚预计抽的 15 号球。发现问题后，在现场的招投标监督服务中心立即终止本次开标并保护现场。随后，派出所干警到招标现场对招标资料进行保全。经核查，3 月 31 日的招标中抽标箱顶部粘着的 15 号公司是某建设有限公司，该公司曾承接过政府的个别项目，但该公司是否参与本次串通投标，仍在调查中。

3 月 31 日，发改委和建设局已派工作人员到现场处置，对涉事公司的工作人员进行身份认定，并将相关资料封存带回调查。经过连夜审讯，市公安局发现委托代理机构某招标代理公司的三个工作人员现场作弊，涉嫌串通投标。

案例分析：

随着市场经济的进一步完善，社会分工进一步细化，招标采购方式在建筑业的进一步普及，招标工作对专业化的要求也越来越高，招标人将招标业务外包给招标代理公司已经成为一种趋势。招标代理机构将成为建筑业中不可或缺的一环，招标代理从业人员不但要专业素质过关，更重要的是职业道德要过硬。

招标代理从业人员十大守则

①招标代理从业人员应当遵守国家相关法律法规，依法招标。

②招标代理从业人员应当诚实正直，勤勉尽责，恪守公平、公正的原则。

③招标代理从业人员不得利用执业便利为自己或他人谋取不正当利益。

④保守在业务活动中知悉的国家秘密、本单位工作机密和委托方、投标方、其他当事人的商业秘密。保密义务不受时间限制。

⑤坚持以诚信作为工作和行为的基础，谴责任何形式的不道德商业行为和做法。

⑥尽职尽责为招标委托人提供帮助，不做任何有损招标委托人利益的事情。

⑦公平、公正对待投标单位和潜在的投标单位，以及其他与自己有业务来往的单位。

⑧招标代理从业人员应当遵守本单位相关规章制度，保持对本单位的忠诚。

⑨尊重同行，同业互助，公平竞争。应当与其他从业人员保持良好的工作关系。

⑩招标代理从业人员应当经过专门培训，加强继续教育，掌握工作所应具备的知识和服务技能，注重陶冶品德和职业修养。

思政升华：

通过“串通投标”案例，引导学生深刻理解并自觉实践各行业的职业精神和职业规范，增强职业责任感，培养遵纪守法、诚实守信的职业品格和行为习惯。

任务一　建设工程招标概述

一、招标范围

1. 必须进行招标的项目

《招标投标法》第三条对工程建设项目必须采取招标方式进行发包的范围作了规定，三大类工程建设项目的勘察、设计、施工、监理以及与工程建设有关的重要设备、材料等的采购，必须进行招标。

(1)大型基础设施、公用事业等关系社会公众利益、公众安全的项目

这是针对项目性质作出的规定。通常来说，所谓基础设施，是指为国民经济生产过程提供的基本条件，可分为生产性基础设施和社会性基础设施。前者指直接为国民经济生产过程提供的设施，后者指间接为国民经济生产过程提供的设施。基础设施通常包括能源、交通运输、邮电通信、水利、城市设施、环境与资源保护设施等。所谓公用事业，是指为适应生产和生活需要而提供的具有公共用途的服务，如供水、供电、供热、供气、科技、教育、文化、体育、卫生、社会福利等。

(2)全部或者部分使用国有资金投资或者国家融资的项目

这是针对资金来源作出的规定。国有资金，是指国家财政性资金(包括预算内资金和预算外资金)，国家机关、国有企事业单位的自有资金。其中，国有企业是指人民所有制企业、国有独资公司及国有控股企业，国有控股企业包括国有资本占企业资本总额50%以上的企业，以及虽不足50%但国有资产投资者实质上拥有控制权的企业。

(3)使用国际组织或者外国政府贷款、援助资金的项目

这类项目是世界银行等国际金融组织和外国政府普遍要求的。我国在与这些国际组织或外国政府签订的双边协议中，也对这一要求给予了认可。另外，这些贷款大多属于国家的主权债务，由政府统借统还，在性质上应视同国有资金投资。从我国的情况看，使用国际组织或外国政府贷款进行的项目主要有世界银行、亚洲开发银行、日本海外经济协力基金等，基本上用于基础设施和公用事业项目。

2. 法律或者国务院规定的其他必须招标的项目

《必须招标的工程项目规定》(中华人民共和国国家发展和改革委员会令第16号)经国务院批准，于2018年6月1日起施行。具体内容如下：

①为了确定必须招标的工程项目，规范招标投标活动，提高工作效率、降低企业成本、预防腐败，根据《招标投标法》第三条的规定，制定本规定。

②全部或者部分使用国有资金投资或者国家融资的项目包括：

a. 使用预算资金200万元人民币以上，并且该资金占投资额10%以上的项目；

b. 使用国有企业事业单位资金，并且该资金占控股或者主导地位的项目。

③使用国际组织或者外国政府贷款、援助资金的项目包括：

a. 使用世界银行、亚洲开发银行等国际组织贷款、援助资金的项目；

b. 使用外国政府及其机构贷款、援助资金的项目。

④不属于本规定第②条、第③条规定情形的大型基础设施、公用事业等关系社会公共利益、公众安全的项目，必须招标的具体范围由国务院发展改革部门会同国务院有关部门按照确有必要、严格限定的原则制定，报国务院批准。

※特别提示

不属于《必须招标的工程项目规定》（中华人民共和国国家发展和改革委员会令第 16 号）第②条、第③条规定情形的大型基础设施、公用事业等关系社会公共利益、公众安全的项目，依照《必须招标的基础设施和公用事业项目范围规定》（发改法规规〔2018〕843 号）必须招标的包括：

①煤炭、石油、天然气、电力、新能源等能源基础设施项目；

②铁路、公路、管道、水运，以及公共航空和 A1 级通用机场等交通运输基础设施项目；

③电信枢纽、通信信息网络等通信基础设施项目；

④防洪、灌溉、排涝、引（供）水等水利基础设施项目；

⑤城市轨道交通等城建项目。

⑤本规定第②条至第④条规定范围内项目，其勘察、设计、施工、监理以及与工程建设有关的重要设备、材料等的采购达到下列标准之一的，必须招标：

a. 施工单项合同估算价在 400 万元人民币以上；

b. 重要设备、材料等货物的采购，单项合同估算价在 200 万元人民币以上；

c. 勘察、设计、监理等服务的采购，单项合同估算价在 100 万元人民币以上。

同一项目中可以合并进行的勘察、设计、施工、监理以及与工程建设有关的重要设备、材料等的采购，合同估算价合计达到前款规定标准的，必须招标。

3. 可以不进行招标的范围

《招标投标法》第六十六条规定："涉及国家安全、国家秘密、抢险救灾或者属于利用扶贫资金实行以工代赈、需要使用农民工等特殊情况，不适宜进行招标的项目，按照国家有关规定可以不进行招标。"为此，国务院有关部委在规定必须招标的项目范围和规模标准的同时，对可以不招标的情况分别作出了如下规定。

（1）可以不进行招标的项目

根据《中华人民共和国招标投标法实施条例》（以下简称《招标投标法实施条例》）第九条规定，除《招标投标法》第六十六条规定的可以不进行招标的特殊情况外，有下列情形之一的，可以不进行招标：

①需要采用不可替代的专利或者专有技术；

②采购人依法能够自行建设、生产或者提供；

③已通过招标方式选定的特许经营项目投资人依法能够自行建设、生产或者提供；

④需要向原中标人采购工程、货物或者服务，否则将影响施工或者功能配套要求；

⑤国家规定的其他特殊情形。

（2）可以不进行招标的建设项目

按照《工程建设项目申报材料增加招标内容和核准招标事项暂行规定》，依法须进行招标且按照国家有关规定需要履行项目审批、核准手续的各类工程建设项目，属于下列情况之一的，建设项目可以不进行招标。但在报送可行性研究报告或者资金申请报告、项目申请报告中须提出不招标申请，并说明不招标原因：

①涉及国家安全、国家秘密、抢险救灾或者属于利用扶贫资金实行以工代赈、需要使用农民工等特殊情况，不适宜进行招标；

②建设项目的勘察、设计，采用不可替代的专利或者专有技术，或者其建筑艺术造型有特殊要求；

③承包商、供应商或者服务提供者少于三家，不能形成有效竞争；

④采购人依法能够自行建设、生产或者提供；

⑤已通过招标方式选定的特许经营项目投资人依法能够自行建设、生产或者提供；

⑥需要向原中标人采购工程、货物或者服务，否则将影响施工或者配套要求；

⑦国家规定的其他特殊情形。

(3)可以不进行招标的施工项目

按《工程建设项目施工招标投标办法》的相关规定，依法必须进行施工招标的工程建设项目有下列情形之一的，可以不进行施工招标：

①涉及国家安全、国家秘密、抢险救灾或者属于利用扶贫资金实行以工代赈、需要用农民工等特殊情况，不适宜进行招标；

②施工主要技术采用不可替代的专利或者专有技术；

③已通过招标方式选定的特许经营项目投资人依法能够自行建设；

④采购人依法能够自行建设；

⑤在建工程追加的附属小型工程或者主体加层工程，原中标人仍具备承包能力，并且其他人承担将影响施工或者功能配套要求；

⑥国家规定的其他情形。

二、招标方式

《招标投标法》第十条规定，招标分为公开招标和邀请招标。这两种方式的区别主要在于：

①发布信息的方式不同。公开招标采用公告的形式发布，邀请招标采用投标邀请书的形式发布。

②选择的范围不同。公开招标因使用招标公告的形式，针对的是一切潜在的对招标项目感兴趣的法人或其他组织，招标人事先不知道投标人的数量；邀请招标针对已经了解的法人或其他组织，而且事先已经知道投标人的数量。

③竞争的范围不同。由于公开招标使所有符合条件的法人或其他组织都有机会参加投标，竞争的范围较广，竞争性体现得也比较充分，招标人拥有绝对的选择余地，容易获得最佳招标效果；邀请招标中投标人的数目有限，竞争的范围有限，招标人拥有的选择余地相对较小，有可能提高中标的合同价，也有可能将某些在技术上或报价上更有竞争力的供应商或承包商遗漏。

④公开的程度不同。公开招标中，所有的活动都必须严格按照预先指定并为大家所知的程序和标准公开进行，大大减小了作弊的可能；相比而言，邀请招标的公开程度逊色了一些，产生不法行为的机会也就多了一些。

⑤时间和费用不同。公开招标的程序比较复杂，从发布公告，投标人作出反应，评标，到签订合同，有许多时间上的要求，要准备许多文件，因而耗时较长，费用也比较高。邀请招标

不发布公告，招标文件只送几家，使整个招投标的时间大大缩短，招标费用也相应减少。

在实际中，各国或国际组织的做法也不尽一致。有的未给出倾向性的意见，而是把自由裁量权交给招标人，由招标人根据项目的特点，自主采用公开或邀请方式，只要不违反法律规定，最大限度地实现“公开、公平、公正”即可。例如，“欧盟采购指令”规定，如果采购金额达到法定招标限额，采购单位有权在公开和邀请招标中自由选择。

实际上，邀请招标在欧盟各国运用得非常广泛。世界贸易组织“政府采购协议”也对这两种方式孰优孰劣采取了未置可否的态度。但是，世界银行《采购指南》却把国际竞争性招标（公开招标）作为最能充分实现资金的经济和效率要求的方式，要求借款以此作为最基本的采购方式。只有在国际竞争性招标不是最经济和有效的情况下，才可采用其他方式。

三、招标程序

建设工程项目施工招标程序，是指在建设工程项目施工招标活动中，按照一定的时间、空间顺序运作的次序、步骤、方式。建设工程项目施工招投标是一个整体活动，涉及招标人和投标人两个方面，需注意到招标与投标活动的关联性，不能将两者割裂开来。

1. 公开招标的工作流程

国内公开招标工作流程图如图 2-1 所示。

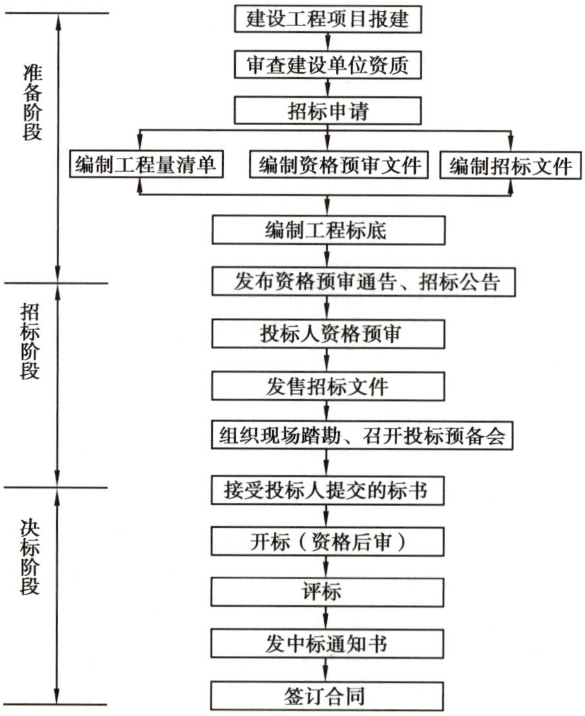

图 2-1　国内公开招标工作流程图

2. 邀请招标程序

邀请招标程序是直接向适合本工程施工的单位发出邀请，其程序与公开招标大同小异。其不同点主要是没有资格预审的环节，但增加了发出投标邀请书的环节。这里的发出投标邀请书，是指招标人可直接向有能力承担本工程的施工单位发出投标邀请书。

任务二　建设工程招标代理

一、招标人自行组织招标

招标人自行办理招标事宜，应当具有编制招标文件和组织评标的能力，具体包括：

①具有项目法人资格（或者法人资格）；

②具有与招标项目规模和复杂程度相适应的工程技术、概预算、财务和工程管理等方面的专业技术力量；

③有从事同类工程建设项目招标的经验；

④拥有 3 名以上取得招标职业资格的专职招标业务人员；

⑤熟悉和掌握招标投标法及有关法规规章。

招标人自行招标的，项目法人或者组建中的项目法人应当在向国家发展改革委上报项目可行性研究报告或者资金申请报告、项目申请报告时，一并报送符合《工程建设项目自行招标试行办法》第四条规定的书面材料。书面材料应当至少包括：

①项目法人营业执照、法人证书或者项目法人组建文件；

②与招标项目相适应的专业技术力量情况；

③取得招标职业资格的专职招标业务人员的基本情况；

④拟使用的专家库情况；

⑤以往编制的同类工程建设项目招标文件和评标报告，以及招标业绩的证明材料；

⑥其他材料。

二、招标代理机构组织招标

按照《招标投标法》第十三条规定，招标代理机构是依法设立、从事招标代理业务并提供相关服务的社会中介组织。依法设立是指招标代理机构设立的目的和宗旨符合国家和社会公共利益的要求，其组织机构、设立方式、经营范围、经营方式符合法律要求，依照法律规定审核和登记程序办理成立手续。招标代理机构作为社会中介组织，其服务宗旨是为招标人提供代理服务。

招标人与招标代理机构

招标代理机构职责，是指招标代理机构在代理业务中的工作任务和所承担的责任。《招标投标法》第十五条规定："招标代理机构应当在招标人委托的范围内办理招标事宜，并遵守本法关于招标人的规定。"《招标投标法实施条例》第十三条规定，招标代理机构在招标人委托的范围内开展招标代理业务，应当遵守招标投标法和本条例关于招标人的规定。据此，《工程建设项目施工招标投标办法》进一步规定，招标代理机构可以在其资格等级范围内承担下列招标事宜：

①拟订招标方案，编制和出售招标文件、资格预审文件；

②审查投标人资格；

③编制标底;
④组织投标人踏勘现场;
⑤组织开标、评标,协助招标人定标;
⑥草拟合同;
⑦招标人委托的其他事项。

任务三　建设工程招标主要工作

一、准备阶段的工作

招标前的准备由招标人独立完成,主要工作包括下列几个方面。

1. 确定招标范围

工程建设招标可分为:整个建设过程各个阶段全部工作的招标,即工程建设总承包招标或全过程总体招标;或者其中某个阶段的招标;或者某个阶段中某一专项的招标。

2. 工程报建

建设工程项目报建是建设单位招标活动的前提。报建范围包括各类房屋建筑(包括新建、改建、扩建、翻修等)、土木工程(包括道路、桥梁、房屋基础打桩等)、设备安装、管道线路铺设和装修等建筑工程。报建的内容主要包括工程名称、建筑地点、投资规模、资金投资额、工程规模、发包方式、计划开竣工日期和工程筹建情况等。办理工程项目报建时应该交验的文件资料,包括立项批准文件或年度投资计划、固定资产投资许可证、建设工程规划许可证、验资证明。

建设工程项目报建登记表格式

在建设工程项目的立项批准文件或投资计划下达后,建设单位根据《工程建设项目报建管理办法》的要求进行报建,并由建设行政主管部门审批。

3. 招标备案

招标人自行办理招标的,在发布招标公告或投标邀请书5日前,应向建设行政主管部门办理招标备案,建设行政主管部门自收到备案资料之日起5个工作日内没有异议的,招标人可以发布招标公告或投标邀请书;不具备招标条件的,责令其停止办理招标事宜。招标人自行招标条件备案表格式请扫描二维码。

招标人自行招标条件备案表

4. 选择招标方式

招标人应按照《招标投标法》、其他相关法律法规的规定以及建设项目特点确定招标方式。

5. 编制资格预审文件

采用公开招标的工程项目,招标人应参照“资格预审文件范本”编写资格预审文件。

资格预审文件是告知投标申请人资格预审条件、标准和方法,并对投标申请人的经营资格、履行能力进行评审,确定合格投标申请人的依据。资格预审文件包括资格预审公告、申请人须知、资格审查办法、资格预审申请文件格式和建设项目概况五部分内容。

6. 编制招标文件

招标文件是招标机构负责拟定的供招标人进行招标、投标人据以投标的成套文件。工程招标文件不仅是招标、投标阶段进行具体工作的基本依据，也是签订合同文件的重要组成部分。招标文件应当包括招标项目的技术要求、对投标人资格审查的标准、投标报价的要求和评标标准等所有实质性要求和条件以及拟签订合同的主要条款。

招标人编写的招标文件在向投标人发放的同时应向建设主管部门备案，建设主管部门发现招标文件有违反法律、法规内容的，责令其改正。

7. 编制工程招标控制价

招标人根据项目的特点，招标前可以预设招标控制价，也可以不设招标控制价。设有招标控制价的招标项目，在评标时应当参考标底。招标人设有招标控制价的，开标前招标控制价必须保密。

工程招标控制价是招标人控制投资、掌握招标项目造价的重要手段。工程招标控制价由招标人自行编制或委托经建设主管部门批准的具有编制工程招标控制价资格和能力的中介服务机构代理编制。

二、招标阶段的主要工作

1. 发布招标公告或投标邀请书

招标备案后可根据招标方式，发布招标公告或投标邀请书。招标公告的作用在于使潜在投标人获得招标信息，决定是否参与竞争。实行邀请招标的工程项目，招标人应当向三个以上具备承担招标项目能力、资信良好的特定法人或其他组织发出投标邀请书。

2. 资格预审

(1)资格审查

采取资格预审的工程项目，招标人需向报名参加投标的申请人发放资格预审文件。招标人资格预审时不得超出资格预审文件规定的评审标准，不得用提高资格标准、业绩标准等附加条件加以限制或排斥投标申请人，不得对投标申请人实行歧视待遇。

(2)发放合格通知书

合格投标人确定后，招标人向资格预审合格的投标人发出资格预审合格通知书。投标人在收到资格预审合格通知书后，应以书面形式予以确认是否参加投标。只有通过资格预审的投标申请人才有资格参加下一轮的投标竞争。

3. 发售招标文件

(1)招标文件的发售

招标人向合格投标人发放招标文件，可以酌收工本费，但不得以此牟利，对于其中的设计文件，招标人可以酌收押金，在确定中标人后，对于设计文件退回的，招标人应当同时将其押金退还。

(2)招标文件的澄清或修改

投标人收到招标文件、图纸和有关资料后，若有疑问或不清楚的问题需要解答、解释的，应当在招标文件中规定的时间内以书面形式向招标人提出，招标人应以书面形式或在投标预备会上予以解答。

招标人对招标文件所作的任何澄清或修改,须报建设行政主管部门备案,并在投标截止日期15日前发给获得招标文件的所有投标人。投标人收到招标文件的澄清或修改内容后,应以书面形式确认。

招标文件的澄清或修改内容作为招标文件的组成部分,对招标人和投标人起约束作用。

4. 踏勘现场、投标预备会

(1)踏勘现场

招标人在投标须知规定的时间内组织投标人自费进行现场考察,使投标人了解工程项目的现场条件、自然条件、施工条件以及周围环境条件,以便编制投标文件;要求投标人通过实地考察确定投标策略,避免在履行合同过程中以不了解现场情况为由推卸应承担的责任。

(2)投标预备会

在招标文件中规定的时间和地点,由招标人主持召开投标预备会,也称标前会议或者答疑会。投标预备会由招标人组织并主持召开,主要解答投标人提出的关于招标文件和踏勘现场的疑问。答疑会结束后,由招标人以书面形式将所有问题及问题的解答向获得招标文件的投标人发放。会议记录作为招标文件的组成部分,其内容与已发放的招标文件如有不一致,以会议记录的解答为准。问题及解答纪要须同时向建设行政主管部门备案。

招标案例分析

为便于投标人在编制投标文件时,将答疑会上对招标文件的澄清和相关问题及解答内容考虑进去,招标人可根据需要延长投标截止时间。

任务四　编制资格预审文件

一、概述

一般来说,资格审查可分为资格预审和资格后审。

资格预审是指在投标前对潜在投标人进行的资格审查。资格后审是指在投标后(即开标后)对投标人进行的资格审查。

资格预审

对于一些开工期要求比较早、工程不算复杂的工程项目,为了争取早日开工,有时不进行资格预审,而进行资格后审。资格后审是在招标文件中加入资格审查的内容。投标人在填报投标文件的同时,按要求填写资格审查资料。评标委员会在正式评标前先对投标人进行资格审查,对资格审查合格的投标人进行评标,对不合格的投标人不进行评标。资格后审的内容与资格预审的内容大致相同,主要包括投标人的组织机构、财务状况、人员与设备情况、施工经验等方面。

通常公开招标采用资格预审,只有资格预审合格的施工单位才允许参加投标;不采用资格预审的公开招标应进行资格后审。

通过资格审查,可以预先淘汰不合格的投标人,减少评标阶段的工作时间和费用,也使不合格的投标人节约购买招标文件、现场考察和投标的费用。

资格审查应主要审查潜在投标人或者投标人是否符合下列条件:

①具有独立订立合同的权利。

②具有履行合同的能力，包括专业、技术资格和能力，资金、设备和其他物质设施状况，管理能力，经验、信誉和相应的从业人员。

③没有处于被责令停业，投标资格被取消，财产被接管、冻结，破产状态。

④在最近3年内没有骗取中标和严重违约及重大工程质量问题。

⑤法律、行政法规规定的其他资格条件。

资格预审和资格后审的区别

对于大型复杂项目，尤其是需要有专门技术、设备或经验的投标人才能完成时，则应设置更加严格的条件，如针对工程所需的特别措施或工艺专长、专业工程施工经历和资质及安全文明施工要求等内容。但标准应适当，标准过高会使合格投标人过少而影响竞争，过低则会使不具备能力的投标人获得合同而导致不能按预期目标完成建设项目。

资格审查的原则

二、资格预审方法与程序

1. 方法

资格预审的方法一般分为合格制和有限数量制两种。合格制即不限定资格审查合格者数量，凡通过各项资格审查设置的考核因素和标准者均可参加投标。有限数量制则预先限定通过资格预审的人数，依据资格审查标准和程序，将审查的各项指标量化，最后按得分由高到低的顺序确定通过资格预审的申请人。通过资格预审的申请人不得超过限定的数量。

2. 程序

资格预审的程序一般为编制资格预审文件、刊登资格预审通告、出售资格预审文件、对资格预审文件的答疑、报送资格预审申请文件、澄清资格预审申请文件、评审资格预审申请文件，最后招标人以书面形式向所有参加资格预审者通知评审结果，在规定的日期、地点向通过资格预审的投标人出售招标文件。具体如下。

(1)编制资格预审文件

依法必须进行招标的项目进行资格预审时，招标人应使用国务院发展改革部门会同有关行政监督部门制定的标准文本，根据招标项目的特点和需要编制资格预审文件。

(2)发布资格预审公告

公开招标的项目，应当发布资格预审公告。对于依法必须进行招标项目的资格预审公告，应当在国家依法指定媒介发布。

(3)发售资格预审文件

招标人应当按照资格预审公告规定的时间、地点发售资格预审文件。资格预审文件的发售期不得少于5日。发售资格预审文件收取的费用，应当限于补偿印刷、邮寄的成本支出，不得以营利为目的。

(4)资格预审文件的澄清、修改

招标人可以对已发出的资格预审文件进行必要的澄清或者修改。澄清或者修改的内容可能影响资格预审申请文件编制的，招标人应当在提交资格预审申请文件截止时间至少3日前，以书面形式通知所有获取资格预审文件的潜在投标人；不足3日的，招标人应当顺延提交资格预审申请文件的截止时间。

申请人对资格预审文件有异议的，应当在提交资格预审申请文件截止时间2日前向招标人提出。招标人应当自收到异议之日起3日内作出答复；作出答复前，应当暂停实施招标投标活动。

(5)编制并提交资格预审申请文件

申请人应严格按照资格预审文件要求的格式和内容，编制、签署、装订、密封、标识资格预审申请文件，按照规定的时间、地点、方式提交。依法必须进行招标的项目，提交资格预审申请文件的截止时间，自资格预审文件停止发售之日起不得少于5日。

(6)组建资格审查委员会

国有资金占控股或者主导地位的依法必须进行招标的项目，招标人应当组建资格审查委员会审查资格预审申请文件。资格审查委员会及其成员应当遵守《招标投标法》及其实施条例有关评标委员会及其成员的规定，即资格审查委员会由招标人熟悉相关业务的代表和不少于成员总数2/3的技术、经济等专家组成，成员人数为5人以上单数。其他项目由招标人自行组织资格审查。

(7)评审资格预审申请文件，编写资格审查报告

招标人或资格审查委员会应当按照资格预审文件载明的标准和方法，对资格预审申请文件进行审查，确定通过资格预审的申请人，并提交书面资格审查报告。资格审查报告一般包括以下内容：基本情况和数据表；资格审查委员会名单；澄清、说明、补正事项纪要等；审查程序和时间、未通过资格审查的情况说明、通过评审的申请人名单；评分比较一览表和排序；其他需要说明的问题。

(8)确认通过资格预审的申请人

招标人根据资格审查报告确认通过资格预审的申请人，并向其发出投标邀请书(代资格预审通过通知书)。招标人应要求通过资格预审的申请人收到投标邀请书后，以书面方式确认是否参与投标。同时，招标人还应向未通过资格预审的申请人发出资格预审结果的书面通知。需要说明的是，根据《招标投标法》的相关规定，通过资格预审的申请人名单应当保密，不应公示通过资格预审的申请人名单。

※特别提示

通过资格预审的申请人除应满足初步审查和详细审查的标准外，还不得存在下列任何一种情形：

①不按资格审查委员会要求澄清或说明的。

②在资格预审过程中弄虚作假、行贿或有其他违法违规行为的。

③申请人存在下列情形之一的：

a.为招标人不具有独立法人资格的附属机构(单位)。

b.为本标段前期准备提供设计或咨询服务的，但设计施工总承包的除外。

c.为本标段的监理人。

d.为本标段的代建人。

e.为本标段提供招标代理服务的。

f.与本标段的监理人或代建人或招标代理机构同为一个法定代表人的。

g.与本标段的监理人或代建人或招标代理机构相互控股或参股的。

h.与本标段的监理人或代建人或招标代理机构相互任职或工作的。

i.被责令停业的。

j. 被暂停或取消投标资格的。

k. 财产被接管或冻结的。

l. 在最近 3 年内有骗取中标或严重违约或重大工程质量问题的。

三、资格预审文件的组成

1. 资格预审公告

资格预审公告的内容包括以下几个方面：

①招标人的名称和地址。

②招标项目的性质和数量。

③招标项目的地点和时间要求。

④获取资格预审文件的办法、地点和时间。

⑤对资格预审文件收取的费用。

⑥提交资格预审申请书的地点和截止时间。

⑦资格预审的日程安排。

【工程实例】

某建设项目的资格预审公告

①××公司的××厂房已经批准建设。工程所需资金来源是自筹，现已落实。现邀请合格的潜在投标人参加本工程的资格预审。

②招标人自行办理本工程的招标事宜。

③工程概况：

工程地点：略

工程规模：略

计划开工日期：略

计划竣工日期：略

④本招标工程共分壹个标段，标段划分及相应招标内容如下：

招标范围：1/2 层厂房、钢结构、附属雨污、室外配套工程。

⑤申请人应当具备的主要资格条件：

申请人资质类别和等级：房屋建筑总承包一级及市政贰级（独立法人）。

拟选派项目经理资质等级：注册建造师（房建）一级，配备市政贰级。

企业业绩、信誉：投标项目部近两年内在周边地区承建过与本次招标工程类似的项目，且质量优良。

项目经理业绩、信誉：投标项目经理近两年内在周边地区管理过类似工程，且质量优良。

以上证件须为原件副本（验证后归还）及复印件。

其他条件：《企业营业执照》《税务登记证》《银行资信证明》《企业信用手册》。

⑥请申请人于×年×月×日，上午×时至×时，下午×时至×时到×区建设工程有形市场报名，报名经办人须携带本人身份证件和加盖单位公章的书面报名申请书，申请人须于×年×月×日×时前将相关资料送至________________。

⑦其他：本次招标每标段择优选取 7 家申请人作为投标单位。

⑧联系方式：　　　　　　　　联系人：　　　　　联系电话：

2. 资格预审申请人须知

(1)申请人须知前附表

申请人须知前附表编写内容及要求如下。

①招标人及招标代理机构的名称、地址、联系人与电话。

②工程建设项目基本情况,包括项目名称、建设地点、资金来源、出资比例、资金落实情况、招标范围、标段划分、计划工期、质量要求。

③申请人资质条件、能力和信誉。告知申请人必须具备的工程施工资质、近年类似业绩、财务状况、拟投入人员和设备等技术力量等资格能力要素条件,近年发生诉讼、仲裁等履约信誉情况及是否接受联合体资格预审申请等要求。

④时间安排。明确申请人提出澄清资格预审文件要求的截止时间,招标人澄清、修改资格预审文件的时间,申请人确认收到资格预审文件澄清和修改的时间,使申请人知悉资格预审活动的时间安排。

⑤申请文件的编写要求。明确申请文件的签字和盖章要求、申请文件的装订及文件份数,使申请人知悉资格预审申请文件的编写格式。

⑥申请文件的递交规定。明确申请文件的密封和标识要求,申请文件递交的截止时间及地点、资格审查结束后资格预审申请文件是否退还,以使投标人能够正确递交申请文件。

⑦简要写明资格审查采用的方法,以及资格预审结果的通知时间和确认时间。

(2)总则

总则编写要把招标工程建设项目概况,资金来源和落实情况,招标范围、计划工期和质量要求叙述清楚,声明申请人资格要求,明确申请文件编写所用的语言文字,以及申请人准备和参加资格预审过程的费用承担。

(3)资格预审文件

资格预审文件包括资格预审文件的组成、澄清及修改。

①资格预审文件的组成。资格预审文件由资格预审公告、申请人须知、资格审查办法、资格预审申请文件格式、项目建设概况及对资格预审文件的澄清和修改构成。

②资格预审文件的澄清。要明确申请人提出澄清的时间、澄清问题的表达形式,招标人的回复时间和回复方式,以及申请人对收到答复的确认时间及方式。

③资格预审文件的修改。明确招标人对资格预审文件进行修改、通知的方式及时间,以及申请人确认的方式及时间。

(4)资格预审申请文件的编制

招标人应在本处明确告知申请人资格预审申请文件的组成内容、编制要求、装订及签字要求。

(5)资格预审申请文件的递交

招标人一般在这部分明确资格预审申请文件应按统一的规定进行密封和标识,并在规定的时间和地点递交。对于没在规定地点、截止时间前递交的申请文件,应拒绝接收。

(6)资格预审申请文件的审查

国有资金占控股或者主导地位的依法必须进行招标的项目,由招标人依法组建的资格审查委员会进行资格审查;其他招标项目可由招标人自行进行资格审查。

(7)通知和确认

明确资格预审结果的通知时间及方式,以及合格申请人的回复方式及时间。

(8)申请人的资格改变

通过资格预审的申请人组织机构、财务能力、信誉情况等资格条件发生变化,使其不再实质上满足"资格审查办法"规定标准的,其投标不被接收。

(9)纪律与监督

对资格预审期间的纪律、保密、投诉及对违纪的处置方式进行规定。

(10)需要补充的其他内容

需要补充的其他内容见申请人须知前附表。

3. 资格审查办法

①选择资格审查办法。资格预审方法有合格制和有限数量制两种。

②审查标准。审查标准包括初步审查标准和详细审查标准,以及采用有限数量限制时的评分标准。

③审查程序。审查程序包括资格预审申请文件的初步审查、详细审查、资格预审申请文件的澄清及有限数量制的评分等内容和规则。

④审查结果。资格审查委员会完成资格预审申请文件的审查,确定通过资格预审申请人名单,向招标人提交书面审查报告。

4. 申请文件格式

申请文件格式具体包括:

①资格预审申请函。

②法定代表人身份证明或其授权委托书。

③联合体协议书。

④申请人基本情况表。

⑤近年财务状况表。

⑥近年完成的类似项目情况表。

⑦正在施工的和新承接的项目情况表

⑧近年发生的诉讼及仲裁情况。

⑨其他材料。

资格预审须知的有关附件

5. 建设项目概况

建设项目概况应包括项目说明、建设条件、建设要求和其他需要说明的情况。

四、资格预审评审报告

资格预审评审委员会根据评审结果写出书面报告。评审报告的主要内容包括工程项目概要、资格预审工作简介、资格预审评价标准、资格预审评审程序、资格预审评审结果、资格预审评审委员会成员名单、资格预审评分汇总表、资格预审分项评分表、资格预审评审细则等。

资格预审报告应上报招标管理部门审查。资格预审评审结果应在其文件规定的期限内通知所有投标申请人，同时向通过资格预审的投标申请人发出投标邀请。

资格预审评审报告案例

北京市房屋建筑和市政工程施工招标资格预审文件标准文本（2017年版）

任务五　编制招标文件

为了规范招标文件编制活动，提高招标文件编制质量，促进招投标活动的公开、公平和公正，由国家发展改革委等九部委在原2002年版招标文件范本的基础上，联合编制了《中华人民共和国标准施工招标资格预审文件（2007年版）》《中华人民共和国标准施工招标文件（2007年版）》，并于2008年5月1日起试行。2010年6月住房和城乡建设部根据《中华人民共和国标准施工招标文件（2007年版）》试行情况，发布了《中华人民共和国房屋建筑和市政工程标准施工招标资格预审文件（2010年版）》《中华人民共和国房屋建筑和市政工程标准施工招标文件（2010年版）》。这些文件适用于一定规模上，且设计和施工不是由同一承包人承担的房屋建筑和市政工程施工招标的资格预审和施工招标。

为落实中央关于建立工程建设领域突出问题专项治理长效机制的要求，进一步完善招标文件编制规则，提高招标文件编制质量，促进招投标活动的公开、公平和公正，国家发展和改革委员会同其他相关部委编制了《中华人民共和国简明标准施工招标文件（2012年版）》和《中华人民共和国标准设计施工总承包招标文件（2012年版）》，并于2012年5月1日起实施。国家发展改革委等九部门《关于印发简明标准施工招标文件和标准设计施工总承包招标文件的通知》中规定，依法必须进行招标的工程建设项目，工期不超过12个月、技术相对简单且设计和施工不是由同一承包人承担的小型项目，其施工招标文件应当根据《中华人民共和国简明标准施工招标文件（2012年版）》编制。设计施工一体化的总承包项目，其招标文件应当根据《中华人民共和国标准设计施工总承包招标文件（2012年版）》编制。

2017年9月，国家发展改革委等九部委编制了《中华人民共和国标准设备采购招标文件（2017年版）》《中华人民共和国标准材料采购招标文件（2017年版）》《中华人民共和国标准勘察招标文件（2017年版）》《中华人民共和国标准设计招标文件（2017年版）》《中华人民共和国标准监理招标文件（2017年版）》（统一简称为《标准文件》）。《标准文件》适用于依法必须招标的与工程建设有关的设备、材料等货物项目和勘察、设计、监理等服务项目。《标准文件》中的"投标人须知"（投标人须知前附表和其他附表除外）、"评标办法"（评标办法前附表除外）和"通用合同条款"，应当不加修改地引用。以上《标准文件》自2018年1月1日起实施。

一、招标文件的组成

建设工程施工招标文件是建设工程施工招投标活动中最重要的法律文件，它不仅规定了完整的招标程序，而且提出了各项技术标准和交易条件，拟列了合同的主要条款。招标文件是评标委员会对投标文件评审的依据，也是业主与中标人签订合同的基础，同时也是投标人编制投标文件的重要依据。

招标文件应告知的内容包括以下几个方面：

①投标人必须遵守的规定、要求、条件，评标的标准和程序。

②投标文件中必须按规定填报的各种文件、资料格式，包括投标书格式、资格审查报告表、填入单价或总价的工程量清单、报价一览表、施工组织技术方案、投标保函格式及其他补充资料。

③中标人应办理文件的格式，如合同协议书格式、履约保函格式、动员预付款保函格式等。

④由招标人提出，构成合同的实质内容。

建设工程施工招标文件由招标文件正式文本、对招标文件正式文本的解释和对招标文件正式文本的修改三部分组成。

(1)招标文件正式文本

招标文件正式文本由投标邀请书、投标人须知、合同主要条款、投标文件格式、工程量清单(采用工程量清单招标的应当提供)、技术条款、设计图纸、评标标准和方法、投标辅助材料等组成。

(2)对招标文件正式文本的解释

投标人拿到招标文件正式文本之后，如果认为招标文件有问题需要解释，应在收到招标文件后在规定的时间内以书面形式向招标人提出，招标人以书面形式向所有投标人做出答复，其具体形式是招标文件答疑或答疑会议记录等，这些也是招标文件的一部分。

(3)对招标文件正式文本的修改

投标截止日前，招标人可以对已发出的招标文件进行修改、补充，这些修改或补充也是招标文件的一部分，对投标人起约束作用。修改意见由招标人以书面形式发给所有获得招标文件的投标人，并且要保证这些修改或补充发出之日到投标截止时间有 15 天的合理时间。

二、招标文件的内容

《中华人民共和国标准施工招标文件(2007 年版)》包括以下内容：

第一章：招标公告(投标邀请书)。

第二章：投标须知及投标须知前附表。

第三章：评标办法。

第四章：合同条款及格式。

第五章：工程量清单。

第六章：图纸。

第七章:技术标准和要求。

第八章:投标文件格式。

第九章:资格审查申请书格式。

(一)投标须知

投标须知是投标人的投标指南,投标须知一般包括投标须知前附表和投标须知正文。

投标须知前附表是指把投标活动中的重要内容以列表的方式表示出来。

投标须知正文内容很多,主要包括以下几部分。

1. 总则

(1)工程说明

主要说明工程的名称、位置、承包方式、招标范围等情况,通常见投标须知前附表所述。

(2)资金来源

主要说明招标项目的资金来源和支付使用的限制条件。

(3)资质要求与合格条件

这是指对投标人参加投标进而被授予合同的资格要求。投标人参加投标进而被授予合同必须具备前附表中所要求的资质等级。组成联合体投标的,按照资质等级较低的单位确定资质等级。

(4)投标费用

投标人应承担其编制、提交投标文件所涉及的一切费用。无论投标结果如何,招标人对投标人在投标过程中发生的一切费用,都不负任何责任。

2. 招标文件

这是投标须知中对招标文件的组成、格式、解释、修改等问题所做的说明。投标人应认真审阅招标文件中的所有内容,如果投标人的投标文件没有按照招标文件要求提交全部资料,或者投标文件没有对招标文件做出实质性响应,其投标可能被拒绝。

3. 投标报价说明

投标报价说明是对投标报价的构成、采用的方式和投标货币等问题的说明。除非合同中另有规定,投标人在报价中所报的单价和合价,以及报价汇总表中的价格,均应包括完成该工程项目的成本、利润、税金、开办费(及准备)、技术措施费、大型机械进出场费、风险费、政策性文件规定费等各项应有费用。投标人应按招标人提供的工程量清单中的工程项目和工程量填报单价和合价,工程量清单中的每一单项均需填写单价和合价,并只允许有一个报价。投标人没有填写单价和合价的项目将不予支付,并认为此项费用已包括在工程量清单的其他单价和合价中。采用工料单价法报价的,应按招标文件的要求,依据相应的工程量计算规则和预算定额计量报价。

投标报价可采用以下两种方法:

①固定价。投标人所填写的单价和合价在合同实施期间不因市场变化而变动,投标人在计算报价时可考虑一定的风险系数。

②可调价。投标人所填写的单价和合价在合同实施期间可因市场变化而变动。

4. 投标文件的编制

投标须知中对投标文件的各项具体要求包括以下几个方面。

(1)投标文件的语言及度量衡单位

投标文件所使用的语言，投标人、招标人之间与投标有关的来往通知、函件和文件的语言均应使用一种官方主导语言(如中文或英文)。投标文件中应用的度量衡单位，除规范另有规定外，均应采用我国法定的计量单位。

(2)投标文件的组成

投标人的投标文件应由下列内容组成：投标书、投标书附录、投标保证金、法定代表人资格证明书、授权委托书、具有标价的工程量清单与报价表、辅助资料表、资格审查表(资格后审用)、按本须知规定提交的其他资料。投标人必须使用招标文件提供的表格格式，但表格可以按同样格式扩展。

(3)投标有效期

投标有效期是指投标文件在投标须知规定的投标截止日期之后的前附表中所规定的投标有效期的日历日前有效。在特殊情况下，招标人在原定投标有效期内，可以根据需要以书面形式向投标人提出延长投标有效期的要求，对此要求投标人需以书面形式予以答复。

(4)投标担保

投标担保有投标保函和投标保证金两种形式。投标保函应为在中国境内注册并经招标人认可的银行出具的银行保函，或具有担保资格和能力的专业担保公司出具的担保书。银行保函的格式应按照担保银行提供的格式，担保书的格式应为招标文件规定的格式。投标保证金可以是现金、支票、银行汇票。对于未能按要求提交投标保证金的投标，招标人将予以拒绝。未中标的投标人的投标保证金应尽快退还(无息)；中标人的投标担保，按要求提交履约担保并签署合同协议后，予以退还(无息)。

投标人有下列情形之一的，投标担保不予退还：投标人在投标有效期内未经招标人许可撤回其投标文件的；中标人未能在规定期限内提交履约担保的；投标人中标后因自身原因未在招标文件规定的时间内与招标人签订合同的。

(5)踏勘现场和答疑

应规定踏勘现场的时间和答疑会召开的时间和地点。投标人应按时派代表参加。

(6)投标文件的份数和签署

在投标须知中应规定提交投标文件的份数，一般规定提交一份投标文件正本和前附表所列份数的副本。投标文件正本和副本如有不一致之处，以正本为准。投标文件正本与副本均应使用不能擦去的墨水打印或书写；由投标人的法定代表人亲自签署(或加盖法定代表人印鉴)，并加盖法人单位公章；全套投标文件应无涂改和无行间插字或增删，如果由于招标人或者投标人的错误必须修改投标文件，修改处应有投标文件签字人签字证明并加盖印鉴。

5. 投标文件的提交

(1)投标文件的装订密封与标志

投标文件一般要求正、副本分别装订成册。投标人应将投标文件的正本和每份副本分别密封在内层包封中，再将他们密封在一个外层包封中，并在内包封面正确标明“投标文件正本”和“投标文件副本”。内层和外层包封都应写明招标人名称和地址、招标工程项目编号、工程名称,并注明开标时间以前不得开封。在内层包封上还应写明投标人的名称与地址、邮政编码,以便投标出现逾期送达时能原封退回。

(2)投标截止期

投标截止期是指招标人在招标文件中规定的最晚提交投标文件的时间和日期。投标人应在规定日期内将投标文件提交给招标人。招标人在投标截止期以后收到的投标文件,将原封退给投标人。如果到投标截止时间止,招标人收到的投标文件少于三个的,招标人将依法重新招标。

(3)投标文件的修改与撤回

投标人可以在提交投标文件以后,在规定的投标截止时间之前,采用书面形式向招标人提交补充、修改或撤回其投标文件的通知。在投标截止日期以后,不能更改投标文件。投标人的补充、修改或撤回通知,应按规定编制、密封、加写标志和提交,并在内层包封标明"补充""修改"或"撤回"字样,补充、修改的内容为投标文件的组成部分。在投标截止时间与招标文件中规定的投标有效期终止日之间的这段时间内,投标人不能撤回投标文件,否则其投标保证金将不予退还。

6. 资格预审申请文件材料的更新

投标人在提交投标申请时,如果资格预审申请文件中的内容发生重大变化,投标人需对其更新。如果评标时投标人已经不能达到资格评审标准,其投标将被拒绝。

7. 开标与评标

(1)应对开标时间、地点及开标过程做出明确规定

对于资格后审的资格审查应当在评标前进行。对评标内容的保密、投标文件的澄清、投标文件的符合性鉴定、错误的修正、投标文件的评价与比较等内容也要在这一部分做出规定。

(2)投标文件的澄清有助于对投标文件的审查、评价和比较

评标委员会在保密其成员名单的情况下,可以个别要求投标人澄清其投标文件。有关澄清的要求与答复,应以书面形式进行,但不允许更改投标报价和投标的其他实质性内容。但是校核时发现的算术错误应更正。

(3)投标文件的符合性鉴定

在详细评标之前,评标委员会首先审定每份投标文件是否在实质上响应了招标文件的要求。实质上响应要求的投标文件,应该与招标文件中规定的要求、条件、条款和规范相符,无显著差异或保留。如果投标文件实质上不响应招标文件的要求,投标文件将被拒绝。

(4)错误的修正

评标委员会将对通过符合性鉴定的投标文件进行校核,看其是否有计算上或累计上的算术错误。

(5)投标文件的评价与比较

评标委员会将仅对通过符合性鉴定的投标文件进行评价与比较。

8. 授予合同

(1)合同授予标准

招标人将把合同授予其投标文件在实质上响应招标文件要求和按招标文件规定的评标方法评选出的投标人,确定为中标的投标人必须具有实施合同的能力和资源。

(2)中标通知书

确定出中标人后,招标人以书面形式通知中标的投标人。中标通知书应包括中标合同价格、工期、质量和有关合同签订日期、地点等内容。中标通知书将成为合同的组成部分。

(3)合同的签署

中标人按中标通知书中规定的时间和地点,由法定代表人或其授权代表前往与招标人代表进行合同签订。

(4)履约担保

中标人应按规定向招标人提交履约担保。投标人应使用招标文件中提供的履约担保格式。如果中标人不按投标须知的规定执行,招标人将有充分的理由废除授标,并不退还其投标保证金。给招标人造成的损失超过投标担保数额的,还应当对超过部分予以赔偿。招标人要求投标人提供履约担保时,招标人也将在中标人提交履约担保的同时,向中标人提供同等数额的工程款支付担保。

(二)评标办法

1.综合评分法

综合评分法是指在满足招标文件实质性要求的条件下,依据招标文件中规定的各项因素进行综合评审,以评审总得分最高的投标人作为中标(候选)人的评标方法。

2.经评审的最低投标价法

经评审的最低投标价法是指在满足招标文件实质性要求的条件下,评标委员会对投标报价以外的价值因素进行量化并折算成相应的价格,再与报价合并计算得到折算投标价,从中确定折算投标价最低的投标人作为中标(候选)人的评审方法。

(三)合同条款及格式

招标文件中的合同条件,是招标人与中标人签订合同的基础,是对双方权利和义务的约定,合同条款的完善、公平将影响合同内容的正常履行。为方便招标人和中标人签订合同,目前国际上和我国都制订有相关的合同条件标准模式,如国际工程承发包中广泛使用的FIDIC合同条件,国内的《建设工程施工合同(示范文本)》中的合同条款等。

我国的合同条款分为三部分,第一部分是协议书;第二部分是通用条款(或称标准条款),是用于各类建设工程项目的具有普遍适应性的标准化条款,其中凡双方未明确提出或者声明修改、补充或取消的条款,就是双方都要履行的;第三部分是专用条款,是针对某一特定工程项目,对通用条款的修改、补充或取消。

合同格式是指招标人在招标文件中拟订好的合同文件的具体格式,以便于定标后由招标人与中标人达成一致协议后签署。招标文件中的合同文件主要格式有合同协议书格式、质量保修格式、投标保函格式、承包人履约保函格式、发包人支付保函等。

(四)工程量清单

工程量清单应包括由投标人完成工程施工的全部项目,它是各投标人投标报价的基础,也是签订合同、调整工程量、支付工程进度款和竣工决算的依据。工程量清单应由具有编制招标文件能力的招标人或其委托的具有资质的工程咨询机构进行编制。招标文件中的工程量清单应由工程量清单说明和工程量清单表两部分组成。

工程量清单说明包括以下几点：工程概况（如建设规模、工程特征、计划工程、施工现场实际情况、交通运输情况、自然地理条件、环境保护要求等）；工程招标与分包范围；工程量清单编制依据；工程质量、材料、施工等的特殊要求；招标人自行采购材料的名称、规格、型号、数量；预留金、自行采购的金额数量，主要材料设备的特殊说明；其他需要说明的问题。

工程量清单表应由分部分项工程量清单、措施项目清单、其他项目清单和规费、税金项目清单组成。招标人应按规定的统一格式提供工程量清单。

1. 分部分项工程量清单

分部分项工程量清单应根据《建设工程工程量清单计价规范》（GB 50500—2013）附录中规定的统一项目编码、项目名称、计量单位和工程量计算规则，以及招标文件、施工设计图纸、施工现场条件进行编制。附录中未包括的项目，编制人可以补充列项，但要特别加以说明。

分部分项工程量清单项目的工程数量，应按照规范中规定的计量单位和工程量计算规则计算。

2. 措施项目清单

措施项目清单包括施工期间需要发生的施工技术措施和施工组织措施等项目。招标人应根据工程的具体情况，参照规范中列出的通用项目内容进行列项，招标人可根据实际情况进行响应和补充。

对于措施项目清单，招标人只列出项目，由投标人自主填列数量及价格。

3. 其他项目清单

其他项目清单分为招标人和投标人两部分。招标人部分包括预留金、招标人拟供材料购置费等。投标人部分包括总承包服务费等。

招标人部分由招标人确定，投标人按招标人确定的项目及金额列表并不得改动。招标人拟供材料购置费由招标人按计划采购材料的品种、数量和价格进行估算；分部分项工程量清单项目综合单价的构成中不包括招标人拟供材料的价款，但包括该材料应计取的管理费和利润。

投标人部分由招标人根据拟建工程的具体情况列出项目，应将其列入相应项目清单中并注明“暂定金额”。暂定金额指某些工程项目暂不具备计量条件或不确定是否发生时，由招标人列出的金额。

4. 规费、税金项目清单

规费、税金项目清单按照工程排污费、工程定额测定费、社会保障费（养老保险费、失业保险费、医疗保险费）、住房公积金和危险作业意外伤害保险内容进行列项。

（五）技术标准和要求

招标文件中的工程建设标准部分，是指招标人在编制招标文件时，为了保证工程质量，向投标人提出使用具体工程建设标准的要求，主要包括以下两个方面。

1. 本工程采用的技术规范

对工程采用的技术规范，国家有关部门有一系列规定。招标文件要结合工程的具体环境和要求，写明选定的适用于本工程的技术规范，列出编制规范的部门和名称。技术规范是检验工程质量的标准和质量管理的依据，招标人应重视技术规范的选用。

2. 特殊项目的施工工艺标准和要求

招标工程根据设计要求，对某些特殊项目的材料、施工除必须达到以上标准外，还应该满足要求及施工工艺标准。

(六)投标文件格式

1. 投标函部分格式

为了便于投标文件的评审和比较，要求投标文件按一定的顺序和格式进行编写。招标人在招标文件中，要对投标文件提出明确的要求，并拟定一套编制投标文件的参考格式，供投标人投标时填写。投标文件的参考格式主要有法定代表人资格证明书、投标文件签署授权委托投标函、投标函附录及招标文件要求投标人提交的其他投标资料等。

2. 商务标格式

投标文件中商务部分的格式，是指招标人要求投标人在投标文件的报价部分所采用的格式。根据《建筑工程施工发包与承包计价管理办法》的规定，投标报价有两种计算方法，即工料单价法和综合单价法。不同的报价形式有不同的格式要求。

采用工料单价形式报价的格式有投标价说明、投标报价汇总表、主要材料清单报价表、设备清单报价表、分部工程工料价格计算表、分部工程费用计算表及投标报价需要的其他资料等。

采用综合单价形式报价的格式有投标价说明、投标报价汇总表、主要材料清单报价表、设备清单报价表、分部分项工程量清单报价表、措施项目报价表、其他项目报价表、分部分项工程量清单综合单价分析表、措施项目费用分析表以及投标报价需要的其他资料。

采用综合单价报价时，综合单价应包括人工费、材料费、机械费、管理费、材料调价、利润及风险等全部费用。如果采用工料单价法，应说明按照现行预算定额的工、料、机消耗及预算价格确定出直接费、间接费、利润、税金、材料价差、设备价格、施工措施费、风险价差，汇总后形成总报价。

3. 技术标格式

投标文件技术部分内容包括施工组织设计、项目管理机构配备情况、拟分包项目情况等。

(1)施工组织设计

施工组织设计应包括以下主要内容：

①分部分项工程的主要施工方法；

②工程投入的主要施工机械设备情况、主要施工机械进场计划；

③劳动力安排计划；

④确保工程质量的技术组织措施；

⑤确保安全生产的技术组织措施；

⑥确保文明施工的技术组织措施；

⑦确保工期的技术组织措施；

⑧施工总平面图等。

编制时应采用文字评价和图标说明上述内容。对工程质量、安全文明施工、工程进度关键工序、复杂环节应提出切实可行的技术组织措施。

(2)项目管理机构配备情况

项目管理机构配备情况包括项目管理组织机构设置、人员组成、职责分工及主要人员详细情况,如项目经理的学历、执业资格等级、业绩等。有必要时还需提供身份证、职称证等证明资料的复印件。

(3)拟分包项目情况

如果有拟分包的部分,应用表格的形式说明分包人的名称、资质等级、拟分包的项目及预计造价等。

(七)图纸

图纸是招标文件的重要组成部分,是投标人在拟订施工方案、确保施工方法、计算或校核工程量、计算投标报价时不可缺少的资料。招标人应对其提供的图纸资料的正确性负责。

(八)资格审查申请书格式

资格审查申请书格式包括资格审查申请书和资格审查申请书附表。其中资格审查申请书附表主要由投标人基本情况表、近年财务状况表、近年完成的类似项目情况表、正在施工的和新承接的项目情况表、近年发生的诉讼及仲裁情况表组成(见招标文件资格审查)。

三、建设工程招标控制价的编制

招标控制价是招标人根据国家或省级、行业建设主管部门颁发的有关计价依据和办法,按设计施工图纸计算的,对招标工程限定的最高工程造价。

2008 年清单计价规范将原 2003 年清单计价规范的“标底”改称为“招标控制价”,其宣贯教材的术语中对招标控制价的解释为“其实质就是通常所称的标底”。

工程项目招标控制价是工程招标投标中的一个重要问题。招标控制价是招标项目的预期价格,通常由招标人或委托建设行政主管部门批准的具有编制招标控制价资格和能力的中介代理机构进行编制。《招标投标法》对招标工程是否一定要编制招标控制价没有做出明确规定,发包人可以自己决定是否需要编制。目前我国各建设工程企业由于具有专利技术和特殊技术的单位较少,因此同一资质等级的企业在项目实施能力方面差异不大,为了防止投标人以低于成本的报价竞争,一般工程项目的施工招标中大多都设置招标控制价。

(一)招标控制价编制的原则

1. 招标控制价的编制应具有规范性和统一性

招标控制价应根据国家公布的统一工程项目划分、统一计量单位、统一计算规则以及施工图纸、招标文件,并参照国家制定的基础定额和国家、行业、地方规定的技术标准规范,以及市场价格进行编制。招标控制价的计价内容、计价依据,应与招标文件一致。

2. 招标控制价的编制应以项目的实际情况为依据

招标控制价一般依据以下几个方面进行编制:招标文件的商务条款和其他相关条款;工程施工图纸、工程量计算规则;施工现场地质、水文、地上情况的有关资料;施工方案或施工组织设计;现行的工程定额、工期定额、工程项目计价类别及取费标准、国家或地方有关价格调整的文件规定等;招标时,编制者或权威机构对市场价格预测的资料及建筑安装材料及设备的市场价格;业主对工期、质量的要求。

3. 招标控制价的计价应与实际变化相吻合

招标控制价作为招标人的预期控制价格，应尽量与市场的实际变化相吻合，要有利于开展竞争和保证工程质量，让承包商有利可图。如果要求工程质量优良，还应增加相应的费用。招标控制价中的市场价格可参考有关建设工程价格信息服务机构和社会发布的价格行情。

（二）招标控制价编制的方法

工程招标控制价一般应由成本、利润和税金组成，其编制方法多种多样，可采用以下 3 种方式进行编制。

1. 以施工图预算为基础的招标控制价

以施工图预算为基础编制招标控制价是根据施工图纸及技术说明，按照预算定额规定的分部分项工程项目，逐项计算出工程量，再套用综合预算定额单价（或单位估价表）来确定直接费，然后按规定的取费标准确定施工管理费、其他间接费、计划利润和税金，再加上材料价差调整以及一定的不可预见费，汇总后构成工程预算，形成招标控制价的主要部分。这是目前国内采用的最广泛的方法。从承包方式的角度来说，招标控制价又可分为两种：第一种是除政策性调价、材料及设备价差、重大洽商变更部分可以调整外，其他一律包死的承包方式的招标控制价；另一种是一次包死的承包方式的招标控制价。其中第一种招标控制价最为普遍。

2. 以扩大初步概算为基础的招标控制价

以扩大初步概算为基础的招标控制价的前提是要有能满足招标需要的类似技术设计深度的招标图，以其作为定量、定质和作价的依据。这种方法没有以施工图预算为基础的招标控制价精确，在国内工程中采用不多。其主要是由于初步设计深度不够，与施工图设计的内容出入较大，这样势必导致造价悬殊，使投资难以控制。但也有一定的可取之处，主要是减少工作量，节省时间，争取时间提前开工，同时施工与施工图设计可以交叉作业，一般是先出基础图就可开工，以后主体结构、建筑装修、机电设备安装等设计陆续跟上，使施工仍能顺利进行，提前竣工投产，以达到早盈利的目的。

3. 以最终产品单位造价包干为基础的招标控制价

以最终产品单位造价包干为基础的招标控制价通常按每平方米建筑面积实行造价包干，根据不同建筑体系的结构特点、层数、层高、装修和设备标准等条件和地基土质、地耐力及基础、地下室的不同做法，分别确定每平方米建筑面积设计标高±0.00 以上、以下部分的造价包干标准。在具体工程招标时，再根据装修、设备情况进行适当调整，确定招标控制价单价。这种方法主要适用于采用标准设计大量兴建的工程，如通用住宅、中小学校舍等。

四、招标文件编制实例

在建设工程施工招标过程中，招标文件应结合工程实际情况进行编制，下面是××大学学生宿舍建设项目施工招标文件，供学习时参考。

标底

招标文件编制实例

编制施工招标文件应注意的问题

任务六　国际工程招标

一、国际工程的招标方式

1. 国际竞争性招标

招标人邀请几个乃至几十个投标人参加投标，通过多数投标人竞争，选择其中对招标人最有利的投标人达成交易的方式。目前国际上普遍采用此类招标方式，分为公开招标、邀请招标两种。

2. 国际非竞争性招标

国际非竞争性招标也称议标，具体做法与国内招标方式相似。近 10 年来，国际非竞争性招标在国际工程承发包中的地位越来越重要。

3. 双信封投标

双信封投标即投标人同时提交技术建议书和价格建议书。评标时首先开封技术建议书，并审查技术方面是否符合招标的要求，再与每一位投标人对其技术建议书进行讨论，以使所有的投标建议书达到所要求的技术标准。如由于技术方案的修改导致原已提交的投标价需修改时，将原提交的未开封的价格建议书退还投标人，并要求投标人在规定期间再次提交其价格建议书。当所有价格建议书都提交后，再一并打开进行评标。亚洲银行允许采用此种做法，但需事先得到批准，并应注意将有关程序在招标文件中写清楚。世界银行不允许采取此种做法。

4. 两阶段招标

两阶段招标是指国际竞争性招标与国际非竞争性招标两种方式的有机结合。第一阶段按公开招标方式进行，选出几家符合资格的投标人再进行第二阶段的投标报价，最后确定中标人。

5. 保留性招标

招标人所在国为了保护本国投标人的利益，将原来适合于无限竞争性招标方式招标的工程留下一部分专门给本国承包商。这种方式适合于资金来源渠道广的工程项目，如世界银行贷款加国内配套投资的项目招标。

6. 地区性公开招标

项目的资金来源属于某一地区的组织，如阿拉伯基金、地区性开发银行贷款等。该项目的招标只限于该组织的成员国。

7. 排他性招标

在利用政府贷款采购物资或者建设工程项目时，一般都规定在借款国和贷款国同时招标，只有借、贷两国的供应商和承包商才能参加投标，这种方式称为排他性招标。其招标方式可以采取公开招标或谈判招标方式进行。

二、国际工程的招标程序

(一)确定项目策略

1. 确定采购方式

要确定采购方式,需要先确定采用何种项目管理模式。项目管理模式确定后,参与项目各方所扮演的角色也明确了,才能确定合同方式,各方的权力、义务和风险分担等,从而确定出采购方式。

2. 确定招标方式

采购方式确定后,就可以确定出哪些采购工作需要招标,从而可以确定出招标方式。

3. 项目实施的日程表

采购方式与招标方式确定后,就可以确定出整个项目的招标、设计、施工、验收等工作的里程碑日期,项目实施的日程表得以确定。

注意:项目的安排在开始实施前要得到上级机关的审查批准,如果是国际金融机构贷款,还需要得到该组织的审查批准。在安排日程表时,要充分估计审查批准的时间。

(二)对投标人进行资格预审

这是一个非常重要的环节。通过审查,挑选出一批确有经验、有能力和具备必要的资源以保证能顺利完成项目的公司获得投标资格,还要保证招标具有一定的竞争性。因而,在保证资格公司的前提下,一般允许通过资格预审的公司不宜太多,也不宜太少,通常以6~10家为宜。

(三)招标和投标

1. 招标

(1)招标文件的内容

招标是业主方准备在市场中进行采购的一种方法。招标文件可以认为是合同的草案,其中95%左右的内容将要进入正式的合同,因而对业主和承包商来说,招标文件十分重要。

招标文件在大多数情况下都是由业主聘请咨询公司编制的,其内容包括:投标邀请书,投标人须知;招标资料表;合同条件;技术规范;图纸;投标书;工程量表;承诺和投标保函格式;协议书格式;各种保函格式等。一般投标邀请书和投标人须知不进入合同,其他都将进入正式的合同。

(2)招标文件的颁发

一般采取出售形式,且只出售给那些通过资格预审的公司。

2. 投标人现场考察

投标人现场考察是指业主方在投标人购置招标文件后的一定时间(通常一个月左右),组织投标人考察项目现场的一种活动。其目的是让投标人有机会考察了解现场的实际情况。

一般现场考察与投标人会议一并进行,有关组织工作由业主方负责,投标人自费参加该项活动。

3. 投标人质疑

质疑的方式有两种:信函答复或召开投标人会议,也可以两者同时采用。

一般均采用现场考察与投标人会议相结合的方式。业主在会议上应回答所有的问题,向所有的投标人分发书面的会议纪要以及对所有相关问题的解答,但问题解答中不应提及问题的质疑人。

业主应说明此类书面会议纪要及问题解答是否作为招标文件的补遗。如果是,则应将之视为正式招标文件的内容。

4. 招标文件补遗

招标文件补遗有序号,并应由每个投标人正式签收。其内容多半出于业主方对原有招标文件的解释、修改或增删,也包括在投标人会议上对一些问题的解答和说明。

业主一般应尽量避免在招标后期颁发补遗,这样将使承包商来不及对其投标文件进行修改,如果颁发补遗太晚就应延长投标期。

5. 投标文件的提交和接收

投标人应在招标文件中规定的投标截止日期之前,将完整的投标文件按要求密封、签字之后送交业主方。业主方应有专人签收保存。开标之前不得启封。如果投标书的提交迟于投标截止日期,一般将被原封不动地退回。

(四)开标

开标指在规定的开标日期和时间,业主方在正式的开标会议上启封每一个投标人的投标文件,业主方在开标会上只是宣读投标人名称、投标价格、备选方案价格和检查是否提交了投标保证,同时也宣读因迟到等原因而被取消投标资格的投标人的名称。

一般开标应采取公开开标,也可采取限制性开标,只邀请投标人和有关单位参加。

(五)评标

评标包括以下几部分工作。

1. 评审投标文件

评审投标文件的主要工作是审查每份投标文件是否符合招标文件的规定和要求,也包括核算投标报价有无计算方面的错误,如果有,则要求投标人一同核算并确认改正后的报价。

如果投标文件有原则性的违背招标文件或投标人不确认其投标报价计算中的错误,则投标文件应被拒绝并退还投标人。投标保证金将被没收。

2. 包含有偏差的投标文件

偏差指的是投标文件总体符合要求,但个别地方有不合理的要求。也就是说偏差较少的这些文件,业主方可以接受,但在评标时由业主方将此偏差的资金价值采用“折价”方式计入投标价。偏差较大者,退还投标人。

3. 对投标文件的裁定

对投标文件的裁定也就是决标,指业主方在综合考虑了投标文件的报价、技术方案以及商务方面的情况后,最后决定选中哪一家承包商中标。

如果是世界银行、亚洲开发银行等贷款项目,则要在贷款方对业主选中的承包商进行认真严格地审查后才能正式决标。

4. 废标

废标指由于某种原因而宣布此次招标作废,取消所有投标。原因可能是:

①每个投标人的报价都大大高于业主的标底。

②每一份投标文件都不符合招标文件的要求。

③收到的投标文件太少，比如少于3份。

出现这种情况，业主应通知所有的投标人，并退还他们的投标保证金。

（六）授予合同

1. 签发中标函

在经过决标确定中标人之后，业主要与中标人进行深入谈判，将谈判中达成的一致意见写成一份谅解备忘录，此备忘录经双方签字确认后，业主即可向此投标人发出中标函。如果谈判达不成一致，则业主即与评标价第二低的投标人谈判。

谅解备忘录是构成合同协议书的文件之一，并优先于其他合同文件。

2. 履约保证

履约保证是指投标人在签订合同协议书时或在规定的时间内，按招标文件规定的格式和金额，向业主提交的一份保证承包商在合同期间认真履约的担保性文件。

如果投标人未能按时提交履约保证，则其投标保证金将被没收，业主再与第二个投标人谈判签约。

3. 编制合同协议书

一般均要求业主与承包商正式签订一份合同协议书，业主方应准备此协议书。协议书中除规定双方基本的权利、义务外，还应列出所有的合同文件。

4. 通知未中标的投标人

只有在承包商与业主签订合同协议书并提交了履约保证后，业主才将投标保证金退还给中标和未中标的承包商。

三、国际工程招标惯常做法

国际工程招投标既可能是国外的工程建设项目，也有可能是在我国境内的自有资金工程建设项目，如国家大剧院的设计、奥运会相关项目等都应用了国际工程招标。工程项目建设的资金如果使用国际金融组织或外国政府贷款，也必须遵循贷款协议规定，采用国际工程招投标方式选择中标人。其惯常做法有如下几种。

1. 世界银行推行的做法

强调项目的经济性和效益性；对所有会员国、瑞士和中国台湾地区的所有合格企业予以同等的竞争机会，通过招标和签署合同采取措施鼓励借款国发展本国制造和承包商（评标时，借款国的承包商享有7.5%的优惠）。要求业主公正表述拟建工程的技术要求，保证不同国家和地区的合格企业能够广泛参与投标，技术说明书须以实施的要求为依据，世界银行从项目选择直到整个实施过程都有权参与，在关键性问题上享有决定性发言权。

2. 英联邦地区的做法

英联邦地区推行的招标投标制度，主要源于英国的做法。从经济发展角度看，大部分英联邦成员国属于发展中国家。这些国家的大型工程通常求援于世界银行或国际援助机构，因此，他们在承发包工程时首先必须遵循援助机构的要求，也就是说按世界银行的例行做法发包工程，但是他们始终保留英联邦地区的传统特色，即以改良的方式实行国际竞争性招标。他们在发行招标文件时，通常将已发给文件的承包商数目通知投标人，使其心里有数，避免盲目投标。英国土木工程师协会合同条件常设委员会认为：国际竞争性招标浪费时间和资金，效率低下，常常以无结果而告终，导致很多承包商白白浪费钱财和机会成本。因此，英联邦地区所实行的主要招标方式是国际有限招标。

英国土木工程师协会、咨询工程师协会和土木工程承包商联合会的设立，对规范发包方、承包商在招标投标的活动中起了指南作用，发包只需按其格式化的程序进行招标组织的构建，招标组织在各协会的指导下进行各阶段的工作，运作极其规范。如招标文件至少发两份，包括两套图纸，其一份划价的工程量清单随同标书返还。

英国土木工程师协会规定通常给投标人的投标期较长，一般至少为四个星期的投标期，如果大的或者复杂的工程还需要多些时间。投标人具有充足的时间进行投标各阶段的研究、分析和制定方案，它还规定了一个招标组织接受投标询问的时间限制，并且要发给全体投标者一份收到的询问及其答复的一览表，招标组织首先规定减少对附加限制条件的标书的要求，约束了投标过程中易出现的不规范行为。

3. 法语国家和地区的做法

招标方式有拍卖式和询价式。

拍卖式招标：在取得投标资格条件下，以报价作为判标的唯一标准，即在投标人报价低于招标人规定的标底的条件下，报价最低者得标。适用于简单工程或工程内容完全确定，技术高低不影响对承包商选择的情况。公开宣布各投标人报价后，如报价全部超过标底的20%，招标人有权宣布废标，此情况下，招标人可对原招标条件作某些修改后重新招标。

询价式招标：是法语国家和地区工程承发包的主要方式，适用于工程复杂，规模较大，涉及面广以及技术、工期、外汇与支付比例等有严格要求的工程项目。此种方式与世界银行推行的竞争性招标做法大体相似，可以是公开询价招标，也可以是有限询价式招标；可以采取带设计的竞赛形式，也可以采取非竞赛形式。

4. 日本的做法

在日本，私人项目和公共项目有不同的管理办法。私人项目主要采用总价包干的和约形式，这种方法的基础是业主、总承包商和分包商之间在长期合作中形成的信任关系。根据公共会计法，公共项目必须进行选择性招标即邀请招标。公共项目交易制度的特点是：

①总承包商在建筑市场中占据支配地位。目前，日本共有59万家建筑承包商，其中排名前20位、60位和100位的总承包商所占市场份额分别为16.3%、23.8%和26.9%，超级总承包商在建筑市场中占据了支配地位。总承包商很少直接从事施工活动，施工任务几乎全部由分包商完成，总承包商委派项目经理对分包商进行管理。

②价格因素在评标过程中占据主导地位。根据官方价格指数确定工程的最高限价，招投标过程中评标专家不对承包商的素质和技术能力等因素进行评估。承包商是否中标，完全取决于投标报价。

国际惯例与中国招投标法规范本的异同

③地方保护主义较为严重。鹿儿岛隧道的盾构工程是一个典型案例。这项总长度仅为773 m的工程在地方官员的干预下被肢解为11段，有19家承包商参加竞标。最后，当地的11家承包商瓜分了这项工程，再转手分包给一家专

业公司，形成 11 个总承包商对一个分包商的“倒挂分包”。这种现象在公共项目中并不少见，比如，从事路面铺砌的大公司年营业额中的 40% ~60% 是通过这种“倒挂分包”方式实现的，而且这个比例还有上升的趋势。

知识拓展

国家发展改革委等部门关于严格执行招标投标法规制度，进一步规范招标投标主体行为的若干意见（发改法规规〔2022〕117号）

中华人民共和国政府采购法

政府采购货物和服务招标投标管理办法

案例应用

【案例 2-1】某市越江隧道工程全部由政府投资。该项目为该市建设规划的重要项目之一，且已列入地方年度固定资产投资计划，概算已经主管部门批准，征地工作尚未全部完成，施工图及有关技术资料齐全。现决定对该项目进行施工招标。因为估计除本市施工企业参加投标外，还可能有外省市施工企业参加投标，所以业主委托咨询单位编制了两个标底，准备分别用于对本市和外省市施工企业投标价的评定。业主对投标单位就招标文件所提出的所有问题统一作了书面答复，并以备忘录的形式分发给各投标单位，为简明起见，采用表格形式见表 2-1。

表 2-1　备忘录表格形式

序　号	问　题	提问单位	提问时间	答　复
1				
…				
n				

在书面答复投标单位的提问后，业主组织各投标单位进行了施工现场踏勘。在投标截止日期前 10 天，业主书面通知各投标单位，由于某种原因，决定将收费站工程从原招标范围内删除。

问题：

①该项目的标底应采用什么方法编制？简述其理由。

②业主对投标单位进行资格预审应包括哪些内容？

③该项目施工招标在哪些方面存在问题或不当之处？请逐一说明。

分析要点：

本案例考核施工招标在开标（投标截止日期）之前的有关问题，主要涉及招标方式的选择、招标须具备的条件、招标程序、标底编制的依据、投标单位资格预审等问题。要求根据《招标投标法》和其他有关法律法规的规定，正确分析本工程招标投标过程中存在的问题。因此，在答题时，要根据本案例背景给定的条件回答，不仅要指出错误之处，而且要说明原因。为使条理清晰，应按答题要求“逐一说明”，而不要笼统作答。

案例2–1答案

【案例 2-2】某投标人通过资格预审后，对招标文件进行了仔细分析，发现招标人在招标文件中提出的工期要求过于苛刻，且合同条款中规定每拖延 1 天工期罚合同价的 1%。若要保证实现该工期要求，必须采取特殊措施，从而大大增加成本。还发现原设计结构方案采用框架剪力墙体系过于保守。因此，该投标人在投标文件中说明招标人的工期要求难以实现，因而按自己认为的合理工期（比招标人要求的工期增加 6 个月）编制施工进度计划并据此报价；还建议将框架剪力墙体系改为框架体系，并对这两种结构体系进行了技术、经济分析和比较，证明框架体系不仅能保证工程结构的可靠性和安全性、增加使用面积、提高空间利用的灵活性，而且可降低造价约 3%。该投标人将技术标和商务标分别封装，在封口处加盖本单位公章和项目经理签字后，在投标截止日期前 1 天上午将投标文件报送业主。次日（即投标截止日当天）下午，在规定的开标时间前 1 小时，该承包商又提交了一份补充材料，其中声明将原报价降低 4%。但是，招标单位的有关工作人员认为，根据国际上“一标一投”的惯例，一个承包商不得提交两份投标文件，因而拒收承包商的补充材料。

开标会由市招投标办的工作人员主持，市公证处有关人员到会，各投标单位代表均到场。开标前，市公证处人员对各投标单位的资质进行审查，并对所有投标文件进行审查，确认所有投标文件均有效后，正式开标。主持人宣读投标单位名称、投标价格、投标工期和有关投标文件的重要说明。

问题：

从所介绍的背景资料来看，在该项目招标程序中存在哪些问题？请分别作简单说明。

分析要点：

本案例主要考核招标程序中的一些问题。本案例关于招标程序的问题仅涉及资格审查的时间、投标文件的有效性和合法性、开标会的主持、公证处人员在开标时的作用，这些问题都应按照《招标投标法》和有关法规的规定回答。

案例2–2答案

项目总结

在建筑市场运行过程中，招标投标制度全面保障了承发包双方利益，保证了竞争的公开、公平。本项目介绍了建设工程项目施工招标的概念、范围和程序等各阶段的主要工作，招标的种类、范围、方式；招标文件内容及格式；依据国家颁布的《招标投标法》《工程建设项目施工招标投标办法》《标准施工招标资格预审文件》和《标准施工招标文件（2007 年版）》等内容进行招标文件的编写及实施。编制工程标底的方法有定额计价法和工程量清单计价法。开标时间为提交投标文件截止时间的同一时间，在招标人的主持下邀请所有投标人参加开标会。在评标环节，评标委员会由招标人代表和评标专家组成，成员为5人以上单数，其中技术、经济专家不少于成员总数的2/3。评标时可以采用综合评估法和经评审的最低投标价法，中标人的投标应当能够最大限度地满足招标文件中规定的各项综合评价标准，或者能够满足招标文件的实质性要求，并且经评审的投标价格最低，全低于成本的除外。

技能实训

模拟招标过程

实训目标：

1. 通过招标文件编制实训，模拟真实的工作情境，锻炼学员独立完成招标工作的核心工作之一——招标文件编制工作，与工作岗位对接。
2. 了解招标基础知识，体验招标全过程的主要工作和流程。
3. 理解招标全过程的主要角色及其职责。
4. 了解资格预审文件、招标文件的内容构成、要点，以及编制依据和方法。

实训过程：

1. 学生分组，按人数分为甲组和乙组。
2. 甲组编制招标公告，乙组根据招标公告编制资格预审文件。
3. 甲组编制招标文件，乙组发售招标文件。

实训成果：

1. 学生模拟出招标工作程序。
2. 编制招标公告。
3. 根据招标公告编制资格预审文件。
4. 编制并发售招标文件。

能力训练

某办公楼的招标人于20××年10月11日向具备承担该项目能力的A、B、C、D、E这5家承包商发出投标邀请书，其中说明，10月17—18日9—16时在该招标人总工程师室领取招标文件，11月8日14时为投标截止时间。该5家承包商均接受邀请，并按规定时间提交了投标文件。但承包商A在送出投标文件后发现报价估算有较严重的失误，遂赶在投标截止时间前10分钟提交了一份书面声明，撤回已提交的投标文件。

开标时，由招标人委托的市公证处人员检查投标文件的密封情况，确认无误后，由工作人员当众拆封。由于承包商A已撤回投标文件，故招标人宣布有B、C、D、E共4家承包商投标，并宣读该4家承包商的投标价格、工期和其他主要内容。

评标委员会委员由招标人直接确定，共由7人组成，其中招标人代表2人，本系统技术专家2人、经济专家1人，外系统技术专家1人、经济专家1人。

在评标过程中，评标委员会要求B、D两投标人分别对其施工方案作出详细说明，并对若干技术要点和难点提出问题，要求其提出具体、可靠的实施措施。作为评标委员的招标人代表希望承包商B再适当考虑一下降低报价的可能性。

按照招标文件中确定的综合评标标准,4 个投标人综合得分从高到低的顺序依次为 B、D、C、E,故评标委员会确定承包商 B 为中标人。由于承包商 B 为外地企业,招标人于 11 月 10 将中标通知书以挂号方式寄出,承包商 B 于 11 月 14 日收到中标通知书。

由于从报价情况来看,4 个投标人的报价从低到高的依次顺序为 D、C、B、E,因此,从 11 月 16 日至 12 月 11 日招标人又与承包商 B 就合同价格进行了多次谈判,结果承包商 B 将价格降到略低于承包商 C 的报价水平,最终双方于 12 月 12 日签订了书面合同。

问题:

1. 从招标投标的性质看,本案例中的要约邀请、要约和承诺的具体表现是什么?

2. 从所介绍的背景资料来看,该项目的招标投标程序中在哪些方面不符合《招标投标法》的有关规定?请逐一说明。

链接执考

1. 关于建设工程招标投标的说法,正确的是(　　)。

A. 招标文件一般包括经济标和技术标

B. 投标人不得少于 5 人

C. 两个以上法人可以组成一个联合体

D. 招标控制价是投标的最低限价

2. 关于建设工程招标投标的说法,错误的是(　　)。

A. 应遵循公开、公平、公正和诚实信用的原则

B. 招标人不得邀请招标特定的投标人

C. 公开招标的项目应该发布招标公告

D. 招标文件中应载明投标有效期

E. 分期分批组织部分投标人踏勘现场

3. 下列不属于招标文件内容的是(　　)。

A. 投标邀请书　　B. 设计图纸

C. 合同主要条款　　D. 财务报表

4. 资格预审程序中应首先进行(　　)。

A. 资格预审资料分析　　B. 发出资格预审合格通知书

C. 发布资格预审通告　　D. 发售资格预审文件

5. 某政府投资民用建筑工程项目拟进行施工招标,该施工招标应当具备的条件有(　　)。

A. 资金或资金来源已经落实

B. 按照国家有关规定需要履行项目审批手续的,已经履行审批手续

C. 建筑施工许可证已经取得

D. 有满足施工招标需要的设计文件及其他技术资料

E. 施工组织设计已经完成

项目三　建设工程投标

知识目标

1. 熟悉建设工程投标的程序；
2. 了解建设工程投标决策的内容；
3. 了解投标中采取的策略和技巧；
4. 了解国际工程投标内容；
5. 掌握投标报价的构成和编制方法；
6. 掌握建设工程投标文件的内容及编制步骤。

素养目标

1. 培养学生团队合作能力；
2. 培养学生职业意识、责任意识和精益求精的工匠精神；
3. 培养学生规范意识，养成实事求是、严谨认真的工作习惯；
4. 培养学生诚实守信、积极向上的职业精神和学习态度；
5. 培养学生自主学习和解决问题的能力；
6. 培养学生语言表达和沟通交流的能力；
7. 培养学生革新、创新和责任（安全）意识。

驱动任务训练

1. 投标技巧有哪些？
2. 什么是投标保证金？
3. 什么是联合体投标？联合体应该满足哪些条件？
4. 什么是决策树？
5. 投标的注意事项有哪些？
6. 什么是废标？

案例导入

投标人员职业素养

张三2021年5月经朋友介绍认识了李四，两人都是从事建筑装修业务，一来二去，就产生了合谋串标赚钱的想法，并把目标盯在中银大厦的装修工程上。2021年9月至11月期间，中银大厦营业大厅和部分楼层的装修工程公开对外进行工程招标，张三在本身无资质的情况下，以缴纳相当比例的管理费并负责薪水、税金、规费等条件，分别借用深圳长城家具装饰有限公司等三家公司之名投标；李四以同样方法借用了江苏港宁装饰有限公司、南京柏森装饰有限公司等三家公司之名投标。后深圳长城、江苏港宁、南京柏森三家公司通过资格预审入围。

入围后，张三与李四决定合作围标。由张三负责与招标方协调，李四负责制作三家公司的标书，事成之后，二人平分该工程，各得50%的利益，并且签订利益共享协议。为了增加中标可能性，李四又联系程五，与程五入围的两家企业串通投标价格，事成之后双方利益共享。后三人故意让入围的资质较差的公司报高价，然后用资质最好的深圳长城家具装饰有限公司以较低的1 258万元的报价成功中标。就这样，既无资质又无资金的张三成功拿下了中银大厦的大工程。

后三人合作围标的事情被人举报到南京市纪委，经过公安、检察等相关部门的缜密侦查，认定张三与李四串通投标的事实成立，2023年2月28日，南京市玄武区人民检察院以串通投标罪将两人起诉到南京市玄武区人民法院。

案例分析：

投标工作是施工单位承接业务的关键一环。能否精确把握招标文件的要求，充分展示企业的实力一举中标，是和投标员的专业能力分不开的。投标工作的负责人不但要有比较全面的专业技能、较强的组织能力和沟通能力，熟悉相关的法律法规、技术标准与规范，还要有精益求精的工匠精神，才能编制出一份精美的投标文件。最重要的是，投标人员要有良好的职业操守，在各种商业诱惑中能够把持本心，拒绝各种围标、串标。

建设工程施工业务投标人员职业素养：

1. 具有良好的职业道德，诚实守信。不与其他投标人串通、围标，哄抬标价或抢标、夺标；不向招标人行贿；不以其他一切不正当手段而得标并从中牟取非法利润。

2. 具有复合型、多学科专业知识，全面掌握施工技术、施工组织、工程造价等专业技能。

3. 知法、守法、尊法，有招投标与合同相关的法律事务处理能力。

4. 其有良好的语言表达和协调各方的沟通能力。

5. 具有一丝不苟的工作作风，精益求精的工匠精神。

思政升华：

通过“串通投标”、案例，让学生充分认识串通投标、虚假投标等一系列限制性行为对国家发展、行业竞争等的巨大危害，引导学生知法守法，严守职业道德和规范。

任务一　投标程序

一、投标的含义

工程投标是指具有合法资格和能力的投标人根据招标条件，经过初步研究和估算，在指定期限内填写标书，提出报价，参与开标，以争取获得中标的经济行为。建设工程投标一般是指经过特定审查而获得投标资格的建设项目承包单位，按照招标文件的要求，在规定的时间内向招标单位填报投标书，并争取中标的法律行为。建设工程招标是要约邀请，而投标是要约，中标通知书是承诺。

投标

二、投标人应具备的条件

法人或其他组织响应招标、参加投标竞争，是成为投标人的一般条件。要成为合格投标人，还必须满足两项资格条件，一是国家对不同行业及不同主体的投标人资格条件的有关规定；二是招标人根据项目本身要求，在招标文件或资格预审文件中规定的投标人资格条件。

1. 国家对不同行业及不同主体投标人资格条件的规定

《工程建设项目施工招标投标办法》第二十条规定了投标人参加工程建设项目施工投标应当具备5个条件：

①具有独立订立合同的权利；

②具有履行合同的能力，包括专业、技术资格和能力，资金、设备和其他物质设施状况，管理能力，经验、信誉和相应的从业人员；

③没有处于被责令停业，投标资格被取消，财产被接管、冻结，破产状态；

④在最近三年内没有骗取中标和严重违约及重大工程质量问题；

⑤国家规定的其他资格条件。

2.《中华人民共和国政府采购法》对供应商参加政府采购活动资格条件的规定

《中华人民共和国政府采购法》第二十二条规定了供应商参加政府采购活动应当具备6个条件：

投标人及其资格条件

①具有独立承担民事责任的能力；

②具有良好的商业信誉和健全的财务会计制度；

③具有履行合同所必需的设备和专业技术能力；

④有依法缴纳税收和社会保障资金的良好记录；

⑤参加政府采购活动前三年内，在经营活动中没有重大违法记录；

⑥法律、行政法规规定的其他条件。

3. 招标人在招标文件或资格预审文件中规定的投标人资格条件

招标人可以根据招标项目本身要求，在招标文件或资格预审文件中，对投标人的资格条件从资质、业绩、能力、财务状况等方面作出一些规定，并依此对潜在投标人进行资格审查。

投标人必须满足这些要求，才有资格成为合格投标人，否则，招标人有权拒绝其参与投标。同时，《招标投标法》也禁止招标人以不合理条件限制或排斥潜在投标人，以及对潜在投标人实行歧视待遇。

三、投标的基本程序

建设工程项目投标的一般程序如图3-1所示。

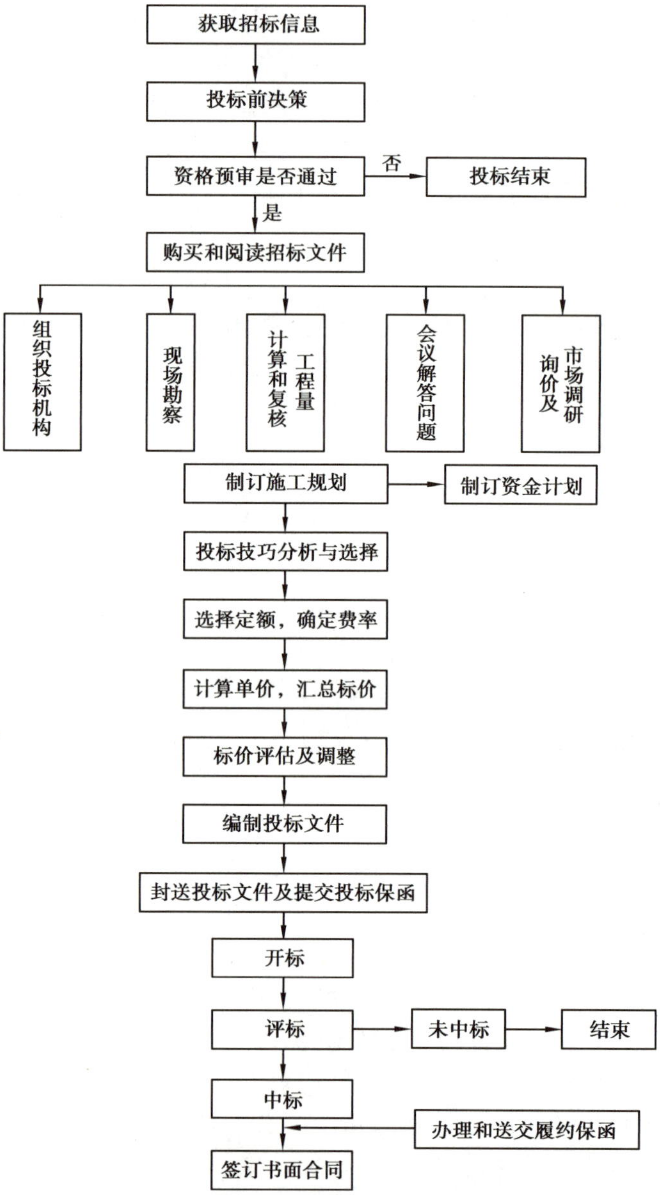

图3-1　建设工程项目投标的一般程序图

工程项目施工投标过程

（一）投标的准备工作

投标的前期工作包括获取招标信息与前期投标决策，即从众多招标信息中确定选取哪些

作为投标对象,这一阶段的工作要注意以下问题:

1. 获取信息并确定信息的可靠性

投标企业可通过多渠道获取信息,如各级基本建设管理部门、建设单位及主管部门、各地勘察设计单位、各类咨询机构、各种工程承包公司、城市综合开发公司、房地产公司、行业协会等,各类刊物、广播、电视、互联网等多种媒体。

2. 对业主进行必要的调查分析

对业主的调查了解是非常重要的,特别是能否得到及时的工程款支付。有些业主长期拖欠工程款,致使承包商不仅不能获取利润,甚至连成本都无法收回,因此承包商必须对获得项目之后履行合同的各种风险进行认真评估分析。

(二)申请投标和提交资格预审申请书

向招标人申请投标,可以直接报送,也可以采用信函或传真,其报送方式和所报资料必须满足招标人在招标公告中提出的有关要求,如资质要求、财务要求、业绩要求、信誉要求、项目经理资格等。申请投标和争取获得投标资格的关键是通过资格审查,因此申请投标的投标人除向招标人索取和提交资格预审申请书外,还应邀请招标人参观本企业承建的工程等,使他们对本企业的实力及情况有更多的了解。

我国建设工程招标中,投标人在获悉招标公告或投标邀请后,应当按照招标公告或投标邀请书中提出的资格审查要求,向招标人申报资格审查。

作为投标人,应熟悉资格预审程序,主要把握好获得资格预审文件、准备资格预审文件、报送资格预审文件等几个环节的工作。

招标人以书面形式向所有参加资格预审者通知评审结果,在规定的日期、地点向通过资格预审的投标人出售招标文件。

(三)接受投标邀请和购买招标文件

申请者接到招标人的招标申请书或资格预审通过通知书,就表明其已具备并获得参加该项目投标的资格,应按招标人规定的日期和地点凭邀请书或通知书及有关证件购买招标文件。

(四)研究招标文件

招标文件是投标和报价的主要依据,也是投标人正确分析判断是否进行投标和获取中标的重要依据。投标人购买招标文件后,应及时组织有关投标人员阅读和研究招标文件,以便在现场考察、标前会议等招标人组织的活动中,有重点地考察和明确问题,做到对工程项目充分地理解,领会设计意图及招标人建设目标,使投标做到有的放矢。

(五)编制施工组织设计

编制投标文件的核心工作之一是计算投标报价,而报价计算又与施工方案及施工组织密切相关,因此在计算报价前必须编制好施工组织设计。

1. 复核工程量

对于招标文件中的工程量清单,投标人一定要进行校核,因为它直接影响投标报价及中标机会。如发现工程量有重大出入的,特别是漏项的,必要时可找招标人核对,要求招标人认可,并给予书面证明,这对于固定总价合同尤为重要。

2. 编制施工组织设计

①选择和确定施工方法;

②选择施工机械和施工设施;

③编制施工进度计划。

(六)确定投标报价

投标报价是指由投标人计算的完成招标文件规定的全部工作内容所需一切费用的期望值。投标报价是投标文件的核心组成部分,招标人将投标报价作为主要标准来选择中标人。

(七)编制投标文件

投标文件应严格按照招标文件的各项要求来编制,一般来说投标文件的内容主要包括:

①投标书;

②投标书附录;

③投标保证金;

④法定代表人;

⑤授权委托书;

⑥具有标价的工程量清单与报价表;

⑦施工组织设计;

⑧辅助资料表;

⑨资格审查表;

⑩对招标文件的合同条款内容的确认和响应;

⑪按招标文件规定提交的其他资料。

(八)投标文件的提交

投标文件编制完成,经核对无误,由投标人的法定代表人签字盖章后,分类装订成册封入密封袋中,派专人在投标截止日前送到招标人指定地点,投标人应从收件处领取回执作为凭证。投标人在规定的投标截止日前,在递送投标文件后,可用书面形式向招标人提交补充、修改或撤回其投标文件的通知。

(九)参加开标会,中标与签约

1. 开标会议

投标人应按规定的日期参加开标会。开标会一般应与截标日为同一天。

2. 中标与签约

投标人收到招标单位的中标通知书,即获得工程承建权,表示投标人在投标竞争中获胜。

任务二　投标的主要工作

一、投标前期工作

把握投标工作内容,做好投标准备工作,运用恰当的投标技巧,编制科学、合理、具有竞争力的投标文件是施工企业投标成功的关键因素。

投标人应当具备承担投标项目的能力及资格条件。投标人是响应招标、参加投标竞争的法人或者其他组织。招标人的任何不具有独立法人资格的附属机构(单位),或者为招标项目的前期准备或者监理工作提供设计、咨询服务的任何法人及其任何附属机构(单位),都无资格参加该招标项目的投标。

正式投标前积极做好各项投标准备工作,有助于投标成功。投标准备工作包括获取投标信息、调查分析研究、投标决策、成立投标工作小组和办理相关手续等内容。

1. 获取招标信息

及时获取准确的投标信息是投标准备工作的首要任务。随着信息技术的不断进步,获取投标信息的渠道也越来越多。大多数公开招标项目都要在国家指定的媒体刊登招标公告。但是经验告诉我们,如果等看到招标公告再开始做投标准备工作,往往时间仓促,投标也比较被动。因此,投标人要注意提前进行资料积累和项目跟踪,根据我国国民经济建设的规划和投资方向、近期国家财政金融政策所确定的中央和地方重点建设项目及企业技术改造项目计划搜集项目信息,可从如下几方面获取投标信息:

①对项目的了解,可从投资主管部门、建设银行、金融机构获得具体项目规划信息;

②跟踪大型企业新建、扩建和改建项目计划信息;

③搜集同行业其他投标人了解到的项目信息;

④从报纸、杂志、网络获取招标信息。

2. 调查分析研究

投标人要认真研究获取的招标信息,对建设工程项目是否具备招标条件及项目业主的资信情况、偿付能力进行必要的调查研究,确认其信息的可靠性。投标人可以通过与招标单位面谈、电话沟通,查阅招标项目的立项批准文件、招标审批文件等方法来确认招标信息的可靠性。另外,投标人还需对该项目的一些外部情况和项目内部情况进行调查,以便为后期投标决策做准备。

3. 投标决策

承包商通过投标获得工程项目是市场经济的必然要求。对于承包商而言,经过前期的调查研究后,应针对实际情况做出决策。首先,要针对项目基本情况确定是否投标;其次,如果确定投标,投什么性质的标,是要选择盈利,还是保本;最后,要根据确定的投标策略选择恰当的投标报价方法。

二、资格预审

《招标投标法》规定,招标人根据招标项目本身的要求,可以在招标公告或者投标邀请书中,要求潜在投标人提供有关资质证明文件及其业绩情况,并对潜在投标人进行资格审查,国家对投标人的资格条件有规定的,依照其规定执行。招标人不得以不合理的条件限制或者排斥潜在投标人,不得对潜在投标人实行歧视待遇。

1. 资格预审审查的主要内容

①参加投标的单位应该满足该工程所要求的资质等级。

②参加投标的施工单位必须具有独立法人资格和相应的施工资质。

③投标单位应提供资格文件,以证明其符合投标条件和具有履行合同的能力。包括:

a. 有关确立投标单位法律地位的原始文件的副本(包括主要营业地点、营业执照、资质等级证书等);

b. 投标单位在过去3年完成的与本工程相似工程的情况和现在正在履行合同的工程情况;

c. 管理和执行本合同所配备主要人员的资历和经验;

d. 提供完成该合同拟采用的主要施工机械设备情况;

e. 提供拟分包工程项目及拟承担分包工程项目施工单位的情况;

f. 投标单位财务状况,提供最近3年经过审计的财务报表、今后两年度财务预测报告和投标单位从开户银行开具的,由该银行提供财务情况证明的确认书;

g. 有关投标单位目前和过去3年参与或涉及诉讼的情况等。

④两个以上法人或者其他组织可以组成一个联合体,以一个投标人的身份共同投标。联合体各方均应当具备承担招标项目的相应能力;国家根据有关规定或者招标文件对投标人资格条件有相应规定的,联合体各方均应当具备规定的资格条件。由同一专业的单位组成的联合体,按照资质等级较低的单位确定资质等级。联合体各方应当签订共同的投标协议,并明确约定各方拟承担的工作和责任,并将共同投标协议连同投标文件一并提交招标人。联合体中标的,联合体各方均应共同与招标人签订合同,并就中标项目向招标人承担连带责任。

2. 参加资格预审注意事项

①做好资格预审等有关资料的平时积累工作,并储存在计算机内,需填写资格预审调查表时,能及时将有关资料调出来,加以补充并完善。如果平时不注意积累资料,完全靠临时填写,则往往会达不到业主的要求而失去应有的机会。

②在投标决策阶段,注意收集信息,如果有合适的项目,应及早动手做资格预审的申请准备工作。

③加强填表时的分析,要针对工程特点,填好重点部位,主要反映出本公司的施工水平、施工经验和施工组织能力。这往往是业主考虑的重点。

④特别是要做好递交资格预审申请表后的跟踪工作,以便及时发现问题,及时补充相关资料。如果是国外工程,可通过代理人或当地分公司进行有关查询工作。

三、研究招标文件

招标文件是投标的主要依据,招标文件规定的承包人的职责和权利,必须高度重视,认真研读。招标文件内容虽然很多,但总的不外乎技术要求条款、商务条款和标的工程内容条款。下面就各个方面应注意的问题加以阐述。

1. 合同条件

①要核准下列日期:投标截止日期、投标有效期、由合同签订到开工允许时间、分阶段验收的工期和总工期、工程保修期等。

②关于误期赔偿费的金额和最高限额的规定,提前竣工奖励的有关规定。

③关于付款的条件。确认是否有动员预付款,其金额与扣还的时间和办法,永久设备和材料预付款的支付规定及付款方法,自签发支付证书至付款的时间,延期付款是否支付利息,

扣留保留金的最高额度、比例和退还的条件。

④关于担保或保函的有关规定，担保或保函的种类，担保额或保函额的要求及有效期等。

⑤关于物价调整条款。明确有无对设备、材料及工资的价格调整的规定，并了解其限制条件。

⑥关于不可抗力因素造成损害的补偿办法与规定，中途停工的处理办法及补救措施。

⑦关于现场人员事故保险和工程保险等的规定，如保险种类、最低保险金额、保期和免赔额等。

⑧关于争端解决的有关规定。

2. 责任范围和报价要求

①不同的合同类型，合同双方的责任和风险不同，因此要明确合同类型是总价合同、单价合同还是成本加酬金合同。

②认真落实要求投标的报价范围，不应有含糊不清之处。例如，报价是否含有勘察设计补充工作，是否包括进场的道路与临时水电设施，有无建筑物需要拆除及清理等现场工作，是否包括监理工程师的办公室和办公交通设施等。总之，应将工程量清单与投标人须知、合同条件、技术规范、施工图等共同认真核对以保证在投标报价中不“错报”、不“漏报”。

③认真核算工程量。投标人应结合招标的施工图，认真仔细地核对工程量清单中的各个分项，当发现工程量清单中的工程量与实际工程量有较大差异时，应向招标人提出疑问。

3. 技术规范和施工图

①工程技术规范。在核对工程量清单时，应注意对每项工作的技术要求及采用的规范进行核对。因为采用的规范不同，其施工方法及控制指标将不一致，有可能对施工方法、采用的机具设备和工时定额有较大影响，忽略这一点不仅使投标人的报价产生计算偏差，而且还会给未来的施工工作造成困难。

②施工图纸的分析。要注意平、立、剖面图之间位置、尺寸的一致性，结构图与设备安装图之间的一致性，当发现有矛盾时应及时提请招标人予以澄清并修正。

③注意技术规范中有无特殊施工技术要求，有无设备、特殊材料的技术要求，有无允许选择设备和代用材料的规定。若有，则要分析与常规方法的区别以及合理估算可能引起的额外费用。

四、调查投标环境与现场勘察

1. 自然条件调查

①气象资料。包括年平均气温、年最低气温和年最高气温，风向图、最大风速和风压值，日照，年最大降雨（雪）量和平均降雨（雪）量，年平均湿度，最低和最高湿度，尤其要分析全年不宜和不能施工的天数（如气温超过或低于某一温度持续的天数，风力和雨量大于某一数值的天数，台风频发季节及天数等）。

②地震、洪水及其他灾害情况等。

③水文资料。包括地下水位、风浪、潮汐等。

④地质情况。包括地质构造及特征、承载能力等。

2. 施工条件调查

①工程现场的用地范围、地形、地物、地貌、标高、地上或地下障碍物、现场的“三通一平”情况。

②工程现场施工的大型施工机具、临时设施、材料堆放、是否需要二次搬运。

③工程现场周围的道路、进出场条件(材料运输、大型施工机具),有无特殊交通限制(如单向行驶、转变方向限制、夜间行驶、货载重量、长度、高度限制等规定)。

④市政给水及污水、雨水排放线路的位置、管径、压力、标高,废水、污水处理方式,市政消防供水管道的管径、压力、位置等。

⑤工程现场邻近建筑物与招标工程的间距、基础埋深、结构形式、新旧程度、高度。

⑥当地供电方式、方位、距离、电压等。

⑦当地煤气供应能力,管线位置、标高等。

⑧工程现场通信线路的连接和铺设。

⑨当地政府有关部门对施工现场管理的特殊要求、一般要求及规定,是否允许节假日和夜间施工等。

3. 其他条件调查

①建筑构件和半成品的加工、制作和供应条件,商品混凝土的供应能力和价格。

②是否可以在工程现场安排工人住宿,对现场住宿条件有无特殊规定和要求。

③是否可以在工程现场或附近搭建食堂,是否可以自己供应施工人员伙食;若不可能,通过什么方式解决施工人员的餐饮问题,其费用如何。

④工程现场附近治安情况如何,是否需要采用特殊措施加强施工现场保卫。

⑤工程现场附近各种社会服务设施和条件,如当地的卫生、保健、医疗、通信、文化、娱乐设施、公共交通情况及技术水平、服务水平、费用,有无特殊的地方病、传染病等。

⑥工程现场附近的生产厂家、商店、各种公司和居民的一般情况,工程施工可能对他们造成影响的程度。

五、参加开标会议

《招标投标法》第三十五条规定:“开标由招标人主持,邀请所有投标人参加。”邀请所有投标人参加开标会议是招标人的义务,而投标人有放弃参加开标会议的权利。如投标人因故未参加开标会议,应视同其放弃到场监督开标活动的权利,并视同其默认开标结果。结合《招标投标法实施条例》第四十四条与第六十条规定,投标人对开标有异议的,应当在开标现场提出,招标人应当当场作出答复,并制作记录。投标人如对开标活动提起投诉的,应当先向招标人提出异议,异议是该投诉事项的前置条件。因此,投标人应尽可能委派代表出席开标会议,以便在对开标有不同意见时能当场提出异议,异议不成,投标人可依法向行政监督部门提起投诉。

六、签订合同

招标人和中标人应当自中标通知书发出之日起 30 日内,按照招标文件和中标人的投标文件订立书面合同。投标人接到中标通知书以后，应在招标单位规定的时间内与招标单位谈判，并签订承包合同，同时还要向业主提交履约保函或保证金。如果投标人在中标后不愿承包该工程而逃避签约，招标单位将按规定没收其投标保证金作为补偿，并且招标人和中标人不得再行订立背离合同实质性内容的其他协议。

投标工作机构的组建

任务三 建设工程投标策略与技巧

一、投标决策

1. 工程投标决策的概念

工程投标决策，是指建设工程承包商为实现其生产经营目标，针对建设工程招标项目，寻求并实现最优化的投标行动方案的活动。

2. 工程投标决策的内容和分类

建设工程投标决策的内容，一般说来，主要包括两个方面：一是关于是否参加投标的决策；二是关于如何进行投标的决策。在承包商决定参加投标的前提下，关键是要对投标的性质、投标的效益、投标的策略和技巧应用等进行分析、判断，做出正确的抉择。因此，建设工程投标决策，实际上主要包括投标选择决策、投标性质决策、投标效益决策等。

工程投标决策

(1)投标选择决策——投标与否

一般说来，有下列情形之一的招标项目，承包商不宜决定参加投标：

①工程资质要求超过本企业资质等级的项目；

②本企业业务范围和经营能力之外的项目；

③本企业在手承包任务比较饱满，而招标工程的风险较大或盈利水平较低的项目；

④本企业投标资源投入量过大时面临的项目；

⑤在技术等级、信誉、水平和实力等方面具有明显优势的潜在竞争对手参加的项目。

(2)投标性质决策——保险标与风险标

保险标指承包商对基本上不存在技术、设备、资金和其他方面问题的，或虽有技术、设备、资金和其他方面问题，但可预见并已有了解决办法的工程项目而投的标。

风险标指承包商对存在技术、设备、资金或其他方面未解决的问题，承包难度比较大的招标工程而投的标。

(3)投标效益决策——盈利标、保本标、亏损标

盈利标是指承包商为能获得丰厚利润回报而投的标。主要应用于以下情况：

①业主对本承包商特别满意，希望发包给本承包商的；

②招标工程是竞争对手的弱项而是本承包商的强项；

③本承包商在手任务虽饱满，但招标利润丰厚、诱人，值得且能实际承受超负荷运转的。

保本标是指承包商对不能获得多少利润但一般也不会出现亏损的招标工程而投的标。

主要应用于以下情况：

①投标工程竞争对手较多，而本承包商无优势的；

②本承包商在手任务少，无后继工程，可能出现部分窝工的。

亏损标是指承包商对不能获利、自己赔本的招标工程而投的标。主要应用于以下情况：

①投标项目的强劲竞争对手众多，但本承包商孤注一掷，志在必得的；

②承包商已出现大量窝工，严重亏损，急需寻求支撑的；

③投标项目属于本承包商的新市场领域，本承包商渴望打入的。

3. 工程投标决策的依据

(1)招标人和招标工程监理工程师的情况

承包商进行投标决策时，必须充分考虑招标人(业主)有无合法地位，对招标工程有无招标主体资格，招标项目业主的支付能力和履约信誉如何，以及招标项目监理工程师处理问题的政策水平、技术能力和职业道德素养如何等方面的情况。如果招标人没有招标资格或支付能力较差，监理工程师处事不公、声誉不佳等，投标人参加投标将会遇到麻烦，应获得的利益没有可靠保障。

(2)投标人自身的实力

①经济方面主要包括有无垫资承包能力；有无支付(被占用)一定的固定资产和机具设备及其投入所需资金的能力；有无一定的资金周转用来支付施工用款或筹集承包工程所需外汇的能力；有无支付投标保函、履约保函、预付款保函、缺陷责任期保函等各种担保的能力；有无支付关税、进口调节税、印花税、所得税、建筑税、排污税等各种税费和保险的能力；有无承担各种风险，特别是不可抗力带来的风险的能力；有无聘请影响较大、声誉较好的代理人的能力等。

②技术方面主要包括专业技术人员水平、工程承包经验、合作伙伴的关系等。

③管理方面主要包括成本控制能力和管理水平、管理措施和健全的规章制度等。

④信誉方面主要包括企业遵纪守法和履约的情况，施工安全、工期和质量如何，社会形象等。

(3)投标的竞争对手和竞争形势

主要分析竞争对手的实力、优势等，举例如下：

①竞争对手是大型工程承包公司的：适应性较强，能够承包大量的工程；

②竞争对手是中小型工程公司或当地工程公司的：承包中小型工程的可能性比较大。

③竞争对手在建工程即将完工：投标资源的投入量可能大些，报价可能不会高；

④竞争对手在建工程规模大、时间长：投标报价可能很高。

(4)投标的法治环境

如国内工程招标的，适用本国的法律、法规和工程所在地的地方性法律、法规和政府规章；国际工程招标的，法律适用以下几个原则：

①强制适用工程所在地法的原则；

②意思自治原则；

③最密切联系法原则；

④适用国际惯例原则；

⑤国际法效力优于国内法效力的原则。

(5)投标的风险

风险是指由于政治、经济、社会市场的变化及工程实施中存在的不可预见事件而产生经济损失、自然破坏的可能性。

【工程实例 3-1】

决策树在投标中的运用

某承包商经研究决定参与某工程投标。经造价工程师估价,该工程估算成本为 1 500 万元,其中材料费占 60%,经研究有高、中、低三个报价方案,其利润率分别为 10%、7%、4%,根据过去类似工程的投标经验,相应的中标概率分别为 0.3、0.6、0.9。编制投标文件的费用为 5 万元。该工程业主在招标文件中明确规定采用固定总价合同。据估计,在施工过程中材料费可能平均上涨 3%,其发生概率为 0.4。

问题:该承包商应按哪个方案投标?

案例评析:

(1)计算各投标方案的利润

①投高标材料不涨价时的利润:1 500×10% =150(万元)

②投高标材料涨价时的利润:150−1 500×60% ×3% =123(万元)

③投中标材料不涨价时的利润:1 500×7% =105(万元)

④投中标材料涨价时的利润:105−1 500×60% ×3% =78(万元)

⑤投低标材料不涨价时的利润:1 500×4% =60(万元)

⑥投低标材料涨价时的利润:60−1 500×60% ×3% =33(万元)

注:亦可先计算因材料涨价而增加的成本额度 1 500×60% ×3% =27(万元),再分别从高、中、低三个报价方案的预期利润中扣除。

(2)画出决策树,标明各方案的概率和利润

如下图所示:

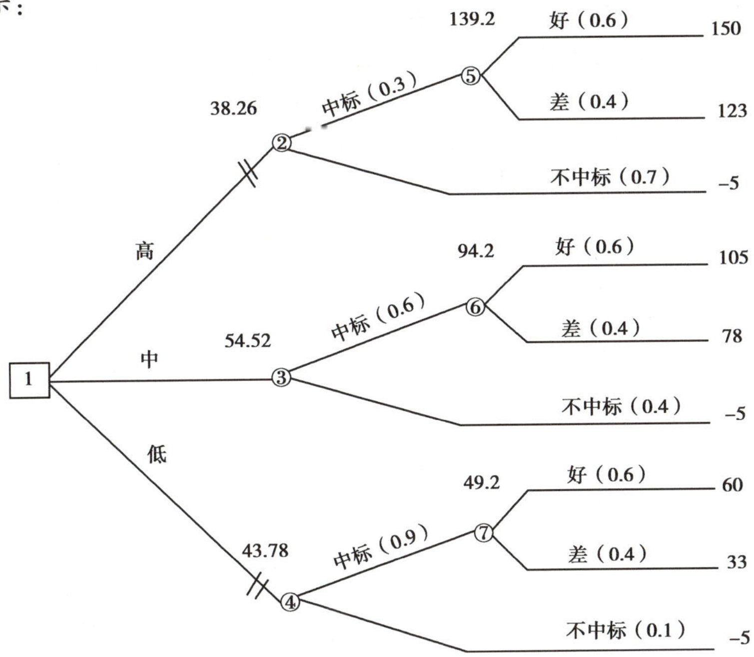

(3)计算决策树图中各机会点的期望值(将计算结果标在各机会点上方)

点⑤:150×0.6+123×0.4=139.2(万元)

点②:139.2×0.3−5×0.7=38.26(万元)

点⑥:105×0.6+78×0.4=94.2(万元)

点③:94.2×0.6−5×0.4=54.52(万元)

点⑦:60×0.6+33×0.4=49.2(万元)

点④:49.2×0.9−5×0.1=43.78(万元)

(4)决策

因为点③的期望利润最大,故应按中标方案投标。

相应的报价为:1 500×(1+7%)=1 605(万元)

二、投标技巧

在保证工程质量与工期条件下,为了中标并获得期望的效益,常用的报价技巧有以下几种。

1. 不平衡报价

不平衡报价

不平衡报价,指在总价基本确定的前提下,如何调整内部各个子项的报价,以期既不影响总报价,又在中标后投标人可尽早收回垫支于工程中的资金和获取较好的经济效益。但要注意避免畸高畸低现象,避免失去中标机会。通常采用的不平衡报价有下列几种情况:

①对能早期结账收回工程款的项目(如土方、基础等)的单价可报以较高价,以利于资金周转;对后期项目(如装饰、电气设备安装等)单价可适当降低。

②估计今后工程量可能增加的项目,其单价可提高;而工程量可能减少的项目,其单价可降低。

但上述两点要统筹考虑。对于工程量数量有错误的早期工程,如不可能完成工程量表中的数量,则不能盲目抬高单价,需要具体分析后再确定。

③图纸内容不明确或有错误,估计修改后工程量要增加的,其单价可提高;而工程内容不明确的,其单价可降低。

④没有工程量只填报单价的项目(如疏浚工程中的开挖淤泥工作等),其单价宜高。这样,既不影响总的投标报价,又可多获利。

⑤对于暂定项目,其实施的可能性大的项目,价格可定高价;估计该工程不一定实施的,可定低价。

【工程实例 3-2】

不平衡报价的应用

某投标单位为了能中标又能有较好的收益,决定采用不平衡报价法对原报价进行调整,具体数字见表 3-1。

表 3-1 报价调整前后对比表

单位:万元

项　目	桩基围护工程	主体结构工程	装饰安装工程	总　价
调整前(投标估价)	1 250	6 500	7 150	14 900
调整后(正式报价)	1 480	7 300	6 120	14 900

若基础工程、主体工程和装饰安装工程工期分别为 4 个月、12 个月、8 个月，贷款年利率为 10%，并假定能按时完工，按月如期收到工程款，且各分部分项每月完成工程量均相等。

问题：试分析该投标单位所运用的不平衡报价策略是否恰当？

案例分析：

该投标单位将前期工程单价抬高，后期工程单价调低，使工程款的现值提高，在调价前后，工程总造价不变，且各分部分项工程调价幅度不大于 10%，不平衡报价策略运用恰当。

月利率：10%/12＝0.83%

调整前工程款现值 NPV_1＝312.5×(P/A,0.83%,4)+541.67×(P/A,0.83%,12)×(P/F,0.83%,4)+893.75×(P/A,0.83%,8)×(P/F,0.83%,6)= 13 219.16(万元)

调整后工程现值 NPV_2＝370×(P/A,0.83%,4)+608.33×(P/A,0.83%,12)×(P/F,0.83%,4)+765×(P/A,0.83%,8)×(P/F,0.83%,6)= 1 439.8(万元)

2. 零星用工(计日工)

零星用工(计日工)一般可稍高于工程单价表中的工资单价，之所以这样做是因为零星用工不属于承包有效合同总价的范围，发生时实报实销，也可多获利。

3. 多方案报价法

多方案报价法是利用工程说明书或合同条款不够明确之处，以争取达到修改工程说明书和合同为目的的一种报价方法。当工程说明书或合同条款有不够明确之处时，往往使投标人承担较大风险。为了减少风险就必须扩大工程单价，增加"不可预见费"，但这样做又会因报价过高而增加被淘汰的可能性。多方案报价法就是为对付这种两难局面而出现的。

其具体做法是在标书上报两个单价，一个是按原工程设计说明书合同条款报一个价；一个是加以注解，如工程设计说明书或合同条款可作某些改变时可降低多少费用，使报价成为最低，以吸引业主修改工程设计说明书和合同条款。还有一种方法是对工程中一部分没有把握的工作，注明按成本加若干酬金结算的办法。但是，如有规定，政府工程合同的方案是不容许改动的，就不能使用这个方法。

【工程实例 3-3】

多方案报价法运用

某办公楼施工招标文件的合同条款中规定：预付款数额为合同价的 10%，开工日支付，基础工程完工时扣回 30%，上部结构工程完成一半时扣回 70%，工程款根据所完工程量按季度支付。

承包商 B 对该项目进行投标，经造价工程师估算：总价为 9 000 万元，总工期为 24 个月。其中：基础工程估价为 1 200 万元，工期为 6 个月；上部结构工程估价为 4 800 万元，工期为 12 个月；安装与装饰工程估价为 3 000 万元，工期为 6 个月。(假定贷款月利率为 1%，为简化计算，季利率取 3%，各分部工程每月完成的工作量相同且能按规定及时收到工程款，不考虑工程款结算所需要的时间)

承包商 B 考虑到该工程虽然有预付款，但平时工程款按季度支付不利于资金周转，所以除按上述数额报价外，另外建议将付款条件改为：预付款为合同价的 5%，工程款按月度支付，其余条款不变。

问题：承包商 B 提出的方案属于哪一种报价技巧？运用是否得当？若承包商 B 中标且业

主采纳其建议的付款条件，以预计的竣工时间为付款时间，承包商C所得工程款比原付款条件增加多少？

案例分析：

承包商B提出的方案属于多方案报价法，该报价技巧运用得当，因为承包商B的报价既适用于付款条件，也适用于建议的付款条件。运用工程经济学的知识，定量计算多方案报价法所得的收益，可知选用资金时间价值公式和现金流量图计算竣工时按原付款条件所得工程款为9 934.90万元，按建议的付款条件竣工时所得工程款为9 990.33万元，两者的差额为55.34万元。因此，按建议的付款条件，承包商B在竣工时所得工程款比原付款条件增加55.34万元。

（1）计算按原付款条件所得工程款的值

预付款：$A_0=9\ 000\times10\%=900$（万元）

基础工程每季工程款 $A_1=1\ 200\div2=600$（万元）

上部结构工程每季工程款：$A_2=4\ 800\div4=1\ 200$（万元）

装饰和安装结构工程每季工程款：$A_3=3\ 000\div2=1\ 500$（万元）

按原付款条件所得工程款的值：

$$FV_0=A_0(F/P,3\%,8)+A_1(F/A,3\%,2)(F/P,3\%,6)-0.3A_0(F/P,3\%,6)-0.7A_0(F/P,3\%,4)+A_2(F/A,3\%,4)(F/P,3\%,2)+A_3(F/A,3\%,2)$$

$$=900\times1.267+600\times2.030\times1.194-0.3\times900\times1.194-0.7\times900\times1.126+1\ 200\times4.184\times1.061+1\ 500\times2.030$$

$$=9\ 934.90\text{（万元）}$$

（2）计算按建议的付款条件所得工程款的值

预付款：$A_0'=9\ 000\times5\%=450$（万元）

基础工程每月工程款：$A_1'=1\ 200\div6=200$（万元）

上部结构工程每月工程款：$A_2'=4\ 800\div12=400$（万元）

装饰和安装结构工程每月工程款：$A_3'=3\ 000\div6=500$（万元）

按建议的付款条件所得工程款的值

$$FV_0'=A_0'(F/P,1\%,6)+A_1'(F/A,1\%,6)(F/P,1\%,18)-0.3A_0'(F/P,1\%,18)-0.7A_0'(F/P,1\%,12)+A_2'(F/A,3\%,4)(F/P,1\%,12)+A_3'(F/A,1\%,6)$$

$$=450\times1.270+1\ 200\times6.152\times1.196-0.3\times450\times1.196-0.7\times450\times1.127+400\times12.683\times1.062+500\times6.152$$

$$=9\ 990.33\text{（万元）}$$

两者的差异：

$FV_0'-FV_0=9\ 990.33-9\ 934.90=55.34$（万元）

比较条款改变前后的所得工程款的值，承包商B按建议的付款条件比原付款条件可多得55.34万元。

4. 增加建议方案

有时招标文件中规定，可以提一个建议方案，即可以修改原设计方案，提出投标人的方案。投标人这时应抓住机会，组织一批有经验的设计和施工工程师，对原招标文件的设计和施工方案仔细研究，提出更合理的方案以吸引招标人，促成自己的方案中标。这种新的建议方案可以降低总造价或提前竣工或使工程运用更合理，但要注意对原招标方案也一定要报价，以供招标人比较。增加建议方案时，不要将方案写得太具体，保留方案的技术关键，防止招标人将此方案交给其他投标人，同时要强调的是，建议方案一定要比较成熟，或过去有实践经验，因为投标时间不长，如果仅为中标而匆忙提出一些没有把握的方案，可能引起后患。

5. 突然降价法

报价是一件保密的工作，但是对手往往通过各种渠道、手段来刺探情况，因此在报价时可以采取迷惑对方的手法，即先按一般情况报价或表现出自己对该工程兴趣不大，到快投标截止时，再突然降价。如鲁布革水电站引水系统工程招标时，日本大成公司知道他的主要竞争对手是前田公司，因而在临近开标前把总报价突然降低 8.04%，取得最低标，为以后中标打下了基础。

采用这种方法时，一定要在准备投标报价的过程中考虑好降价的幅度，在临近投标截止日期前，根据情报信息与分析判断，再做最后决策。

如果由于采用突然降价法而中标，因为开标只降总价，在签订合同后可采用不平衡报价的思想调整工程量表内的各项单价或价格，以期获得更高的效益。

6. 先亏后盈法

有的承包商为了打进某一地区，依靠国家、某财团或自身的雄厚资本实力，而采取一种不惜代价，只求中标的低价投标方案。应用这种方法的承包商必须有较好的资信条件，并且提出的施工方案也是先进可行的，同时要加强对公司情况的宣传，否则即使低标价，也不一定被业主选中。

7. 开口升级法

将工程中一些风险大、花钱多的分项工程或工作抛开，仅在报价单中注明，由双方再度商讨决定。这样大大降低了报价，用最低价吸引业主，取得与业主商谈的机会，而在议价谈判和合同谈判中逐渐提高报价。

8. 无利润算标

缺乏竞争优势的承包商，在不得已的情况下，只好在算标中根本不考虑利润去夺标。这种办法一般是处于以下条件时采用：

①有可能在得标后，将大部分工程分包给索价较低的分包商；

②对于分期建设的项目，先以低价获得首期工程，而后赢得机会创造第二期工程中的竞争优势，并在以后的实施中获取利润；

③较长时间内，承包商没有在建工程项目，如果再不得标，就难以维持生存。因此，虽然本工程无利可图，只要能有一定的管理费维持公司的日常运转，就可设法度过暂时困难，以图将来东山再起。

投标人投标技巧的运用案例

任务四　建设工程投标报价

一、投标报价的编制依据和原则

(一)工程投标报价的编制依据

①招标文件,包括工程范围、质量、工期要求等;

②施工图设计图纸和说明书、工程量清单;

③施工组织设计;

④现行的国家、地方的概算指标或定额和预算定额、取费标准、税金等;

⑤材料预算价格、材差计算的有关规定;

⑥工程量计算的规则;

⑦施工现场条件;

⑧各种资源的市场信息及企业消耗标准或历史数据等。

(二)工程投标报价的编制原则

①必须贯彻执行国家的有关政策和方针,符合国家的法律、法规和公共利益;

②认真贯彻等价有偿的原则;

③工程投标报价的编制必须建立在科学分析和合理计算的基础之上,要较准确地反映工程价格。

二、投标报价的构成

国内工程投标报价的组成和国际工程投标报价的组成基本相同,但每项费用的内容及对项目分类稍有不同。投标报价的费用组成与现行概(预)算文件中的费用构成基本一致,主要有分部分项工程费、措施项目费、其他项目费、规费、税金。但投标报价与概(预)算是有区别的。工程概预算文件必须按照国家有关规定编制,尤其是各种费用的计算,而投标报价则可根据本企业实际情况进行计算,更能体现企业的实际水平。现简介国内工程投标报价费用组成如下。

1. 分部分项工程费

分部分项工程费是指建筑安装工程的分部分项工程发生的人工费、材料费、施工机具使用费、企业管理费、利润和一般风险费。

2. 措施项目费

措施项目费是指建筑安装工程施工前和施工过程中发生的技术、生活、安全、环境保护等费用,包括人工费、材料费、施工机械机具使用费、企业管理费、利润和一般风险费。措施项目费分为施工技术措施项目费与施工组织措施项目费。

3. 其他项目费

其他项目费是指由暂列金额、暂估价、计日工和总承包服务费组成的其他项目费用,包括人工费、材料费、施工机具使用费、企业管理费、利润和一般风险费。

4. 规费、税金

规费是指根据国家法律、法规规定，由省级政府和省级有关权力部门规定必须缴纳或计取的费用。税金是指国家税法规定的应计入建筑安装工程造价的增值税、城市维护建设税，教育费附加、地方教育附加以及环境保护税。

三、投标报价编制方法

(一)工程量清单计价模式下投标报价的编制

根据《建设工程工程量清单计价规范》(GB 50500—2013)进行投标报价。依据招标人在招标文件中提供的工程量清单计算投标报价。这种投标报价有利于竞争，有利于促进施工生产技术发展。全部使用国有资金投资或以国有资金为主的项目必须采用工程量清单计价。

工程量清单计价的投标报价应包括按招标文件规定完成工程量清单所列项目的全部费用，包括分部分项工程费、措施项目费、其他项目费、规费和税金。

1. 分部分项工程清单与计价表

工程量清单计价应采用综合单价计价。

1)确定综合单价

确定综合单价是分部分项工程和单价措施项目清单与计价表编制过程中最主要的内容。

综合单价包括完成一个规定清单项目所需的人工费、材料和工程设备费、施工机具使用费、企业管理费、利润，并考虑风险费用的分摊。

综合单价=人工费+材料和工程设备费+施工机具使用费+企业管理费+利润

2)确定综合单价时的注意事项

(1)以项目特征描述为依据

招标投标中，当出现招标工程量清单特征描述与设计图纸不符时，投标人应以清单项目特征描述为准，确定投标报价的综合单价。

当施工中施工图纸或设计变更与清单项目特征描述不一致时，发承包双方应按实际施工的项目特征，依据合同约定重新确定综合单价。

(2)材料、工程设备暂估价的处理

招标文件中提供了暂估单价的材料和工程设备，应按其暂估的单价计入清单项目的综合单价中。

(3)考虑合理的风险

风险分摊原则：

①对于主要由市场价格波动导致的价格风险，如工程造价中的建筑材料、燃料等价格风险，根据工程特点和工期要求，一般采取的方式是承包人承担5%以内的材料、工程设备价格风险，10%以内的施工机具使用费风险。

②对于法律、法规、规章或有关政策出台导致工程税金、规费、人工费发生变化，并由省级、行业建设行政主管部门或其授权的工程造价管理机构根据上述变化发布的政策性调整等，承包人不应承担此类风险。

③对于承包人根据自身技术水平、管理、经营状况能够自主控制的风险,如承包人的管理费、利润的风险,承包人应结合市场情况,根据企业自身的实际合理确定、自主报价,该部分风险由承包人全部承担。

2. 措施项目清单与计价表

投标人对措施项目投标报价应遵循以下原则:

①措施项目的内容应依据招标人提供的措施项目清单和投标人投标时拟定的施工组织设计或施工方案确定;

②措施项目费由投标人自主确定,但其中安全文明施工费必须按照国家或省级、行业建设主管部门的规定计价,不得作为竞争性费用。

3. 其他项目

其他项目清单包括暂列金额、暂估价、计日工和总承包服务费等。

①暂列金额应按照其他项目清单中列出的金额填写,不得变动。

②材料暂估价不得变动和更改。

③专业工程暂估价必须按招标人提供的金额填写。

④计日工应按照其他项目清单列出的项目和估算的数量,自主确定各项综合单价并计算费用。

⑤总承包服务费应根据招标人的服务要求和施工现场管理需要自主确定。

4. 规费和税金

规费和税金应按照国家或省级、行业建设主管部门的规定计算,不得作为竞争性费用。

(二)定额计价方式下投标报价的编制

为适应国有资金投资的建设工程发承包及工程计价需要,深化计价模式改革,适应市场经济发展要求,目前已很少使用定额计价方式,如重庆市建设工程计价定额(2018)就明确取消了定额计价模式,只保留了工程量清单计价一种计价模式。

※知识拓展<投标报价编制影响因素>

采用哪一种计算方法进行计价应视工程招标文件的要求,但不论采用哪一种方法都必须抓住编制报价的主要因素。

(1)工程量

工程量是计算投标报价的重要依据。多数招标单位在招标文件中均附有工程实物量。因此,必须进行全面的或者重点的复核工作,核对项目是否齐全、工程做法及用料是否与图纸相符,重点核对工程量是否正确,以求工程量数字的准确性和可靠。在此基础上再进行套价计算。另一种情况就是标书中根本没给工程量数字,在这种情况下就要组织人员进行详细的工程量计算工作,即使时间很紧迫也必须进行计算。否则,将影响报价编制。

(2)单价

工程单价是计算标价的又一个重要依据,同时又是构成标价的第二个重要因素。单价的正确与否,直接关系到标价的高低。因此,必须十分重视工程单价的制订或套用。制订的根据:一是国家或地方规定的预算定额、单位估价表及设备价格等;二是人工、材料、施工机械机具使用费的市场价格。

(3)其他各类费用的计算

这是构成报价的第三个主要因素。这个因素占总报价的比重是很大的,少者占20% ~30%,多者占40% ~50%。因此,应重视其计算。

为了简化计算，提高工效，可以把所有的各种费用都折算成一定的系数计入报价中。计算出直接费后再乘以这个系数就可以得出总报价。

工程报价计算出来以后，可用多种方法进行复核和综合分析。然后，认真详细地分析风险、利润、投标报价让步的最大限度，而后参照各种信息资料以及预测的竞争对手情况，最终确定实际报价。

任务五　建设工程投标文件编制

一、投标文件的组成

投标文件是投标人单方面阐述自己响应招标文件要求，旨在向招标人提出愿意订立合同的意思表示，是投标人确定、修改和解释有关投标事项的各种书面表达形式的统称。

投标文件一般由下列内容组成：

①投标函；

②投标函附录；

③投标保证金；

④法定代表人资格证明书；

⑤授权委托书；

⑥具有标价的工程量清单与报价表；

⑦辅助资料表；

⑧资格审查表（资格预审的不采用）；

⑨对招标文件中的合同协议条款内容的确认和响应；

⑩施工组织设计；

⑪招标文件规定提交的其他资料。

投标人必须使用招标文件提供的投标文件表格格式，但表格可以按同样格式扩展。招标文件中拟定的供投标人投标时填写的一套投标文件格式，主要有投标函及其附录、工程量清单与报价表、辅助资料表等。

二、投标文件的编制步骤

（一）投标函的编制

投标函部分属于投标人提交的具有法律约束力的格式性承诺文件，包括法定代表人的身份证明、投标文件签署人的授权委托书、投标函、投标函附录和投标函保书。投标函部分一般与技术标以外的其他一起提交的文件构成投标书的商务标。

（二）技术标的编制

投标文件的技术标包括全部施工组织设计内容，用以评价投标人的技术实力和建设经验。技术复杂的项目对技术标的编写内容及格式均有详细要求，应当认真按照规定填写标书文件中的技术部分，包括施工技术方案，施工进度计划、施工资源计划、施工资金计划等实施计划，施工总平面布置、项目管理机构等内容。

1. 技术标的主要内容

通常情况下，投标文件技术标部分主要包括以下内容：

①施工部署；

②施工现场平面布置图；

③施工方案；

④施工技术标准；

⑤施工组织及施工进度计划（包括施工段的划分、主要工序及劳动力安排以及施工管理机构或项目经理部组成）；

⑥施工机械设备配备情况；

⑦质量保证措施；

⑧工期保证措施；

⑨安全施工措施；

⑩文明施工措施。

2. 技术标编制注意事项

①暗标中的废标：施工组织设计一般是暗标，但有的技术标装订格式没有按照招标文件统一要求，或者是某一细部出现了企业的特征等，造成废标。

②内容一般化：施工组织设计注意了模式和条款，工艺和规范套用细而全，但没有结合工程实际，失去了针对性，有的企业已通过质量认证和环保认证，但没有针对相关工程制定具体的组织措施。

③选用标准不当：工程质量标准应当用现行的最新版标准规范，但现在还有企业在施工组织设计中提出过期标准。

④可行性差：建筑装饰工程涉及结构、基础、水、电、风、消防、智能等，但在施工进度中只安排装饰装修部分，而忽略专业与分包方面的交叉衔接，缺乏整体协调。

⑤简短适度：有的施工组织设计篇幅很长，但对相关重点却一带而过，避重就轻，遗漏重点环节，如工程正赶上雨季或冬季，但施工组织设计中却没有具体措施；任何一个工程离不开用电，但在一个施工组织设计中没有体现动力用电量、照明用电量、平时用电量和高峰用电量等。

（三）商务标的编制

通常情况下投标文件中商务标部分包括以下内容：

①法定代表人身份证明；

②法人授权委托书（正本为原件）；

③投标函；

④投标函附录；

⑤投标保证金交存凭证复印件；

⑥对招标文件及合同条款的承诺及补充意见；

⑦工程量清单计价表（已标价清单）；

⑧投标报价说明；

⑨报价表（又称投标一览表）；

⑩投标文件电子版（U 盘或光盘）；

⑪企业营业执照、企业资质等级证书、当地施工安全管理部门出具的安全生产证明材料及安全资格证。

三、编制投标文件的注意事项

①投标人编制投标文件时必须使用招标文件提供的投标文件表格格式，但表格可以按同样格式扩展。

投标保证金、履约保证金的方式，按招标文件有关条款的规定选择。投标人根据招标文件的要求和条件填写投标文件的空格时，凡要求填写的空格都必须填写，不能空着不填。实质性的项目或数字如工期、质量等级、价格等未填写的，将被作为无效或作废的投标文件处理。

②应当编制的投标文件"正本"仅一份，"副本"则按招标文件前附表所述的份数提供，同时要明确标明"投标文件正本"和"投标文件副本"字样。

投标文件正本和副本如有不一致之处，以正本为准。

③投标文件正本与副本均应使用不能擦去的墨水打印或书写，各种投标文件的填写都要字迹清晰、端正，补充设计图纸要整洁、美观。

④所有投标文件均由投标人的法定代表人签署、加盖印鉴，并加盖法人单位公章。

⑤填报投标文件应反复校核，保证分项和汇总计算均无错误。

全套投标文件均应无涂改和无行间插字，除非这些删改是根据招标人的要求进行的，或者是由投标人造成的必须修改的错误。修改处应由投标文件签字人签字证明并加盖印鉴。

⑥如招标文件规定投标保证金为合同总价的某百分比时，开投标保函不要太早，以防泄露己方报价。但有的投标人提前开出并故意加大保函金额，以麻痹竞争对手的情况也是存在的。

⑦投标人应将投标文件的正本和副本分别密封在内层包封，再密封在一个外层包封中，并在内包封上正确标明"投标文件正本"和"投标文件副本"。

内层和外层包封都应写明招标人名称和地址、合同名称、工程名称、招标编号，并注明开标时间以前不得开封。在内层包封上还应写明投标人的名称与地址、邮政编码，以便投标出现逾期送达时能原封退回。如果内外层包封没有按上述规定密封并加写标志，招标人将不承担投标文件错放或提前开封的责任，由此造成的提前开封的投标文件将被拒绝，并退还给投标人。

四、投标文件的递交

投标文件编制完毕，应将正本和副本（两份）装入特制投标书袋内，在袋口加贴密封条，并加盖两枚企业公章和法人代表印鉴章，在规定的时间内送达招标方指定地点。标书应派专人送达，也可挂号邮寄（有的省市不允许邮寄）。招标人接到投标文件经检查确定投标书袋填写合格，密封无误后，应登记签收（包括送标企业名称、送达时间、送达地点、送标人签字、招标单位接标人签字等）。

投标人在投标文件发出后，如发现有遗漏或错误，允许进行补充或修正，但必须在投标截止日前以正式函件送达招标人，过时无效。凡符合上述条件的补充或修订文件，应视为投标文件附件，招标人须承认，并作为评标、决标的依据之一。

另外，有些招标人规定以送达投标文件时间的先后顺序作为开标排名先后的顺序，投标人也应适当选择送达投标文件的时间。

投递投标文件应注意以下事项：

①投标文件应在招标文件规定的投标截止日期以前递送，否则会被拒收。但也不宜过早投递，以免泄漏信息。

②应注意投标文件函件的密封。"双信封制"进行密封。

五、联合体投标

《招标投标法》第三十一条规定，两个以上法人或者其他组织可以组成一个联合体，以一个投标人的身份共同投标。

(1)联合体承包的联合各方为法人或者法人之外的其他组织

形式可以是两个以上法人组成的联合体、两个以上非法人组织组成的联合体或者是法人与其他组织组成的联合体。

(2)联合体是一个临时性组织，不具有法人资格

组成联合体的目的是增强投标竞争力，减少联合体各方因支付巨额履约保证金而产生的资金负担，分散联合体各方的投标风险，弥补有关各方技术力量的相对不足，提高共同承担项目完工的可靠性。如果属于共同注册并进行长期经营活动的"合资公司"等法人形式的联合体，则不属于《招标投标法》所称的联合体。

(3)联合体的组成是"可以组成"，也可以不组成

是否组成联合体由联合体各方自己决定。对此《招标投标法》第三十一条第四款也有相应的规定。这说明联合体的组成属于各方自愿的、共同的、一致的法律行为。

※知识拓展<投标担保、履约担保>

投标保证金是指投标人按照招标文件的要求向招标人出具的，以一定金额表示的投标责任担保。投标保证金的作用是保证投标人中标后对其投标书中规定的责任不得撤销或者反悔。否则，招标人将对投标保证金予以没收。投标保证金的数额一般为投标价的 2%左右。

投标文件实例

履约担保(又称为履约保证金)是招标人为防止中标人在合同执行过程中违反合同规定，给发包人造成经济损失，在签订合同时收取的金钱保证，主要担保的是工期和质量符合合同约定。其形式有履约担保金、履约银行保函和履约担保书三种。履约担保金可用保兑支票、银行汇票或现金支票。一般情况下履约担保是在保修期满并颁发保修责任终止证书后 15 天或 14 天退回。

任务六 国际工程投标

一、国际工程投标前期工作

(一)对国际工程招标项目信息的调查

调查研究招标的工程项目是承包商的一项基本功。调查研究是谋事之基、成事之道。没有调查,就没有发言权,更没有决策权。

1. 主要项目信息调查内容

①工程项目所在国政治环境调查;

②工程项目所在国经济环境调查;

③社会状况调查;

④法律方面调查;

⑤工程所在国的基础设施与生产要素市场调查;

⑥工程项目雇主的调查;

⑦施工现场自然条件调查。

2. 开展调查的要求

①实事求是,不弄虚作假,有一说一、有二说二,不能添油加醋;

②一定要求真务实,扎扎实实,进入现场和相关部门,得到第一手资料;

③列好调查提纲,有纲有目,目的明确,一针见血,不走过场;

④提供高质量、高水平、可靠性的调查分析和意见建议的书面报告。

总之,调查就是解决闭门造车、异想天开、刻舟求剑的形式主义问题,也是提高管理者的认识能力、工作能力和判断能力的过程。

(二)对国际招标项目信息的研析

1. 招标项目所在国基本情况研究

(1)自然地理

国家所在位置(洲、地区、接壤的国家等)面积、地形(山脉、平原、河流、湖泊等)、气候(旱季、雨季、最高气温、最低气温、降水量、沙尘暴或风暴)。

(2)综合情况/社会情况/人文地理

国名、人口、民族或部落(单一民族或部落、多民族、部落冲突或相容)首都及行政区划、国家元首、语言(官方、当地、部落)、宗教(单一宗教、多宗教共存、多宗教的包容性)。

(3)历史

国家的形成、文化的发展,尤其是近代历史,是否曾为殖民地,历史上和邻国的冲突等。

(4)经济

GDP 及人均 GDP,经济增长率,主要收入来源(如石油、旅游、矿产)、货币、汇率(和欧元及美元的汇率)、汇率变化情况、外汇管制、税务、保险、仲裁、海港、铁路、公路、水运、通信、电力、自来水、医疗、矿藏及开发情况。

(5)法律

法律体系(英美、大陆)是否健全、执行情况。

(6)政治

政体(共和国、君主立宪、政教合一、军人政权等)、政府信用及效率、廉洁程度、民族矛盾、阶级矛盾、恐怖组织。

2. 招标项目基本情况

(1)项目名称

何种项目(基础设施、土木、房建、机电安装等)、地点(距首都和口岸的距离)。

(2)业主及设计、监理、咨询工程师

业主(政府、国际组织、公共部门、公司、私人、外国人等)、咨询工程师(第三国、当地、合营)。

(3)发包方式

公开招标、邀请标、议标。

(4)合同文本

了解合同条件是否使用 FIDIC、ICE、AIA 合同条件,或惯常使用的本国合同条件。

(5)重要时间

投标日期、工期及维修期/缺陷责任期。

(6)当地公司优惠

按多边开发银行(如世界银行、亚洲开发行)规定当地公司一般优惠 7.5%。

3. 研究招标项目的技术要求

(1)项目建设模式、行业类型和规模

项目建设模式;行业类型[铁路、公路、桥梁、隧道、港口、水利、房建、市政(给水、污水、垃圾等)];项目规模(造价估计、工期、面积、容量和长度等)。

(2)标准和规范

使用何种标准和规范(英国标准、美国标准、德国标准、法国标准、ISO、当地标准)。

(3)地质水文资源

是否有地质水文资料,哪家咨询公司提供的,是否准确可靠。

(4)设计文件的深度

是否有设计文件,深度如何(初步设计、施工图设计),是否需要设计深化。

(5)招标文件要求的施工方案

是否可选择不同方案投标。

(6)业主提供的支持

施工场地、营地、施工便道设备、试验室、建筑材料、劳务、取土场、采石场等。

4. 研究项目的商务条件

(1)资金来源

国际金融组织(世界银行、亚洲开发行、非洲开发行)贷款/赠款,国际组织(联合国、欧盟、伊斯兰国际组织)、政府双边(日本协力银行)货款或赠款,当地政府的预算,外国公司、当地公司、私人的投资等。

(2)支付方式

支付币种(外汇、当地币)、支付时间(即时、延期)、支付方式(现金、实物)。

(3)保函

可以是保证金、银行保函、保险公司的担保等,如是银行保函,一般情况下,投标保函为一个固定数额或标价的2%左右。

履约保函为合同额的10% ~15%,预付款保函为合同额的10% ~15%。

(4)工程保留金

设置工程保留金,通常在每笔验工计价款支付时扣除10%,累计至合同总额的5%。在工程竣工验收时,返还一半,剩余部分可以用保留金保函代替。

(5)误期赔偿

误期赔偿主要是指因承包商原因导致的工期延误赔偿。

(6)税收

关税、增值税、印花税、暂扣税、利润所得税、个人所得税、基金(住房、医疗、失业、教育)等。

(7)保险

工程一切险、大型设备险、第三方责任险、车辆险、人身意外伤害险等。

(8)工作许可

对外籍劳动有无限制,如有,限制条件是什么,如只允许有专业技能的外国员工才能获得工作许可,外国员工和当地员工的比例等。

(三)准备资格审查

由于资格审查是招标人对投标人的资格的认定,那么,招标人在招资审标时,就要事先设定一些条件。这些条件的设置,既要把能力低的投标人排除在外,又不能把条件设置得太高,导致能满足这些条件的投标人太少,降低投标人之间竞争程度。业界的惯例,每个项目参加投标的投标人不能少于三个,否则便失去了招标的意义。因此资格审查条件的设立,要掌握一定的度。

资格审查条件可以分为以下四大类:

(1)投标人的法律地位

投标人的法律地位指投标人的国籍、公司性质、注册地、注册资本金、营业范围、公司章程、组织机构(董事会和董事长)、公司所在地、申请人的经济诉讼状况等,这是对投标人的最基本要求。一般国际金融组织提供资金的项目是不限定公司国籍的,但某些特定资金来源的项目,如欧盟或阿拉伯基金等,对投标人的国籍有一定限制。

(2)投标人过去5年的状况

投标人过去5年的状况主要指财务状况、经营规模,即营业额及相关项目的营业额、过去和现在执行的类似工程经历。这些都要提供证明文件,最好是第三方提供的客观证明。

(3)针对本项目的资格和条件

针对本项目的资格和条件主要指投标人过去5年类似工程的经历、投标人拟在本项目实施中使用的施工方法、设计说明及施工组织等。

投标人过去3~5年类似工程经历,指最近3~5年之内实施完或正在实施的类似工程,必须说明项目名称、合同额、主要工程内容、合同期限(开工日期、工期、竣工日期)、业主及咨询名称,以及联系人及电话、业主是否满意、竣工证明等。

针对本项目的施工方法说明,一般在资审后审项目中,招标人会提出要求,投标人准备好之后随投标书一并递交。如果是设计—施工(D+B)合同、设计—采购—施工合同模式的项目,投标人需提供设计说明。

根据招标文件要求,投标人还需提供如项目中标,拟参加项目实施的人员、机械安排(自有、新置等)、进度计划、资金流量安排、施工方案,以及代案(备选方案)、质量、安全、环保说明等,即国内通常说的施工组织规划等。

(4)联营体或合包集团参加资格审查的条件

投标人以联营体或合包集团参加项目资格审查及投标,主要有如下的目的:

①享受当地优惠,通常当地公司参加投标时,享受7.5%的价格优惠,有些国家更高,甚至能达到15%,如阿尔及利亚等国;

②在一家公司参加资格审查及投标不能满足条件时,或一家公司参加投标,实施项目很困难时;

③降低投标或实施项目的风险。

以联营体或合包集团参加资格审查,通常招标人要求:

①联营体或合包集团所有成员签署的备忘录或协议。

②牵头方必须满足招标条件的40%以上,参与方必须满足招标条件的20%以上,联营体所有成员的条件相加满足招标条件。对大型复杂项目,则会有更明确的要求,如某国地铁BOT项目,要求联营体成员中必须有不少于一家在过去五年从事过BOT项目,不少于一家用盾构或TBM建造地下隧道的工程经历,不少于一家有地铁系统及车辆的生产制造供货能力,不少于一家有地铁运营管理的经验等,这就注定了项目只能以联营体或合包集团的形式参加投标。

③联营体或合包集团的成员不能再单独参加其他联营体或合包集团。

④任何一个联营体或合包集团的成员退出时,该联营体或合包集团的资格必须重审。

(四)进一步研析招标文件

在项目立项阶段,已经对招标文件中关于项目的基本情况、基本要求及商务条件进行了研究,但研究的比较粗略,研究的主要目的是进行SWOT分析,着重考虑的是项目是否真实可靠,资金来源是否落实,项目是否可干,即投标人是否满足项目技术要求的能力,以及项目可能存在的风险,从而决定项目是否立项,是否继续参与项目的追踪。

项目立项后通过对招标文件的研究与分析,进一步了解业主的要求与意图,参照国际惯例和习惯做法,根据承包商自身的经验,提出需要澄清的问题,做好投标工作。因此,对招标文件的研究与分析在投标报价阶段是一项十分重要的工作。

投标人通过对招标文件的一般研究及深入研究两个阶段,对招标文件的情况已基本上掌握,这时仍然有不少疑问,针对这些疑问可以提出需要业主澄清的问题,以及现场考察需要解决的问题。

(1)需要业主澄清的问题

需要业主澄清的问题主要针对招标文件不平等条款、冲突条款和含糊不清的条款提出。

(2)现场考察需要解决的问题

一类是项目所在国的综合情况,这些情况在项目立项时已经作了研究,这时只要针对本项目的要求作有针对性的调查和核实就可以了。如项目所在国基本情况、项目的基本情况、项目的技术要求、项目的商务条件。

另一类现场情况,主要是征地拆迁情况;水源、电源、通信;港口到项目所在地的运输情况;工程数据 BQ 的核实;如业主提供设备和材料,了解设备和材料的情况;地材(砂、石来源)、主材(钢筋、水泥、油料)的供应情况及价格。

二、国际工程投标文件

(一)标书文字

投标文件和投标人与业主及其代理人公司之间的一切联络均使用招标方约定的语言。投标人投标文件中的一些辅助文件或小册子可使用另外的语言,但与投标有关的段落要有译文。在投标文件翻译时,以约定语言为准。

(二)投标文件内容

投标人准备的投标文件通常应包括以下内容:

①投标表格和附件;

②投标保证书;

③标价的工程量表;

④补充信息目录库;

⑤资格证明材料;

⑥(如果有)可供选择的报价;

⑦招标文件要求提供的其他材料。

(三)投标文件解释

潜在投标人可按招标文件提供的地址书面或电传通知招标人要求解释文件,业主或其代理人公司一般在提交投标文件最后期限前 28 天书面答复,解释文件的要求。书面答复将向所有具有资格并已取得招标文件的投标人发送。

(四)投标文件修正

①在提交投标文件最后期限前,业主可根据自己的意愿,或应回复潜在投标人的解释文件的要求,发布附录修改投标文件。

②附录将用邮件或电传送达每个持有招标文件的投标,这些文件对他们具有约束力,潜在投标人应即时用电传告知公司附录已收到。

③为使投标人在准备投标时有时间考虑附录文件,业主或其代理人公司可按招标文件的规定延长投标期限。

三、国际工程投标报价

1. 国际工程投标报价费用组成

国外的建筑安装工程费用一般是在建筑市场上通过招投标方式确定的。工程费的高低受建筑产品供求关系影响较大。国外建筑安装工程费用构成可用图 3-2 表示。

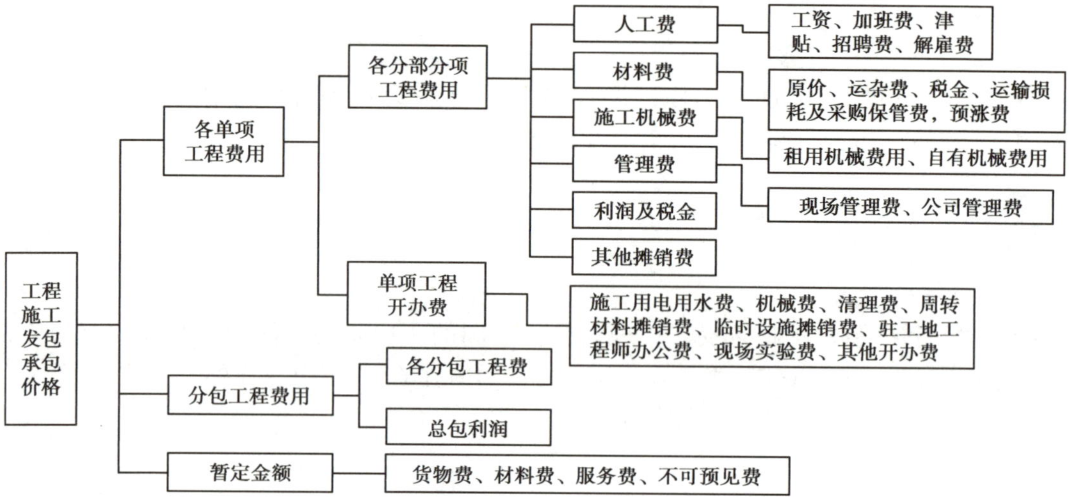

图 3-2　国外建筑安装工程费用的构成

国际工程报价是国际工程投标的最核心部分，是承包商与业主之间就工程总价(或合同价)进行磋商谈判的基础，直接关系承包商投标的成败。它包括投标价费用的构成、报价费用的计算、盈亏分析、编制投标报价书等。

在国际工程报价中，承包商的报价工作一般都要求有多年施工经验的工程师负责或主持。他们没有现行的预算定额作计算依据，全凭经验和制定的施工方案来做价。如混凝土工程中的模板，先依照设计图纸绘制模板图，根据模板图计算出各种规格材料用量，再根据积累的经验确定其周转次数和单价。机械设备也是依据施工方案确定设备清单，并考虑折旧、大修、拆装、动力燃料费等确定出台班单价。这种做法虽能反映出实际的各个分部分项工程费用，但必须有丰富的经验和详尽的资料。

2. 报价流程

国际工程是指一个工程项目从咨询、融资、采购、承包、管理及培训等各个阶段的参与者来自不止一个国家，而且按照国际上通用的工程项目管理模式进行管理的工程。因此，国际工程既包括我国公司去海外参与投资和实施的各项工程，又包括国际组织和国外公司到我国投资和实施的工程。以下探讨的国际工程项目投标报价仅限于我国公司去海外参与施工的各项工程。

一般而言，国际工程项目报价通常遵循以下 4 个步骤：

①研究招标文件；

②调查研究，收集资料；

③编制投标报价书；

④进行经济分析。

案例应用

【案例 3-1】

决策树在投标中的运用

某承包商面临 A、B 两项工程投标，因受本单位资源条件限制，只能选择其中一项工程投标，或者两项工程均不投标。根据过去类似工程投标的经验数据，A 工程投高标的中标概率为 0.3，投低标的中标概率为 0.6，编制投标文件的费用为 3 万元；B 工程投高标的中标概率为 0.4，投低标的中标概率为 0.7，编制投标文件的费用为 2 万元。

各方案承包的效果、概率及损益情况见下表。

方　案	效　果	概　率	损益值/万元
A 高	好	0.3	150
	中	0.5	100
	差	0.2	50
A 低	好	0.2	110
	中	0.7	60
	差	0.1	0
B 高	好	0.4	110
	中	0.5	70
	差	0.1	30
B 低	好	0.2	70
	中	0.5	30
	差	0.3	-10
不投标			0

问题：

试运用决策树法进行投标决策。

分析要点：

本案例考核决策树方法的运用，主要考核决策树的概念、绘制、计算，决策树法的适用条件，能根据给定条件正确画出决策树，并能正确计算各机会点的数值，进而做出决策。

决策树是以方框和圆圈为结点，并由直线连接而成的一种像树枝形状的结构，其中方框代表决策点，圆圈代表机会点；从决策点画出的每条直线代表一个方案，叫做方案枝；从机会点画出的每条直线代表一种自然状态，叫做概率枝。

解题时需注意以下三点：

一是题目本身仅给出各投标方案的中标概率，相应的不中标概率需自行计算（中标概率与不中标概率之和为 1）。

二是不中标情况下的损失费用为编制投标文件的费用。不同项目的编标费用一般不同，通常规模大、技术复杂项目的编标费用较高，反之则较低；而同一项目的不同报价对编标费用的影响可不予考虑。

案例3-1答案

三是决策树的绘制是自左向右(决策点和机会点的编号左小右大),而计算则是自右向左。各机会点的期望值计算结果应标在该机会点上方,最后将决策方案以外的方案枝用两短线排除。

【案例3-2】某工业厂房项目的业主经过多方了解,邀请了A、B、C三家技术实力和资信俱佳的承包商参加该项目的投标。

招标文件中规定:评标时采用最低综合报价中标的原则,但最低投标价低于次低投标价10%的报价将不予考虑。工期不得长于18个月,若投标人自报工期少于18个月,在评标时将考虑其给业主带来的收益,折算成综合报价后进行评标。若实际工期短于自报工期,每提前1天奖励1万元;若实际工期超过自报工期,每拖延1天罚款2万元。

A、B、C三家承包商投标文件中与报价和工期有关的数据汇总见下表。

投标人	基础工程		上部结构工程		安装工程		安装工程与上部结构工程搭接时间/月
	报价/万元	工期/月	报价/万元	工期/月	报价/万元	工期/月	
A	400	4	1 000	10	1 020	6	2
B	420	3	1 080	9	960	6	2
C	420	3	1 100	10	1 000	5	3

假定:贷款月利率为1%,各分部工程每月完成的工作量相同,在评标时考虑工期提前给业主带来的收益为每月40万元。现值系数见下表。

现值系数表

n	2	3	4	6	7	8	9	10	12	13	14	15	16
$(P/A,1\%,n)$	1.970	2.941	3.902	5.795	6.728	7.625	8.566	9.471					
$(P/F,1\%,n)$	0.980	0.971	0.961	0.942	0.933	0.923	0.914	0.905	0.887	0.879	0.870	0.861	0.853

问题:

1. 我国《招标投标法》对中标人的投标应当符合的条件是如何规定的?
2. 若不考虑资金的时间价值,应选择哪家承包商作为中标人?
3. 若考虑资金的时间价值,应选择哪家承包商作为中标人?

分析要点:

本案例考核《招标投标法》关于中标人投标应当符合的条件规定以及最低投标价格中标原则的具体运用。

明确规定允许最低投标价格中标是《招标投标法》与过去招标投标有关法规的重要区别之一,符合一般项目招标人的利益。招标人在运用这一原则时,需把握两个前提:一是中标人的投标应当满足招标文件的实质性要求;二是投标价格不得低于成本。本案例背景资料隐含了这两个前提。

本案例并未直接采用最低投标价格中标原则,而是将工期提前给业主带来的收益折算成综合报价,以综合报价最低者中标,并分别从不考虑资金时间价值和考虑资金时间价值的角度进行定量分析，其中前者较为简单和直观，而后者更符合一般投资者（招标人）的利益和愿望。

在解题时需注意以下几点：

一是各投标人自报工期的计算，应扣除安装工程与上部结构工程的搭接时间；

二是在搭接时间内现金流量应叠加，在现金流量图上一定要标明，但在计算年金现值时，并不一定要把搭接期独立开来计算；

三是在求出年金现值后再按一次支付折成现值的时点，尤其不要将各投标人报价折现的时点相混淆。

案例3-2答案

项目总结

通过本项目学习，应了解建设工程投标程序，熟悉投标的主要工作，掌握建设工程投标报价编制的方法，熟悉建设工程投标报价在决策阶段的投标策略及技巧，了解国际工程投标相关知识点。培养学生了解国内外工程投标工作任务的区别，掌握投标流程、投标主要工作等知识点并且具备编制投标文件的能力。

技能实训

投标文件编制

实训目标：

通过对投标文件编制以及投标流程的实训，掌握投标流程相关知识点，具备编制标书的能力。

实训过程：

1. 由指导教师提供背景项目。
2. 分组完成任务，每组 5 人或 6 人，由各组组长负责。
3. 每组讨论完后，编写出相关文件。
4. 各组共同讨论，汇总各组的任务结果。
5. 由学生最终形成一份投标文件，并用 PPT 进行汇报。

实训成果：

投标文件。

能力训练

项目背景：

本招标项目名称××学校教学楼。项目已由××省发展和改革委员会以〔2018〕××号文件批准建设，招标人（项目业主）为××学校，建设资金来自中央预算内资金及自筹，项目出资比例为政府 70%，自筹 30%。项目已具备招标条件，现对该项目的施工进行招标。

项目总建筑面积 1 000 m^2,地上 11 层,地下 1 层。结构类型:框架剪力墙结构。招标内容:施工招标。招标范围:教学楼及外线工程,施工图纸范围内的全部内容(详见工程量清单及图纸)。标段划分:1 个标段。计划工期:380 日历天,计划开工日期 2018 年 6 月 17 日。质量标准:合格。承包方式:包工包料。

要求投标人须具备建筑工程施工总承包叁级及以上资质,并在人员、设备、资金等方面具有相应的施工能力。其中,投标人拟派项目经理须具备建筑工程专业贰级(含以上级)注册建造师执业资格,具备有效的安全生产考核合格证书,且未担任其他在施工的建设工程项目的项目经理。不接受联合体投标。

投标文件提交的截止时间为 2018 年 05 月 28 日 09 时 00 分。地点为××市公共资源交易中心。逾期送达的或者未送达指定地点的投标文件,招标人不予受理。

招标代理机构:××工程项目管理有限公司

训练:

依据《中华人民共和国房屋建筑和市政工程标准施工招标文件》内容,投标文件由以下资料组成:投标函及投标函附录、法定代表人身份证明或附有法定代表人身份证明的授权委托书以及被委托人的身份证明、联合体协议书(适用联合体投标)、投标保证金、已标价工程量清单、施工组织设计、项目管理机构、拟分包情况表、资格审查资料(资格后审)、投标人须知前附表规定的其他材料等内容。请完成以下任务:

①编制投标函及投标函附录。

②编制法人代表身份证明及授权委托书。

③编制投标保证金表及承诺书。

④资格审查提交的相关文件。

链接执考

1. 施工项目投标报价的工作包括:①收集投标信息;②选择报价策略;③组建投标报价班子;④确定基础标价;⑤确定投标报价;⑥研究招标文件。以上工作正确的先后顺序是(　　)。

A. ⑥①③②④⑤　　B. ③⑥①④②⑤

C. ③①⑥②④⑤　　D. ⑥③①④②⑤

2. 以下行为属于招标人与投标人串通行为的有(　　)。

A. 就同一招标项目向投标人提供有差别的项目信息

B. 明示或暗示投标人,为特定投标人中标提供方便

C. 授意投标人撤换、修改投标文件

D. 只组织部分投标人踏勘现场

E. 向特定投标人泄露标底

3. 下列情形中,属于不同投标人之间相互串通投标情形的是(　　)。

A. 约定部分投标人放弃投标或者中标　　B. 投标文件相互混装

C. 投标文件载明的项目经理为同一人　　D. 委托同一单位或个人办理投标事宜

4. 关于投标文件撤回和撤销的说法，正确的是(　　)。

A. 投标人可以选择电话或书面方式通知招标人撤回投标文件

B. 招标人收取的投标保证金，应当自收到投标人撤回通知之日起 10 日内退还

C. 投标截止时间后投标人撤销投标文件的，招标人应当退还投标保证金

D. 投标人撤回已提交的投标文件，应当在投标截止时间前通知招标人

5. 下列行为中，表明投标人已参与投标竞争的是(　　)。

A. 资格预审通过　　B. 提交投标文件

C. 购买招标文件　　D. 编写投标文件

项目四 建设工程开标、评标与定标

知识目标

1. 熟悉开标、评标、定标的要求和程序;
2. 能够熟练应用评标办法;
3. 熟悉评标组织的形式;
4. 了解定标原则;
5. 了解开标中无效标的情况。

素养目标

1. 培养学生具有诚信守法意识;
2. 培养学生具有积极向上的职业精神和学习态度;
3. 培养学生具有顺畅沟通和团队协作能力;
4. 强化学生严谨、细致的学习态度。

驱动任务训练

1. 开标应遵循怎样的程序及流程?
2. 评标委员会成员应如何构成?
3. 评标方法有哪些? 其优缺点分别是什么?
4. 无效投标有哪些情形?
5. 评标的原则是什么?
6. 详细评审的内容是什么?
7. 评标报告包含哪些内容?

案例导入

鲁布革水电站评标阶段的澄清情况

我国鲁布革水电站引水工程采用国际公开招标时在评标阶段对有关投标文件的澄清情况。

从投标报价来看，排在前三位的是大成公司（日）、前田公司（日）和英波吉洛公司（意美联合），而且这3家公司的报价比较接近。居第四位及以后的几家公司的报价与前三名2 720万3 660万元。根据国际评标惯例，第四名及以后的几家公司已经不具备竞争能力，因此，前三名可确定为评标阶段投标澄清会谈对象。

为了进一步弄清这3家公司在各自投标文件中存在的问题，分别对这3家公司进行了为时各3天的投标澄清会谈。在投标澄清会谈中，这3家公司为取得中标，在工期不变、报价不变的前提下，都表示愿意按照中方的意愿修改施工方案和施工布置。此外，还提出了不少优惠条件吸引业主，以达到中标目的。

①在原投标书中，大成公司和前田公司都在进水口附近布置了一条施工支洞。这种施工布置就引水工程而言是合理的，但却会对其他承包商在首部枢纽工程施工时产生干扰。经过在投标澄清会谈中说明，大成公司同意放弃布置施工支洞。前田公司也同意取消，但改用接近首部枢纽工程的1号支洞。投标澄清会谈结束后，前田公司意识到这方面处于劣势，又立即电传答复放弃使用1号支洞，从而改善首部枢纽工程的施工条件。

②关于投标书上压力钢管外混凝土的输送方式，大成公司和前田公司分别采用溜槽和溜管，但这对于倾角为48°、高差达308.8 m的长斜井来说，其施工难以保证质量，也缺少先例。投标澄清会谈结束后，为符合业主意愿，大成公司电传表示愿意改变原施工方法，用设有操纵阀的混凝土泵代替。尽管由此会增加水泥用量，但大成公司表示不会因此增加报价。前田公司也电传表示愿意改变原施工方法，用混凝土运输车沿铁轨运送混凝土，仍然保证工期，且不改变原报价。

③根据投标书，前田公司投入的施工设备最强，不仅开挖和混凝土施工设备数量多，而且全部是新设备。为吸引业主，在投标澄清会谈中，前田公司提出在完工后将全部施工设备无偿赠送给我国，并赠送84万元备件。英波吉洛公司为缩小和大成公司、前田公司在报价上的差距，在投标澄清会谈中提出了书面声明，若能中标可向鲁布革工程提供2 500万美元的软贷款，贷款利率为2.5%。同时，英波吉洛公司还表示愿与我国的昆明自来水集团有限公司实行标后联合，且愿同业主的下属公司联合共同开展海外合作。大成公司为保住报价最低的优势，也提出愿以41台新施工设备替换原标书中所列的旧施工设备，在完工后也都赠予我国。而且，还提出免费培训中国技术工人，免费对一些新技术转让的建议。

④中国水利水电第十四工程局有限公司（简称中国水电十四局）在昆明附近早已建成一座钢管厂，投标公司能否将高压钢管的制造与运输分包给该厂，也是业主十分关心的问题。在原投标书中，前田公司不分包，已委托外国分包商施工。大成公司也只把部分项目分包给中国水电十四局。通过投标澄清会谈，当了解业主意图后，两家公司都表示愿意将钢管的制作、运输、安装全部分包给中国水电十四局钢管厂。

⑤在投标澄清会谈中，业主认为大成公司在水工隧洞方面的施工经验不及前田公司，于

是大成公司便立即递交了大量工程履历，并做出了与前田公司的施工经历对比来，以争取业主的信任。

案例分析：

评标委员会可以分别召集投标人对投标书中某些含义不明确的内容进行澄清或说明，但澄清或说明的内容不得超出投标文件的范围或改变投标文件的实质性内容。是否有实质性改动的一个重要方面是投标人给发包人提出的优惠条件，写在投标书中的优惠条件开标时要当众公布，以体现招标和投标的公开、公平和公正，评标时予以考虑。本例中在投标澄清会谈中的有关优惠条件，评标委员会结合考虑国际惯例和国家的实际利益进行了分析比较。英波吉洛公司提出的中标后的贷款优惠和与中方公司的施工企业联合，都属于对投标书进行了实质性改动而不予考虑。钢管制作分包给中国制造商对投标人的基本义务没有影响，且该分包商是发包方同意接受的分包单位，大成公司和前田公司的设备赠与、技术合作、免费培训及钢管分包在评标时可作为者虑因素。

思政升华：

①结合鲁布革水电站经典案例，引导学生的大国工匠精神、爱国主义以及竞争意识。

②结合案例中评标细节引导学生认识问题、分析问题和解决问题的能力，提升职业素养和培养工匠精神。

③招投标的十字原则：公平公正公开诚实信用。

任务一　建设工程开标

一、开标概述

开标时间应与招标文件规定的提交投标文件截止时间一致，在有形建筑市场公开进行，并请邀所有投标人代表参加开标会议。开标会议由招标人组织和主持。投标人法定代表人或法定代表人的委托代理人未按时参加开标会议的，将视为本次投标弃权。参加会议的投标人的法定代表人或其委托代理人应携带本人身份证明，委托代理人还应携带参加开标会议的授权委托书(原件)，以证明其身份。

开标时，由投标人或者其推选的代表检查投标文件的密封情况，也可以由招标人委托的公证机构检查并公证；经确认无误后，由工作人员当众拆封，宣读投标人名称、投标价格和投标文件的主要内容。招标人在招标文件中要求提交投标文件的截止时间前收到的所有投标文件，开标时都应当众予以宣读。

开标规定

唱标应按送达投标文件时间的先后顺序进行，唱标内容应做好记录，并请投标人的法定代表人或授权代理人进行签字确认。招标人应对开标过程进行记录，存档备查。

二、开标规定

开标是指在投标人提交投标文件后，招标人依据招标文件规定的时间和地点，开启投标人提交的投标文件，公开宣布投标人的名称、投标价格及其他主要内容的行为。

1. 开标参加人

根据《招标投标法》第三十五条规定，开标由招标人主持，邀请所有投标人参加。开标活动应当向所有提交投标文件的投标人公开，应当使所有提交投标文件的投标人到场参加开标。招标人有邀请所有投标人参加开标会的义务，投标人有放弃参加开标会的权利。招标人在招标文件中规定投标人必须出席开标会的，投标人应当委派代表出席。

根据《招标投标法实施条例》第四十四条规定，招标人应当按照招标文件规定的时间、地点开标。投标人少于三个的，不得开标；招标人应当重新招标。投标人对开标有异议的，应当在开标现场提出，招标人应当当场作出答复，并制作记录。《招标投标法》第二十八条规定，投标人少于三个的，招标人应当依照本法重新招标。

2. 开标的时间和地点

根据《招标投标法》第三十四条规定，开标应当在招标文件确定的提交投标文件截止时间的同一时间公开进行；开标地点应当为招标文件中预先确定的地点。

①开标时间应当在提供给每一个投标人的招标文件中事先确定，以使每一个投标人都能事先知道开标的准确时间，以便届时参加，确保开标过程的公开、透明。

②开标时间应与提交投标文件的截止时间一致。将开标时间规定为提交投标文件截止时间的同一时间，目的是防止招标人或者投标人利用提交投标文件的截止时间以后与开标时间之前的一段时间做手脚，进行“暗箱操作”。比如，有些投标人可能会利用这段时间与招标人或招标代理机构串通，对投标文件的实质性内容进行更改等。关于开标的具体时间，实践中可能会有两种情况，如果开标地点与接受投标文件的地点一致，则开标时间与提交投标文件的截止时间应一致；如果开标地点与提交投标文件的地点不一致，则开标时间与提交投标文件的截止时间应有一个合理的间隔。《招标投标法》关于开标时间的规定，与国际通行做法大体一致。世界银行招标采购指南规定，开标时间应该和招标通告中规定的截标时间相一致或随后马上宣布。其中“马上”的含义可理解为需留出合理的时间把投标文件运到公开开标的地点。

③为了使所有投标人都能事先知道开标地点，并能够按时到达，开标地点应当在招标文件中事先确定，以便使每一个投标人都能事先为参加开标活动做好充分准备，如根据情况选择适当的交通工具，并提前做好机票、车票的预订工作等。招标人如果确有特殊原因，需要变动开标地点，则应当按照《招标投标法》第二十三条的规定对招标文件作出修改，作为招标文件的补充文件，并书面通知每一个提交投标文件的投标人。

3. 开标方式

根据《招标投标法》第三十六条规定，开标时，由投标人或者其推选的代表检查投标文件的密封情况，也可以由招标人委托的公证机构检查并公证；经确认无误后，由工作人员当众拆封，宣读投标人名称、投标价格和投标文件的其他主要内容。招标人在招标文件要求提交投标文件的截止时间前收到的所有投标文件，开标时都应当当众予以拆封、宣读。开标过程应当记录，并存档备查。

拆封以后，现场的工作人员应当高声唱读投标人的名称，每一个投标人的投标价格以及投标文件中的其他主要内容。这样做的目的在于，使全体投标人了解各家投标人的报价和已在其中的顺序，了解其他投标人的基本情况，以充分体现公开开标的透明度。

4. 开标异议处理

根据《招标投标法实施条例》第四十四条规定，投标人对开标有异议的，应当在开标现场提出，招标人应当当场作出答复，并制作记录。

开标现场可能出现对投标文件提交、截标时间，开标程序，投标文件密封检查和开封、唱标内容，标底价格的合理性，开标记录，唱标顺序等的争议，以及投标人和招标人或者投标人相互之间是否存在《招标投标法实施条例》第三十四条规定的利益冲突的情形，这些争议和问题如不及时加以解决，将影响招标投标的有效性以及后续评标工作，事后纠正存在困难或者无法纠正。因此，《招标投标法实施条例》规定，对于开标中的问题，投标人认为不符合有关规定的，应当在开标现场提出异议。异议成立的，招标人应当及时采取纠正措施，或者提交评标委员会评审确认；投标人异议不成立的，招标人应当当场给予解释说明。异议和答复应记入开标会记录或者制作专门记录以备查。招标人不及时纠正的，投标人可以根据《招标投标法实施条例》第六十条规定及时向有关行政监督部门投诉。

三、开标会议程序

开标会是指在招标投标活动中，由招标人主持，邀请所有投标人和行政监督部门或公证机构人员参加的情况下，在招标文件预先约定的时间和地点当众对投标文件进行开启的法定流程。开标会的具体流程如下。

1. 招标人签收投标人提交的投标文件

在开标当日且在开标地点提交的投标文件应当填写投标文件报送签收一览表，招标人专人负责接收投标人提交的投标文件。提前提交的投标文件也应当办理签收手续，由招标人携带至开标现场。在招标文件规定的投标文件提交截止时间后提交的投标文件，不得接收，由招标人原封退还给有关投标人。在投标文件提交截止时间前提交投标文件的投标人少于三家的，招标无效，开标会即告结束，招标人应当依法重新组织招标。

2. 投标人出席开标会的代表签到

投标人授权出席开标会的代表本人填写开标会签到表，招标人专人负责核对签到人的身份，应与签到内容一致。

3. 主持人宣布开标开始并介绍主要与会人员

主持人介绍开标人、唱标人、记录人和监督人员。主持人一般为招标人代表，也可以是招标人指定的招标代理机构的代表。开标人一般为招标人或招标代理机构的工作人员，唱标人可以是投标人的代表或者招标人或招标代理机构的工作人员，记录人由招标人指派，有形建筑市场工作人员同时记录唱标内容，并由行政监督部门监管人员或行政监督部门授权的有形建筑市场工作人员进行监督。记录人按开标会记录的要求开始记录。

4. 主持人宣布开标会程序、开标会纪律和当场拒收的条件

开标会纪律一般包括：场内严禁吸烟；凡与开标无关人员不得进入开标会场；参加会议的所有人员应关闭手机等，开标期间不得高声喧哗；投标人代表有疑问应举手发言；参加会议人员未经主持人同意不得在场内随意走动。

5. 核对投标人授权代表的相关资料

核对投标人授权代表的身份证件、授权委托书及出席开标会人数。招标人代表出示法定

代表人委托书和有效身份证件，同时招标人代表当众核查投标人授权代表的授权委托书和有效身份证件，确认授权代表的有效性，并留存授权委托书和身份证件的复印件。法定代表人出席开标会的要出示其有效证件。主持人还应当核查各投标人出席开标会代表的人数，无关人员应当退场。

6. 主持人介绍招标文件情况，投标人确认

主持人介绍招标文件、补充文件或答疑文件的组成和发放情况，投标人确认。主要介绍招标文件组成部分、发标时间、答疑时间、补充文件或答疑文件组成，发放和签收情况。可以同时强调主要条款和招标文件中的实质性要求。

7. 主持人宣布投标文件截止时间和实际送达时间

宣布招标文件规定的提交投标文件的截止时间和各投标人实际送达时间。在截标时间后送达的投标文件应当场拒收。

8. 代表共同检查各投标文件密封情况

招标人和投标人的代表共同(或公证机关)检查各投标文件密封情况。密封不符合招标文件要求的投标文件应如实记录在开标记录中，开标现场不做评判。

9. 主持人宣布开标和唱标顺序，并唱标

一般按投标文件送达时间逆顺序开标、唱标。唱标人依唱标顺序依次开标并唱标。开标由指定的开标人在监督人员及与会代表的监督下当众拆封，拆封后应当检查投标文件组成情况并记入开标会记录，开标人应将投标文件和投标文件附件以及招标文件中可能规定需要唱标的其他文件交唱标人进行唱标。唱标内容一般包括投标报价、工期和质量标准、质量奖项等方面的承诺、替代方案报价、投标保证金、主要人员等，在提交投标文件截止时间前收到的投标人对投标文件的补充、修改同时宣布。在提交投标文件截止时间前收到投标人撤回其投标的书面通知的投标文件不再唱标，但须在开标会上说明。

10. 开标会记录签字确认

开标会记录应当如实记录开标过程中的重要事项，包括开标时间、开标地点、出席开标会的各单位及人员、唱标记录、开标会程序、开标过程中出现的需要评标委员会评审的情况，有公证机构出席公证的还应记录公证结果，投标人的授权代表应当在开标会记录上签字确认，投标人对开标有异议的，应当当场提出，招标人应当当场予以答复，并作好记录。投标人基于开标现场事项投诉的，应当先行提出异议。

11. 公布标底

招标人设有标底的，必须公布标底。唱标人公布标底。

12. 送封闭评标区封存

投标文件、开标会记录等送封闭评标区封存。实行工程量清单招标的，招标文件约定在评标前先进行清标工作的，封存投标文件正本，副本可用于清标工作。

13. 主持人宣布开标会结束

开标程序完成后，主持人宣布开标会结束。开标会结束，任何投标人都不允许更改投标文件的内容和报价，也不允许再增加优惠条件。

四、无效投标文件

投标文件是否无效，评判标准是招标文件中的相关规定。通常当投标文件出现下列情形之一的，应作为无效投标文件处理：

①投标文件未按规定标识进行密封、盖章的。

②投标文件未按招标文件的规定加盖投标人印章或未经法定代表人或其委托代理人签字或盖章，委托代表人签字或盖章但未提供有效的授权委托书原件的。

③投标文件未按招标文件规定的格式、内容和要求填报，投标文件的关键内容字迹模糊、无法辨认的。

④投标人在投标文件中对同一招标项目报有两个或多个报价，且未书面声明以哪个报价为准的。

⑤投标人未按照招标文件的要求提供投标保证金或者投标保函的。

⑥组织联合体投标的，投标文件未附联合体各方共同投标协议的。

⑦投标人与通过资格审查的投标申请人在名称和法人地位发生实质性改变的。

开标现场出现招标文件中规定的无效投标文件情形的，由开标记录员如实记录在开标记录中，开标现场不做评判。

某市农业示范园区房屋拆迁工程开标会

任务二　建设工程评标

建设工程评标应由招标代理机构、建设单位上级主管部门协商，按照有关规定成立评标委员会，在招标管理机构监督下，依据评标原则、评标方法，对投标单位报价、工期、质量、主要材料用量、施工方案或施工组织设计、以往业绩、社会信誉、优惠条件等方面进行综合评价，公正、合理、择优选择中标单位。

一、评标概述

工程投标文件评审与中标人的确定，是招标投标工作的关键，也是招标投标程序的重要步骤。

依照《招标投标法》及相关法规，依法必须招标的项目，其评标活动应遵循公平、公正、科学、择优的原则。评标活动依法进行，任何单位和个人不得非法干预或者影响评标的过程和结果。招标人应当采取必要措施，保证评标活动在严格保密的情况下进行。评标活动及其当事人应当接受依法实施的监督。

二、评标规定

《招标投标法》第三十七条规定，评标由招标人依法组建的评标委员会负责。依法必须进行招标的项目，其评标委员会由招标人的代表和有关技术、经济等方面的专家组成，成员人数为五人以上单数，其中技术、经济等方面的专家不得少于成员总数的三分之二。评标专家应当从事相关领域工作满八年并具有高级职称或者具有同等专业水平，由招标人从国务院有关部门或者省、自治区、直辖市人民政府有关部门提供的专家名册或者招标代理机构的专家库内的相关专业的专家名单中确定；一般招标项目可以采取随机抽取方式，特殊招标项目可以由招标人直接确定。与投标人有利害关系的人不得进入相关项目的评标委员会；已经进入的应当更换。

三、评标组织

（一）评标委员会

《评标委员会和评标方法暂行规定》对依法必须招标项目的评标委员会组建和职责等进行了规定。

根据《招标投标法》第四十条规定，评标委员会应当按照招标文件确定的评标标准和方法，对投标文件进行评审和比较；设有标底的，应当参考标底。评标委员会完成评标后，应当向招标人提出书面评标报告，并推荐合格的中标候选人。招标人根据评标委员会提出的书面评标报告和推荐的中标候选人确定中标人。招标人也可以授权评标委员会直接确定中标人。国务院对特定招标项目的评标有特别规定的，从其规定。

（二）评标专家

《评标专家和评标专家库管理暂行办法》对评标专家的资格认定、入库及评标专家库的组建、使用、管理活动等作了规定。

1. 评标专家库组建

评标专家库由省级（含，下同）以上人民政府有关部门或者依法成立的招标代理机构依照《招标投标法》《招标投标法实施条例》以及国家统一的评标专家专业分类标准和管理办法的规定自主组建。评标专家库的组建活动应当公开，接受公众监督。省级人民政府、省级以上人民政府有关部门、招标代理机构应当加强对其所建评标专家库及评标专家的管理，但不得以任何名义非法控制、干预或者影响评标专家的具体评标活动。

2. 评标专家库条件

评标专家库应当具备的条件：具有符合《评标专家和评标专家库管理暂行办法》第七条规定条件的评标专家，专家总数不得少于500人；有满足评标需要的专业分类；有满足异地抽取、随机抽取评标专家需要的必要设施和条件；有负责日常维护管理的专门机构和人员。

3. 评标专家的权利和义务

评标专家享有的权利：接受招标人或其委托的招标代理机构聘请，担任评标委员会成员；依法对投标文件进行独立评审，提出评审意见，不受任何单位或者个人的干预；接受参加评标活动的劳务报酬；国家规定的其他权利。

评标专家应负有的义务：有《招标投标法》第三十七条、《招标投标法实施条例》第四十六条和《评标委员会和评标方法暂行规定》第十二条规定情形之一的，应当主动提出回避；遵守评标工作纪律，不得私下接触投标人，不得收受投标人或者其他利害关系人的财物或者其他好处，不得透露对投标文件的评审和比较、中标候选人的推荐情况以及与评标有关的其他情况；客观公正地进行评标；协助、配合有关行政监督部门的监督、检查；国家规定的其他义务。

4. 评标专家库和专家的管理规定

评标专家有下列情形之一的，由有关行政监督部门责令改正；情节严重的，禁止其在一定期限内参加依法必须进行招标的项目的评标；情节特别严重的，取消其担任评标委员会成员的资格：

①应当回避而不回避；

②擅离职守；

③不按照招标文件规定的评标标准和方法评标；

④私下接触投标人；

⑤向招标人征询确定中标人的意向或者接受任何单位或者个人明示或者暗示提出的倾向或者排斥特定投标人的要求；

⑥对依法应当否决的投标不提出否决意见；

⑦暗示或者诱导投标人作出澄清、说明或者接受投标人主动提出的澄清、说明；

⑧其他不客观、不公正履行职务的行为。

评标委员会成员收受投标人的财物或者其他好处的，评标委员会成员或者与评标活动有关的工作人员向他人透露对投标文件的评审和比较、中标候选人的推荐以及与评标有关的其他情况的，给予警告，没收收受的财物，可以并处三千元以上五万元以下的罚款；对有所列违法行为的评标委员会成员取消担任评标委员会成员的资格，不得再参加任何依法必须进行招标项目的评标；构成犯罪的，依法追究刑事责任。

组建评标专家库的政府部门或者招标代理机构有下列情形之一的，由有关行政监督部门给予警告；情节严重的，暂停直至取消招标代理机构相应的招标代理资格：

①组建的评标专家库不具备《评标专家和评标专家库管理暂行办法》规定条件的；

②未按《评标专家和评标专家库管理暂行办法》规定建立评标专家档案或对评标专家档案作虚假记载的；

③以管理为名，非法干预评标专家的评标活动的。

法律法规对前款规定的行为处罚另有规定的，从其规定。

依法必须进行招标的项目的招标人不按照规定组建评标委员会，或者确定、更换评标委员会成员违反《招标投标法》和《招标投标法实施条例》规定的，由有关行政监督部门责令改正，可以处十万元以下的罚款，对单位直接负责的主管人员和其他直接责任人员依法给予处分；违法确定或者更换的评标委员会成员作出的评审结论无效，依法重新进行评审。

政府投资项目的招标人或其委托的招标代理机构不从政府或者政府有关部门组建的评标专家库中抽取专家的，评标无效；情节严重的，由政府有关部门依法给予警告。

(三)评标的原则

1. 公平竞争、机会均等的原则

制订评标定标办法时，对各投标人应一视同仁，不得存在对某一方有利或不利的条款。在定标结果正式出来之前，中标的机会是均等的，不允许针对某一特定投标人在某一方面的优势或弱势而在评标定标具体条款中带有倾向性。

2. 客观公正、科学合理的原则

对投标文件的评价、比较和分析要客观公正，不以主观好恶为标准。对评审指标的设置和评分标准的具体划分，都要在充分考虑招标项目的具体特点和招标人合理意愿的基础上，尽量避免人为因素，做到科学合理。

3. 实事求是、择优定标的原则

对投标文件的评审，要从实际出发，实事求是。评标定标活动既要全面，也要有重点，不能泛泛进行。

【工程实例 4-1】

在某地区某项目施工总承包公开招标中，有 A、B、C、D、E、F、G、H 共 8 家单位报名参与本项目投标，经资格预审 8 家单位均符合招标文件资质要求，但招标人以 A 单位是外地企业为由不同意其参加投标，拒收其投标文件。评标委员会由 5 人组成，其中当地建设行政管理部门的招标投标管理办公室主任 1 人，建设单位代表 1 人，政府提供的专家库中抽取的技术、经济专家 3 人。

评标时发现，B 单位投标报价明显低于其他投标单位报价且未能提供合理解释；D 单位投标文件中，报价的大写金额与小写金额不一致；F 单位投标文件提供的检验标准和方法不符合招标文件的要求；H 单位投标文件中某分填工程的报价有个别漏项；其他施工单位的投标文件均符合招标文件要求。

问题：

①在施工招标资格预审中，招标人认为 A 单位没有资格参加投标是否正确？请说明理由。

②指出施工招标评标委员会组成的不妥之处，请说明理由，并写出正确做法。

③判别 B、D、F、H 这 4 家单位的投标是否有效？请说明理由。

案例分析：

①A 施工单位没有资格参加投标是不正确的。

理由：《招标投标法》规定，招标人不得以不合理的条件限制和排斥潜在投标人，不得对潜在投标人实行歧视待遇，因此招标人以投标人是外地企业的理由排斥潜在投标人是不合理的。

②施工招标评标委员会组成的不妥之处如下：

a. 建设行政管理部门的招标投标管理办公室主任参加不妥。理由：评标委员会由招标人代表和有关技术、经济方面的专家组成。正确做法：招标投标管理办公室主任不能成为评标委员会成员。

b. 政府提供的专家库中抽取的技术、经济专家 3 人。理由：评标委员会中的技术、经济等方面的专家不得少于成员总数的 2/3。正确做法：至少有 4 人是技术、经济专家。

③B 施工单位的投标书不是有效标。理由：评标委员会发现投标人的报价明显低于其他报价时，应当要求该投标人作出书面说明并提供相关证明材料，投标人不能合理说明的应作废标处理。

D 施工单位的投标书是有效标。理由：投标报价大写与小写不符属细微偏差，细微偏差修正后仍属有效投标书。

F施工单位的投标书不是有效标。理由:检验标准与方法不符合招标文件的要求,属未作实质性响应的重大偏差。

H施工单位的投标书是有效标。理由:某分项工程的报价有个别漏项属细微偏差,应为有效投标书。

(四)评标的保密

根据《招标投标法》第三十八条规定,招标人应当采取必要的措施,保证评标在严格保密的情况下进行。招标应当采取必要保密措施,通常包括:

①评标委员会成员名单在中标结果确定前应当保密,以避免某些投标人在得知评标委员会成员的名单以后,采取不正当手段对评标委员会成员施加影响,造成评标结果不公正。

②在可能和必要的情况下,为评标委员会评标工作提供比较安静、不易受外界干扰的评标地点,并对该评标地点保密。目的在于不给某些企图以不正当手段影响评标结果的投标人以可乘之机,为评标委员会成员公正、客观和高效地进行评标工作创造较好的客观条件。

四、评标程序

(一)召开评标会

开标结束后,评标工作组成员整理开标资料,将开标资料转移至评标会地点并分发到评标专家组工作室,安排评标委员会成员报到。评标委员会成员报到后,由评标组织负责人召开第一次全体会议,宣布评标会开始。

评标程序

首次全体会议一般由招标人或招标代理机构主持,评标会监督人员开启并宣布评标委员会名单和评标纪律,评标委员会主任委员宣布专家分组情况、评标原则和评标办法、日程安排和注意事项。招标人代表届时将为各位参会人员介绍项目基本情况,招标机构介绍项目招标和开标情况。

(二)资格复审或后审

为确保投标人资格条件与投标预审结果相符,应对采用资格预审的招标项目投标人资格条件进行二次审查;对于采用资格后审的项目进行资格审查,淘汰不符合资格条件的投标人。

(三)投标文件的澄清、说明或补正

对于投标文件中含义不明确易产生歧义的、同类问题表述不一致或者有明显文字和计算错误的内容,评标委员会可要求投标人以书面形式做必要的澄清、说明或者补正,但不得超出投标文件的范围或者改变投标文件的实质性内容。

开标后,投标人对价格、工期、质量等级等实质性内容提出的任何修正声明或者附加优惠条件,一律不得作为评标委员会评标的依据。所需要澄清和确认的问题,应当以书面形式,经招标人和投标人双方签字后,作为投标文件的组成部分,列入评标依据范围中。

1. 细微偏差的认定

细微偏差是指投标文件在实质上响应招标文件要求,但在个别地方存在漏项或者提供了不完整的技术信息和数据等情况,并且补正这些遗漏或者不完整不会对其他投标人造成不公平的结果。细微偏差不影响投标文件的有效性。

评标委员会应书面要求存在细微偏差的投标人在评标结束前予以补正。拒不补正的，在详细评审时可以对细微偏差做不利于该投标人的量化，量化标准应当在招标文件中规定。

2. 算术错误的处理

在详细评标前，若出现算术错误，按下述原则进行纠正或处理：

①当以数字表示的金额与文字表示的金额有差异时，以文字表示的金额为准。

②当单价与数量相乘不等于总价时，以单价计算为准。

③如果单价有明显的小数点差错，应以标出的总价为准，同时对单价予以修正。

④当各细目的合价累计不等于总价时，应以各细目合价累计数为准，修正总价。按上述方法修正算术错误后，投标金额要相应调整。经投标人同意，修正和调整后的金额同样对投标人有约束作用。如果投标人不接受修正后的金额，则其投标将被拒绝，其投标保证金也要被没收。

(四)初步评审

1. 熟悉招标文件和评标方法

①招标的目标。

②招标项目的范围和性质。

③招标文件中规定的主要技术要求、标准和商务条款。

④招标文件规定的评标标准、评标方法和评标过程中考虑的相关因素。

2. 鉴定投标文件的响应性

①评标委员会审阅各个投标文件，主要检查确认投标文件是否从实质上响应招标文件的要求。

②投标文件正本、副本之间的内容是否一致。

③投标文件是否按招标文件的要求提交了完整的资料，是否有重大漏项、缺项、偏差。

④投标文件是否提出了招标人不能接受的保留条件等，并分别列出各投标文件中的偏差。

3. 废标

①违规标。如投标人以他人的名义投标、串通投标、以行贿手段谋取中标或者以其他弄虚作假方式投标的，该投标人的投标应作废标处理。

②报价明显低于标底。如投标人报价明显低于其他投标报价或者在设有标底时明显低于标底，使得其投标报价可能低于其个别成本的，投标人又不能以书面形式合理说明或者不能提供相关证明材料的，评标委员会可认定该投标人以低于成本报价竞标，其投标应作废标处理。

③投标人不具备资格。投标人资格条件不符合国家有关规定和招标文件要求的，或者拒不按照要求对投标文件进行澄清、说明或者补正的，评标委员会可以否决其投标。

④出现重大偏差。根据评标定标办法的规定，投标文件出现重大偏差，评标委员会可以否决其投标。

评标机构在对各投标人提交的投标文件进行初步审查后，根据评标委员会的评审意见，将确定详细评审的名单。

※特别提示:经初步评审后否决投标的情况

《招标投标法实施条例》第五十一条规定,有下列情形之一的,评标委员会应当否决其投标:

①投标文件未经投标单位盖章和单位负责人签字;

②投标联合体没有提交共同投标协议;

③投标人不符合国家或者招标文件规定的资格条件;

④同一投标人提交两个以上不同的投标文件或者投标报价,但招标文件要求提交备选投标的除外;

⑤投标报价低于成本或者高于招标文件设定的最高投标限价;

⑥投标文件没有对招标文件的实质性要求和条件作出响应;

⑦投标人有串通投标、弄虚作假、行贿等违法行为。

(五)详细评审

在投标文件详细评审这一阶段,评标委员会根据招标文件确定的评标标准和方法,对各投标文件的技术部分和商务部分做进一步的评审和比较,并向招标人提交书面详细评审意见。

1.技术评审的内容

技术评审的目的是确认和比较投标人完成投标工程的技术能力,以及他们施工方案的可靠性。技术评审的主要内容如下。

(1)施工方案的可行性

主要从各分部分项工程的施工工艺工法、施工人员和施工机械设备的配备、施工现场的布置和临时设施的规划、施工工序及其相互衔接等方面进行评审。应特别注意对该项目关键工序的技术难点、重点难点工程部位的施工工艺、施工方法实施可行性和先进性进行论证,要求施工方案的合理性和经济性相统一。

(2)施工进度计划的可靠性

主要审查施工进度计划及措施(如施工机具、劳务班组的安排)是否满足计划工期的时间要求,是否科学合理,是否具备实际指导意义。

(3)施工质量保证体系

审查投标文件中提出的质量控制和管理措施,如对质量管理人员的配备、检验仪器的配备和质量管理制度进行审查。

(4)工程材料和机器设备的技术性能符合设计技术要求

审查投标文件中关于主要材料和设备的样本、型号、规格和制造厂家的名称、地址等,判断其技术性能是否达到设计所要求的标准。

(5)分包商的技术能力和施工经验

如果投标人拟在中标后将中标项目的部分工作分包给他人完成,应当在投标文件中载明。主要应审查确定拟分包的工作是否为非主体、非关键性工作或其他不允许进行分包的部分;分包人是否具备招标文件规定的资格条件和完成相应工作的能力和经验等。

(6)建议方案的技术评审

如果招标文件中规定可以提交建议方案,则应对投标文件中的建议方案的技术可靠性与优缺点进行评审,并与原投标方案进行对比分析。

2.商务评审

商务评审是指就投标报价的准确性、合理性、经济效益和风险性,从工程成本、财务和经济分析等方面进行评审，比较授标给不同投标人产生的不同后果。商务评审在整个评标工作中通常占有重要地位。商务评审的主要内容如下：

①审查全部报价数据计算的正确性。主要审核投标文件是否有计算上或累计上的算术错误，如有，则按投标人须知中的相应规定进行改正和处理。

②分析报价构成的合理性。判断报价是否合理，应主要分析报价中直接费、间接费、利润和其他费用的比例关系，主体工程各专业工程价格的比例关系等。同时，还应审查工程量清单中的单价有无脱离实际的不平衡报价、计日工劳务和机械台班（时）报价是否合理等。

3. 资信标评审

资信标主要是对投标人的信誉、业绩、项目经理和项目部成员配备情况进行评审。评审内容一般包括：

①投标人情况简介。

②投标人企业资质资历情况。企业营业执照、建筑资质、安全生产许可证、投标手册等。

③投标人类似工程业绩。证明材料为《工程竣工验收证明书》（或完工证明书），施工合同提供与规模、造价、签字盖章有关的页面复印件或扫描件。

④不良行为记录。此项无须投标人递交资料，以市场诚信评价系统中的不良诚信记录为准。

⑤其他人员的相关资格证明。包括但不限于项目经理、副经理、技术负责人、安全员、质检人员、工长、资料员、试验员、预算员、财务人员等。

4. 对投标文件进行综合评价与比较

通过技术评审和商务评审，再按照招标文件确定的评标标准和方法，对投标人的报价、工期、质量、主要材料用量、施工方案及施工组织设计、以往业绩和合同履行情况、社会信誉、优惠条件等方面进行综合评价和比较，并与标底进行对比分析（如有），最终择优选定中标候选人，以评标报告的形式向招标人排序推荐不超过 3 名候选中标人。

详细评审方法

（六）评标报告

根据《招标投标法》规定，评标委员会完成评标后，应当向招标人提出书面评标报告，并向招标人推荐合格的中标候选人。在评标报告中，应当如实记载以下内容：

①评标基本情况和评标数据表；

②参与评标委员会的成员名单；

③开标记录；

④符合要求的投标一览表；

⑤废标单位名单及废标情况说明；

⑥评标标准、评标方案或者评标因素一览表；

⑦经评审的价格或者评分比较一览表；

⑧经评审的投标人排序；

⑨推荐的中标候选人名单与签订合同前要处理的事宜；

⑩澄清、说明、补正事项纪要。

另外，评标报告还应包括评标委员会对各投标人的技术方案评价，技术、经济分析，详细的比较意见,以及针对中标候选人的方案优势和推荐意见。评标报告由评标委员会全体成员签字。

对评标结论尚持有异议的评标委员会成员可以通过书面方式阐释其不同意见和理由。但评标委员会成员拒绝在评标报告上签字且不陈述其不同意见和理由的,视为同意评标结论。评标委员会应当对上述情况做出书面说明并记录在案。向招标人提交书面评标报告后,评标委员会即告解散。评标过程中使用的文件、表格及其他资料应当及时归还招标人进行留底存档。

(七)评标结果

根据《招标投标法实施条例》第五十四条规定,依法必须进行招标的项目,招标人应当自收到评标报告之日起 3 日内公示中标候选人,公示期不得少于 3 日。投标人或者其他利害关系人对依法必须进行招标的项目的评标结果有异议的,应当在中标候选人公示期间提出。招标人应当自收到异议之日起 3 日内作出答复;作出答复前,应当暂停招标投标活动。

1. 中标候选人公示

公示中标候选人的项目范围限于依法必须进行招标的项目。公示中标候选人符合公开原则,有利于进一步加强社会监督,保证评标结果的公正和公平。本条将需要公示中标候选人的项目范围限定在依法必须进行招标的项目,其他招标项目是否公示中标候选人由招标人自主决定,体现了《招标投标法实施条例》对招标项目实行差别化管理,以突出监管重点的立法精神。

全部中标候选人均应当进行公示。除非因异议、投诉等改变了中标候选人名单或者排名次序,全部中标候选人同时公示而不是公示排名第一的中标候选人,对于国有资金投资占控股或者主导地位的项目尤其重要,可以避免出现《招标投标法实施条例》第五十五条规定的情形时重复公示,以兼顾效率。相应地,投标人和其他利害关系人对评标结果有异议的,其异议应当针对全部中标候选人,而不能仅针对排名第一的中标候选人,否则将可能丧失针对排名第二、第三的中标候选人提出异议和投诉的权利。

公示的起始时间为收到评标报告之日起 3 日内。公示与公告均是为了更好地发挥社会监督作用,两者区别在于向社会公开相关信息的时间点不同,前者是在最终结果确定前,后者是最终结果确定后。根据《招标投标法》第四十五条和第四十六条规定,招标人确定中标人后就应当向中标人发出中标通知书,中标通知书发出后,除非出现法定的中标无效情形,即对招标人和中标人产生法律约束力。因此,在确定中标人前公示中标候选人更有利于保障社会监督效果。本条规定的是中标候选人的公示,表明该公示的时间点必定是在中标候选人确定后和中标人确定前。招标人收到评标报告时中标候选人已经确定,即应具备公示的条件。为提高效率,本条规定公示的起始时间为招标人收到评标报告后 3 日内。需要说明的是,招标人安排评标时间时应注意避免收到评标报告的时间恰好是法定节假日前或者法定节假日中,否则可能会出现指定媒介或者其他合法的公示媒介不能及时安排公示的问题。

公示期限不得少于 3 日。这一公示期限是折中规定,既确保一定程度的公开,充分发挥社会监督作用,又兼顾效率,确保招标周期不会过长。本条规定的公示期限同样是一个低限规定,具体公示期限应当综合考虑公示媒介、节假日、交通和通信条件以及潜在投标人的地域范围等情况合理确定,以保证公示效果。

2. 评标结果异议的处理

对依法必须进行招标的项目的评标结果的异议应当在中标候选人公示期间提出。中标候选人公示后，投标人或者其他利害关系人能够根据招标文件规定的评标标准和方法、开标情况等，作出评标结果是否符合有关规定的判断，如评标结论是否符合招标文件规定的评标标准和方法等。因此，投标人或者其他利害关系人对评标结果的异议应当在公示期间提出，以便招标人及时采取措施纠正。招标人拒绝自行纠正或者无法自行纠正的，投标人、招标人或者其他利害关系人均可根据《招标投标法实施条例》第六十条规定向行政监督部门提出投诉，以维护自己的合法权益。

招标人应当自收到异议之日起 3 日内作出答复。招标人对异议作出答复前应当暂停招标投标活动。

※特别提示：评标中要注意的问题

①要注意尊重业主的自主权：业主不仅是工程项目的建设者和投资的使用者，也是资金的偿还者。评标组织要对业主负责，业主要根据评标组织的评标建议做出决策。政府行政部门和招投标管理部门应尊重业主的自主权，不应参加评标决标的具体工作，主要从宏观上监督和保证评标决标工作公正、科学、合理、合法，为招投标市场的公平竞争创造一个良好的环境。

②标价合理：对于采用低报价中标者，应弄清下列情况：一是是否采用了先进技术确实可以降低造价或有自己的廉价建材采购基地，能保证得到低于市场价的建筑材料，或是在管理上有什么独到的方法；二是了解企业是否出于竞争的长远考虑，在一些非主要工程上让利承包，以便提高企业知名度和占领市场，为今后在竞争中获利打下基础。

③工期适当：国家规定的建设工程工期定额是建设工期参考标准，对于盲目追求缩短工期的现象要认真分析其是否经济合理。要求提前工期，必须要有可靠的技术措施和经济保证。要注意分析投标企业是否是为了中标而迎合业主无原则要求缩短工期的情况。

④注意研究科学的评标方法：评标组织要依据本工程特点，研究科学的评标方法，保证评标不“走过场”，防止假评暗定等不正之风。

⑤注意保持评标标准的一致性：为保证评标的公正与公平，评标必须按照招标文件确定的评标标准、步骤和方法，不得采用招标文件中未列明的任何评标标准和方法，也不得改变招标确定的评标标准和方法。

任务三　建设工程定标

一、定标概述

定标程序

评标委员会需要在评标完成后，向招标人推荐至少 1 名中标候选人，中标候选人应当限定在 1 ~3 人，并按评标得分或推荐顺序进行排序。招标人根据评标委员会提出的书面评标报告和推荐的中标候选人来确定最终的中标人，也可授权评标委员会直接定标。

定标程序与所选用的评标定标方法有直接关系。一般来说，直接定标法的（即以评标委员会的评审意见直接确定中标人），没有独立的定标程序；采用间接定标法的（或称复议定标法，指以评标委员会的评审意见为基础，再由定标组织进行评议，从中选择确定中标人），才有相对独立的定标程序。

总体来说，定标程序主要有以下几个环节：

抵制低价中标，劣币焉能驱逐良币

①由定标组织对评标报告进行审议，审议方式可以是直接进行书面审查，也可以采用类似评标会的方式召开定标会进行审查。

②定标组织形成定标意见。

③将定标意见报建设工程招标投标管理机构核准。

④按经核准的定标意见发出中标通知书。

至此，定标程序结束。

招标人应以评标委员会提出的书面评标报告为依据，对评标委员会推荐的中标候选人进行比较，从中择优确定中标人。招标人也可以授权评标委员会直接确定中标人，或者在招标文件中规定排名第一的中标候选人为中标人，并且排名第一的中标候选人不能作为中标人的情形和相关处理规则。依法必须进行招标的项目，招标人根据评标委员会提出的书面评标报告和推荐的中标候选人自行确定中标人的，应当在向有关行政监督部门提交的招标投标情况书面报告中，说明其确定中标人的理由。

二、中标通知书

中标通知书格式

中标通知书的内容应当简明扼要，告知投标人已中标，说明签订合同的时间和地点等内容。

依据《招标投标法》的规定，依法必须进行招标的项目，招标人应当自确定中标人之日起 15 日内，向有关行政监督部门提交招标投标情况的书面报告。书面报告至少应包括以下内容：

①招标范围；

②招标方式和发布招标公告的媒介；

③招标文件中投标人须知、技术条款、评标标准和方法、合同主要条款等内容；

④评标委员会的组成和评标报告；

⑤中标结果。

三、签订合同

《评标委员会和评标方法暂行规定》第四十九至第五十二条规定，中标人确定后，招标人应当向中标人发出中标通知书，同时通知未中标人，并与中标人在中标通知书发出之日起 30 日内签订合同。中标通知书对招标人和中标人具有法律约束力。中标通知书发出后，招标人改变中标结果或者中标人放弃中标的，应当承担法律责任。招标人和中标人应当依照《招标投标法》和《招标投标法实施条例》的规定签订书面合同，合同的标的、价款、质量、履行期限等主要条款应当与招标文件和中标人的投标文件的内容一致。招标人和中标人不得再行订立背离合同实质性内容的其他协议。招标人最迟应当在书面合同签订后 5 日内向中标人和未中标的投标人退还投标保证金及银行同期存款利息。

某房地产开发公司建设项目的定标案例

四、相关法律责任

(1)不依法确定中标人的责任

《招标投标法实施条例》第七十三条规定，依法必须进行招标的项目的招标人有下列情形之一的，由有关行政监督部门责令改正，可以处中标项目金额10‰以下的罚款；给他人造成损失的，依法承担赔偿责任；对单位直接负责的主管人员和其他直接责任人员依法给予处分：①无正当理由不发出中标通知书；②不按照规定确定中标人；③中标通知书发出后无正当理由改变中标结果；④无正当理由不与中标人订立合同；⑤在订立合同时向中标人提出附加条件。

(2)招标人在中标候选人之外确定中标人的责任

《招标投标法》第五十七条规定，招标人在评标委员会依法推荐的中标候选人以外确定中标人的，依法必须进行招标的项目在所有投标被评标委员会否决后自行确定中标人的，中标无效，责令改正，可以处中标项目金额千分之五以上千分之十以下的罚款；对单位直接负责的主管人员和其他直接责任人员依法给予处分。

(3)中标人不签订合同的责任

《招标投标法实施条例》第七十四条规定，中标人无正当理由不与招标人订立合同，在签订合同时向招标人提出附加条件，或者不按照招标文件要求提交履约保证金的，取消其中标资格，投标保证金不予退还。对依法必须进行招标的项目的中标人，由有关行政监督部门责令改正，可以处中标项目金额10‰以下的罚款。

(4)违法签订合同的责任

《招标投标法》第五十九条规定，招标人与中标人不按照招标文件和中标人的投标文件订立合同的，或者招标人、中标人订立背离合同实质性内容的协议的，责令改正；可以处中标项目金额千分之五以上千分之十以下的罚款。

(5)中标人不履行合同或不按合同履行义务的责任

《招标投标法》第六十条规定，中标人不履行与招标人订立的合同的，履约保证金不予退还，给招标人造成的损失超过履约保证金数额的，还应当对超过部分予以赔偿；没有提交履约保证金的，应当对招标人的损失承担赔偿责任。

中标人不按照与招标人订立的合同履行义务，情节严重的，取消其二年至五年内参加依法必须进行招标的项目的投标资格并予以公告，直至由工商行政管理机关吊销营业执照。

因不可抗力不能履行合同的，不适用前两款规定。

(6)中标人违法转包、分包的责任

开标、评标、中标的法律规定

根据《招标投标法》第五十八条和《招标投标法实施条例》第七十六条规定，中标人将中标项目转让给他人的，将中标项目肢解后分别转让给他人的，违反本法规定将中标项目的部分主体、关键性工作分包给他人的，或者分包人再次分包的，转让、分包无效，处转让、分包项目金额千分之五以上千分之十以下的罚款；有违法所得的，并处没收违法所得；可以责令停业整顿；情节严重的，由工商行政管理机关吊销营业执照。

【工程实例4-2】

背景：某大型工程，由于技术难度大，对施工单位的施工设备和同类工程施工经验要求高，而且对工期的要求也比较紧迫。业主在对有关单位和在建工程考察的基础上，仅邀请了3家国有一级施工企业参加投标，并预先与咨询单位和该3家施工单位共同研究确定了施工方案。业主要求投标单位将技术标和商务标分别装订报送。经招标领导小组研究确定的评标规定如下：

①技术标共30分，其中施工方案10分（因已确定施工方案，各投标单位均得10分）、施工总工期10分、工程质量10分。满足业主总工期要求（36个月）者得4分，每提前1个月加1分，不满足者不得分；自报工程质量合格者得4分，自报工程质量优良者得6分（若实际工程质量未达到优良将扣罚合同价的2%），近三年内获鲁班工程奖每项加2分，获省优工程奖每项加1分。

②商务标共70分。报价不超过标底（35 500万元）的±5%者为有效标，超过者为废标。报价为标底的98%者得满分（70分），在此基础上，报价比标底每下降1%，扣1分；每上升1%，扣2分（计分按四舍五入取整）。

各投标单位有关情况表

投标单位	报价/万元	总工期/月	自报工程质量	鲁班工程奖	省优工程奖
A	35 642	33	优良	1	1
B	34 364	31	优良	0	2
C	33 867	32	合格	0	1

问题：

①该工程采用邀请招标方式且仅邀请3家施工单位投标，是否违反有关规定？为什么？

②请按综合得分最高者中标的原则确定中标单位。

③若改变该工程评标的有关规定，将技术标增加到40分，其中施工方案20分（各投标单位均得20分），商务标减少为60分，是否会影响评标结果？为什么？若影响，应由哪家施工单位中标？

案例分析：

本案例考核招标方式和评标方法的运用。要求熟悉邀请招标的运用条件及有关规定，并能根据给定的评标办法正确选择中标单位。本案例所规定的评标办法排除了主观因素，因而各投标单位的技术标和商务标的得分均为客观得分。但是，这种“客观得分”是在主观规定的评标方法的前提下得出的，实际上不是绝对客观的。因此，当各投标单位的得分较为接近时，需要慎重决策。

问题1：

答：不违反（或符合）有关规定。因为根据有关规定，对于技术复杂的工程，允许采用邀请招标方式，邀请参加投标的单位不得少于3家。

问题2：

①计算各投标单位的技术标得分，见下表。

投标单位	施工方案	总工期	工程质量	合　计
A	10	4+(36−33)×1=7	6+2+1=9	26
B	10	4+(36−31)×1=9	6+1×2=8	27
C	10	4+(36−32)×1=8	4+1=5	23

②计算各投标单位的商务标得分,见下表。

投标单位	报价/万元	报价与标底的比例/%	扣　分	得　分
A	35 642	35 642÷35 500=100.4	(100.4−98)×2=5	70−5=65
B	34 364	34 364÷35 500=96.8	(98−96.8)×1=1	70−1=69
C	33 867	33 867÷35 500=95.4	(98−95.4)×1=3	70−3=67

③计算各投标单位的综合得分,见下表。

投标单位	技术标得分	商务标得分	综合得分
A	26	65	91
B	27	69	96
C	23	67	90

因为 B 公司综合得分最高,故应选择 B 公司为中标单位。

问题 3:

答:这样改变评标办法不会影响评标结果,因为各投标单位的技术标得分均增加 10 分,而商务标得分均减少 10 分,综合得分不变。

案例应用

某土建工程项目确定采用公开招标方式招标,造价工程师测算确定该工程标底价为 4 000 万元,定额工期 540 天。在本工程招标的资格预审中规定投标单位应满足以下条件:①取得营业执照;②一级资质以上的施工企业;③有两项以上同类工程的施工经验;④本专业系统隶属企业;⑤近三年内没有违约被起诉历史;⑥技术、管理人员满足工程施工要求;⑦技术装备满足工程施工要求;⑧具有不少于合同价 20% 的可为业主垫资的资金。

经招标小组研究后确定采用综合评分法评标,评分办法计算如下:

①投标报价满分为 100 分,按照下表评分:

投标报价的评分标准表

报价与标底偏差程度	−5% ~−2.5%	−2.4% ~0%	0.1% ~2.4%	2.5% ~5%
得分/分	50	70	60	40

②报价费用组成的合理性为 30 分。

③施工组织与管理能力满分为 100 分，其中工期为 40 分，按以下方法评定：投标人所报工期比定额工期提前 30 天及 30 天以上者为满分，以比定额工期提前 30 天为准，工期每增加 1 天，扣减 1 分。

④业绩与信誉满分为 100 分。评标方法中还规定，以上三个方面的得分值均不得低于 60 分，否则淘汰。进行综合评分时，投标报价的权重为 0.5，施工组织为 0.3，业绩信誉为 0.2。各投标单位的报价和工期情况如下表所示。

各投标单位的报价与工期情况表

项目/单位	A	B	C	D	E
报价/万元	4 120	4 080	3 980	3 900	4 200
工期/天	510	530	520	540	510

各投标单位的得分如下表所示。

各投标单位得分记录表

各项得分/单位		A	B	C	D	E
投标报价（100 分）	报价（70 分）					
	合理性（30 分）	20	28	25	20	25
施工组织与管理能力（100 分）	工期（40 分）					
	施工组织方案（30 分）	25	28	26	20	25
	质量保证体系（20 分）	18	18	16	15	15
	安全管理（10 分）	8	7	7	8	8
业绩与信誉（100 分）	企业信誉（40 分）	35	35	36	38	34
	施工业绩（40 分）	35	32	37	35	37
	质量回访（20 分）	17	18	19	15	18

问题：

①资格预审规定条件中哪几项是不正确的？

②计算各投标单位报价偏差得分值。

③计算各投标单位工期得分值。

④用综合评分法确定中标单位。

案例应用分析

项目总结

通过本项目学习，熟悉建设工程开标、评标、定标的流程，以及在决标过程中的法律规定，掌握评标委员会的组成，评标的标准、内容和方法，灵活运用综合评分法，培养学生团队协作的能力。

技能实训

模拟投标、开标和评标过程

实训目标：

根据项目二、三技能实训的招标文件成果和投标文件成果，以教学班级为单位，模拟投标、开标和评标过程，并给出评标结果，编制评标报告。

实训过程：

1. 分配角色。分别由学生担任招标人代表、投标人代表、开标主持人、唱标人员、记录人员、评标专家和监管机构人员等角色。
2. 查阅相关招投标法律法规手册。
3. 各投标人对投标文件密封并参加开标会。
4. 主持人主持开标。
5. 评标专家对投标文件进行评标，并给出评标报告。

实训成果：

1. 模拟“投标、开标和评标过程”的工作程序。
2. 编制评标报告。

能力训练

某建筑工程项目施工招标工作进入评标阶段，共有三家承包商的投标文件进入详细评审。根据招标文件确定的评标标准和评标方法，本项目评标采用综合评估法。具体评标标准如下：

报价不超过标底价（35 500 万元）的±5%者为有效标，超过者为无效报价。报价为标底的98%者得100分，在此基础上，报价比标底每下降1%，扣1分；每上升1%，扣2分（计分按四舍五入取整）。定额工期为500天，评分标准：工期提前10%为100分，在此基础上每拖后5天扣2分。

企业信誉和施工经验得分在资格审查时评定。

上述四项评标指标的总权重分别为：投标报价60%；投标工期20%；企业信誉和施工经验均为10%。各投标单位的有关情况如下表所示。

各投标单位的情况

投标单位	报价/万元	总工期/d	企业信誉得分	施工经验得分
A	35 642	460	95	100
B	34 364	450	95	100
C	33 867	460	100	95

问题：

请按综合得分最高者中标的原则确定中标单位。

链接执考

1. 下列关于招投标程序的说法,正确的是(　　)。
A. 开标在投标截止日后进行
B. 招标人在投标截止日前收到的所有投标文件,开标时都应当众予以拆封、宣读
C. 评标应当在严格保密的情况下进行
D. 评标委员会经评审,认为所有投标都不符合招标文件要求的,可以否决所有投标
E. 招标人仅向中标人发出标通知书,不必通知未中标的投标人
2. 关于开标的邀请和通知义务,下列说法不正确的是(　　)。
A. 工程建设项目,应当邀请投标人
B. 工程建设项目,应当邀请公证机构
C. 机电产品国际招标项目,应当邀请招标人
D. 政府采购项目,应当通知同级人民政府财政部门
3. 中标的承包商将由(　　)决定。
A. 评标委员会　　B. 业主
C. 上级行政主管部门　　D. 监理工程师
4. 自中标通知书发出(　　)内,建设单位和中标人签订书面的建设工程承发包合同。
A. 15 天　　B. 21 天　　C. 30 天　　D. 35 天
5. 确定中标人后(　　)内,招标人应当向有关行政监督部门提交招标情况的书面报告。
A. 15 天　　B. 21 天　　C. 30 天　　D. 35 天

项目五　建设工程合同

知识目标

1. 了解民法典的基础知识；

2. 了解建设工程合同的基本概念、合同在建筑工程中的作用以及建设工程中的主要合同关系；

3. 熟悉建设工程施工合同、建设工程勘察设计合同、建设工程委托监理合同、分包合同的内容；

4. 了解建设工程中常用的其他合同；

5. 了解 FIDIC 施工合同。

素养目标

1. 培养学生沟通原理与技巧；

2. 培养学生商务谈判能力；

3. 培养学生发现问题和解决问题能力；

4. 培养学生树立诚实守信、公平正义的品质。

驱动任务训练

1. 试述施工合同的概念和特点。

2. 建筑工程施工合同主要包含哪几方面的内容？合同文件的解释顺序是什么？

3. 什么是分包？工程主体能不能进行分包？

4. 暂停施工有哪些原因？暂停施工后应该怎么处理？

5. 工程变更的范围是什么？

6. 变更工作的估价原则和估价程序是什么？

7. 暂估价项目如何招标或采购？

8. 有哪些常见的合同形式？

9. 竣工验收应满足哪些条件？

案例导入

不公平的合同必须履行吗?

甲公司通过公开招标确定乙公司为中标单位,但在签订合同时,甲公司提出招投标文件中关于工程结算的条款比较烦琐,提出要将工程确定为固定总价合同,除甲方提出的造价变动超过80万元以上的重大设计变更外,结算时一律不得调整工程价款。乙公司认为合同工期长达两年,材料价格波动的不可控因素太多,改为固定总价合同对施工方而言风险太大,因此不同意变更结算条款。

但甲公司领导坚持变更,并声言如果乙公司不接受固定总价,则视为其放弃中标,甲公司将没收乙公司的投标保证金,并确定排名第二的中标候选人中标。乙公司在无奈之下接受了甲公司的条件,签订了施工合同。

在其后的施工中,因为钢材价格大幅上涨,采购价格比报价时的预算价格高了70%,导致乙公司的成本增加了350万元。但在结算时,甲公司以合同约定固定总价的理由,对该项材料调差不予认可。经多次商议未果,乙公司向法院提起诉讼,请求法院撤销合同中关于固定总价的约定。

案例分析:

根据《中华人民共和国民法典》,一方当事人利用优势或者利用对方没有经验,致使双方的权利义务明显违反公平、等价有偿原则的,可以认定为显失公平。本案中甲公司利用招标人的强势地位,强行变更招投标文件的实质内容,不但违反了《招标投标法》及其实施条例的有关规定,也违背了《中华人民共和国民法典》的公平原则,乙公司可以基于《中华人民共和国民法典》的规定请求撤销该约定。

思政升华:

《中华人民共和国民法典》规定,合同当事人的法律地位平等,一方不得将自己的意志强加给另一方。当事人应当遵循公平原则确定各方的权利和义务。无论是甲方还是乙方的项目负责人、合同管理人员都应当秉持《中华人民共和国民法典》中平等、公平、诚实、信用的基本精神与对方签订、履行合同。

任务一　民法典基本知识

一、合同与民法典概述

《中华人民共和国民法典》简介

1. 合同的基本概念

合同是平等主体的自然人、法人、其他组织之间设立、变更、终止民事权利义务关系的协议。合同有时也泛指发生一定权利、义务的协议,故又称契约。

2. 民法典的基本概念

民法典是指在采用成文法的国家中,用以规范平等主体之间私法关系的法典。民法典以条文的方式,以抽象的规则来规范各式法律行为、身份行为。有的民法典会酌采习惯法作为补充规范的方式，此外也多半规定以当事人间私法自治的方式弥补各种法规的不足。

2020 年 5 月 28 日，十三届全国人大三次会议表决通过了《中华人民共和国民法典》（以下简称《民法典》），自 2021 年 1 月 1 日起施行。婚姻法、继承法、民法通则、收养法、担保法、合同法、物权法、侵权责任法、民法总则同时废止。

3. 民法典的内容

《民法典》被称为“社会生活的百科全书”，是中华人民共和国第一部以法典命名的法律，在法律体系中居于基础性地位，也是市场经济的基本法。

《中华人民共和国民法典》（完整版）

《民法典》共 7 编、1 260 条，各编依次为总则、物权、合同、人格权、婚姻家庭、继承、侵权责任，以及附则。通篇贯穿以人民为中心的发展思想，着眼满足人民对美好生活的需要，对公民的人身权、财产权、人格权等作出明确翔实的规定，并规定侵权责任，明确权利受到削弱、减损、侵害时的请求权和救济权等，体现了对人民权利的充分保障，被誉为“新时代人民权利的宣言书”。

二、合同的订立

1. 合同的订立形式

（1）书面形式

书面形式是指合同书、信件和数据电文（包括电传、传真、电子数据交换和电子邮件）等，可以有形地表现所载内容的形式。法律、行政法规规定采用书面形式的，应当采用书面形式。当事人约定采用书面形式的，应采用书面形式。

（2）口头形式

口头形式是指当事人以口头语言的方式订立合同。口头合同简便易行、迅速及时，当发生合同纠纷时，难以举证。

（3）其他形式

其他形式是指除书面形式、口头形式以外的其他方式来表现合同的内容，如通过某种行为来进行意思的表示。

注意：建设工程施工合同必须采用书面形式，采用《建设工程施工合同（示范文本）》（GF-2017-0201）格式。

2. 合同的内容

合同的内容由当事人约定，一般包括以下条款：

（1）当事人的名称或者姓名和住所

这是合同的必备条款，要把各方当事人的名称或者姓名和住所都规定准确、清楚。

（2）标的

合同的种类很多，合同的标的也多种多样，可以包括有形财产、无形财产、劳务、工作成果等。

（3）数量

合同的数量要准确。选择使用共同接受的计量单位、计量方法和计量工具。

（4）质量

合同中应当对质量问题尽可能规定细致、准确和清楚。国家有强制性标准的，必须按照强制性标准执行，当事人可以约定质量检验方法、质量责任期限和条件、对质量提出异议的条件和期限等。

(5)价款或者报酬

价款或者报酬是指当事人一方向对方当事人所付代价的货币支付。在合同中，应当规定清楚价款或者报酬的计算方法。

(6)履行期限、地点和方式

履行期限是指合同中约定的当事人履行自己的义务，如交付标的物、价款或者报酬，履行劳务、完成工作的时间界限等。履行地点是指当事人履行合同义务和对方当事人接受履行的地点。履行方式是指当事人履行合同义务的具体做法。

(7)违约责任

违约责任是指当事人一方或者双方不履行合同或者不适当履行合同，依据法律规定或者合同约定应当承担的法律责任。

(8)解决争议的方法

解决争议的方法是指合同争议的解决途径，对合同条款发生争议时的解释以及法律适用等。解决争议的途径有双方协商解决、第三人调解、仲裁、诉讼。

当事人在合同中特别约定的条款，也可作为合同的主要条款。

3. 合同的订立

合同的订立是缔约人作出意思表示并达成合意的行为和过程。《民法典》第十三条规定：当事人订立合同，采取要约、承诺的方式。要约与承诺是订立合同必经的程序，也是当事人双方就合同的一般条款经过协商一致并签署书面协议的过程。

(1)要约

要约是希望和他人订立合同的意思表示，该意思表示应当符合下列条件：一是内容具体确定，二是表明经受要约人承诺，要约人即受该意思表示约束。

要约为当事人一方向他方提出订立合同的要求或建议。提出要约的一方称要约人。在要约里，要约人除表示欲签订合同的愿望外，还必须明确提出足以决定合同内容的基本条款。要约可以向特定的人提出，也可向不特定的人提出。要约人可以规定要约承诺期限，即要约的有效期限。在要约的有效期限内，要约人受其要约的约束，即有与接受要约者订立合同的义务。要约没有规定承诺期限的，可按通常合理的时间确定。对于超过承诺期限或已被撤销的要约，要约人则不受其拘束。

(2)要约邀请

要约邀请是希望他人向自己发出要约的意思表示。寄送的价目表、拍卖公告、招标公告、招股说明书、商业广告等为要约邀请。

要约邀请可以向特定人发出，也可以向不特定人发出。要约邀请只是邀请他人向自己发出要约，如果自己承诺才成立合同。因此，要约邀请处于合同的准备阶段，没有法律约束力。

在建设工程招标投标活动中，招标公告是要约邀请，对招标人不具有法律约束力，投标文件是要约，应受自己做出的与他人订立合同的意思表示约束。

(3)承诺

《民法典》中规定："承诺是受要约人同意要约的意思表示。"如招标人向投保人发出的中标通知书是承诺。

承诺应当以通知的方式做出，但根据交易习惯或要约表明可以通过行为作出承诺的除外。承诺应当在要约确定的期限内到达要约人。

《民法典》规定，承诺生效时合同成立；承诺通知到达要约人时生效，承诺不需要通知的，根据交易习惯或要约的要求作出承诺的行为时生效；承诺可以撤回，撤回承诺的通知应当在承诺通知到达要约人之前或与承诺通知同时到达要约人。

※特别提示

在公开招标过程中，招标人发出招标公告属于要约邀请行为，投标人提交投标文件属于要约行为，经招投标后，招标人向中标人发出中标通知书则属于承诺行为。

三、合同效力

1. 合同生效

《民法典》规定："依法成立的合同，自成立时生效，但是法律另有规定或者当事人另有约定的除外。依照法律、行政法规的规定，合同应当办理批准等手续的，依照其规定。"

合同生效一般应具备下列条件：

①当事人具有相应的民事权利能力和民事行为能力；

②意思表示真实；

③不违反法律或者社会公共利益。

2. 效力待定合同

效为待定合同是指合同虽然已经成立，但因其不完全符合有关生效要件的规定，其合同效力能否发生尚未确定，一般经有权人表示承认才能生效。

《民法典》规定的效力待定合同有三种，即限制民事行为能力人订立的合同，无权代理人以本人名义订立的合同，无处分权处分他人的财产订立的合同。

3. 无效合同

无效合同是指合同内容或者形式违反了法律、行政法规的强制性规定和社会公共利益，因而不能产生法律约束力，不受法律保护的合同。

《民法典》规定，有下列情形之一的，合同无效：

①一方以欺诈、胁迫的手段订立合同，损害国家利益；

②恶意串通，损害国家、集体或者第三人利益；

③以合法形式掩盖非法目的；

④损害社会公共利益；

⑤违反法律、行政法规的强制性规定；

无效的合同自始没有法律约束力，合同部分无效，不影响其他部分效力的，其他部分仍然有效。

4. 变更或者撤销合同

《民法典》规定，下列合同，当事人一方有权请求人民法院或者仲裁机构变更或者撤销：

①因重大误解订立的；

②在订立合同时显失公平的。

合同签订和实施的基本原则

一方以欺诈、胁迫的手段或者乘人之危，使对方在违背真实意思的情况下订立的合同，受损害方有权请求人民法院或者仲裁机构变更或者撤销。当事人请求变更的，人民法院或者仲裁机构不得撤销。

任务二　建设工程合同概述

一、建设工程合同的概念

《民法典》规定："建设工程合同是承包人进行工程建设，发包人支付价款的合同。建设工程合同包括工程勘察、设计、施工合同。""建设工程实行监理的，发包人应当与监理人采用书面形式订立委托监理合同。"

建设工程合同是一种诺成合同，合同订立生效后双方应该严格履行。同时，建设工程合同也是一种双务、有偿合同，当事人双方应当在合同中明确各自的权利和义务，当事人双方都有各自的权利和义务，在享有权利的同时必须履行相应的义务。

建设工程合同

建设工程合同的客体是工程。这里的工程是指土木建筑工程和建筑范围内的线路、管道、设备安装工程的新建、扩建、改建及大型的建筑装饰装修活动，主要包括房屋、铁路、公路、机场、港口、桥梁、矿井、水库、电话、商讯线路等。建设工程的主体是发包人和承包人。承包人的基本义务是按质按期地进行工程建设，包括工程勘察、设计和施工。工程勘察、设计、施工是专业性很强的工作，所以一般应由专门的具有相应资质的工程单位来完成。发包人的基本义务就是按照约定支付价款。

从合同理论上说，建设工程合同是广义的承揽合同的一种，也是承揽人按照定作人的要求完成工作，交付工作成果，定作人给付报酬的合同。但由于建设工程合同在经济活动、社会生活中的重要作用，以及在国家管理、合同标的等方面均有别于一般的承揽合同，我国一直将建设工程合同列为单独的一类重要合同。但考虑到建设工程承包合同毕竟是从承揽合同中分离出来的，因此《民法典》规定："建设工程承包合同中没有规定的，适用承揽合同的有关规定。"

※知识拓展<建设工程合同的特征>

①合同主体资格的合法性；

②合同客体的层次性；

③合同的书面性；

④合同交易的特殊性；

⑤合同的行政监督性；

⑥合同履行的地域性。

二、合同在建筑工程中的作用

市场经济是法制经济、契约经济，承发包双方的权利义务关系主要是通过双方签订的合同来确定的。而合同是合同当事人在建设过程中的最高行为准则，是规范双方经济活动、协调双方工作关系、解决合同纠纷的法律依据。在任何工程建设中，工程建设合同是必不可少的。工程建设合同在工程中有着特殊的地位和作用。

(1)建设工程合同确定了工程实施和工程管理的主要目标，是合同双方在工程中各种经济活动的依据

建设工程合同在工程实施前签订。它确定了工程所要达到的目标以及与目标相关的所有主要的和具体的问题。例如，建设工程施工合同确定的工程目标主要有三个方面：

①工期。包括工程开始、工程结束以及工程中一些主要活动的具体日期等。

②工程质量要求、规模和范围。详细的、具体的质量、技术和功能等方面的要求，如建筑材料、设计、施工等质量标准、技术规范、建筑面积、项目要达到的生产能力等。

③费用。包括工程总价格、各分项工程的单位和总价格、支付形式和支付时间等。

它们是工程施工和工程管理的目标和依据。工程中的合同管理工作就是为了保证这些目标的实现。

(2)合同规定了双方的经济关系

合同一经签订，合同双方就结成一定的经济关系。合同规定了双方在合同实施过程中的经济责任、利益和权利。从根本上说，合同双方的利益是不一致的。由于利益的不一致，导致工程过程中的利益冲突，造成在工程实施和管理中双方行为的不一致、不协调和矛盾。很自然，合同双方都从各自利益出发考虑和分析问题，采用一些策略、手段和措施达到自己的目的。但这又必然影响和损害对方利益，妨碍工程顺利实施。合同是调节这种关系的主要手段，它规定了双方的责任和权益，双方都可以利用合同保护自己的利益，限制和制约对方。

(3)合同是工程建设过程中合同双方的最高行为准则

合同是严肃的，具有法律效力，受到法律的保护和制约。订立合同是双方的法律行为。合同一经签订，只要合同合法，双方必须全面地完成合同规定的责任和义务。如果不能认真履行自己的责任和义务，甚至单方撕毁合同，则必须接受经济，甚至法律的处罚。除特殊情况(如不可抗力因素等)使合同不能实施外，合同当事人即使亏本，甚至破产也不能摆脱这种法律约束力。

(4)合同将工程所涉及的生产、材料和设备供应、运输、各专业施工的分工协作关系联系起来，协调并统一工程各参加者的行为

由于社会化生产和专业分工的需要，一个工程必须有几个、十几个，甚至更多的参加单位。专业化越发达，工程参加者越多，这种协调关系就越重要。在工程实施中，由于合同一方违约，不能履行合同责任，不仅会给自己造成损失，还会殃及合同伙伴和其他工程参加者，甚至会造成整个工程的中断。如果没有合同的法律约束力，就不能保证工程的各参加者在工程的各个方面、工程实施的每个环节都按时、按质、按量地完成自己的义务，就不会有正常的工程施工秩序，就不可能顺利地实现工程总目标。

合同管理必须协调和处理各方面的关系，使相关的各合同和合同规定的各工程活动之间不相矛盾，以保证工程有秩序、按计划地实施。

(5)合同是工程建设过程中双方争执解决的依据

由于双方经济利益的不一致，在工程建设过程中争执是难免的。合同争执是经济利益冲突的表现，它常常起因于双方对合同理解的不一致、合同实施环境的变化、有一方违反合同或

未能正确履行合同等。合同对争执的解决有两个决定性作用：

①争执的判定以合同作为法律依据。即以合同条文判定争执的性质，谁对争执负责，应负什么样的责任等。

②争执的解决方法和解决程序由合同规定。

三、建设工程中的主要合同关系

1. 业主的主要合同关系

业主为了实现建设工程项目总目标，可以通过签订合同将建设工程项目寿命期内有关活动委托给相应的专业承包单位或专业机构。如工程勘察、工程设计、工程施工、设备和材料供应、工程咨询(可行性研究、技术咨询)与项目管理服务等。

(1)工程承包合同

工程承包合同是任何一个建设工程项目所必须具有的合同。

业主采用的承发包模式不同，决定了不同类别的工程承包合同。业主通常签订的工程承包合同主要有：

①EPC 承包合同：业主将建设项目的设计、设备与材料采购、施工任务全部发包给一个承包商。

②工程施工合同：业主将建设工程项目的施工任务发包给一家或者多家承包商。根据其所包括的工作范围不同，工程施工合同又分为：

a. 施工总承包合同：业主将建设工程项目的施工任务全部发包给一家承包商，包括土建工程施工和机电设备安装等。

b. 单项工程或者特殊专业工程承包合同：业主将建设工程项目的各个单项(或者单位)工程(如土建工程施工与机电设备安装)及专业性较强的特殊工程(如桩基础工程、管道工程等)分别发包给不同的承包商。

(2)工程勘察合同

工程勘察合同是指业主与勘察单位签订的合同。

(3)工程设计合同

工程设计合同是指业主与工程设计单位签订的合同。

(4)设备、材料采购合同

业主与负责供应的设备、材料供应商签订采购合同。

(5)工程咨询或项目管理合同

当业主委托相关单位进行建设工程项目可行性研究、技术咨询、造价咨询、招标代理、项目管理、施工监理等，需要与相关单位签订工程咨询或项目管理合同。

(6)贷款合同

贷款合同是指业主与金融机构签订的合同，如业主与银行签订的合同。

2. 承包商的主要合同关系

承包商是工程施工的具体实施者，是工程承包合同的执行者。承包商通过投标接受业主的委托，签订工程承包合同。承包商要完成承包合同的责任，包括由工程量表所确定的工程范围的施工、竣工和保修，为完成这些工程提供劳动力、施工设备、材料，有时也包括技术设计。任何承包商都不可能,也不必具备所有的专业工程的施工能力、材料和设备的生产和供应能力,他同样需要将许多专业工作委托出去。因此,承包商常常又有自己复杂的合同关系。

①分包合同。对于一些大的工程,承包商常常必须与其他承包商合作才能完成总包合同责任。承包商把从业主那里承接到的工程中的某些分项工程或工作分包给另一承包商来完成,则与他签订分包合同。承包商在承包合同下可能订立许多分包合同,而分包商仅完成总承包商的工程,向总承包商负责,与业主无合同关系。总承包商仍向业主担负全部工程责任,负责工程的管理和所属各分包商工作之间的协调,以及各分包商之间合同责任界面的划分,同时承担协调失误造成损失的责任,向业主承担工程风险。

②供应合同。承包商为工程所进行的必要的材料和设备的采购和供应,必须与供应商签订供应合同。

阴阳合同

③运输合同。承包商为解决材料和设备的运输问题而与运输单位签订的合同。

④加工合同。承包商将建筑构配件、特殊构件加工任务委托给加工承揽单位而签订的合同。

⑤租赁合同。在建筑工程中,承包商需要许多施工设备、运输设备、周转材料等。当有些设备、周转材料在现场使用率较低,或自己购置需要大量资金投入而自己又不具备这个经济实力时,可以采用租赁方式,与租赁单位签订租赁合同。

⑥劳务供应合同。承包商与劳务供应商之间签订的合同,由劳务供应商向工程提供劳务。

⑦保险合同。承包商按施工合同要求对工程进行保险,与保险公司签订保险合同。

上述承包商的主要合同关系如图 5-1 所示。承包商的这些合同都与工程承包合同相关,都是为了完成承包合同责任而签订的。

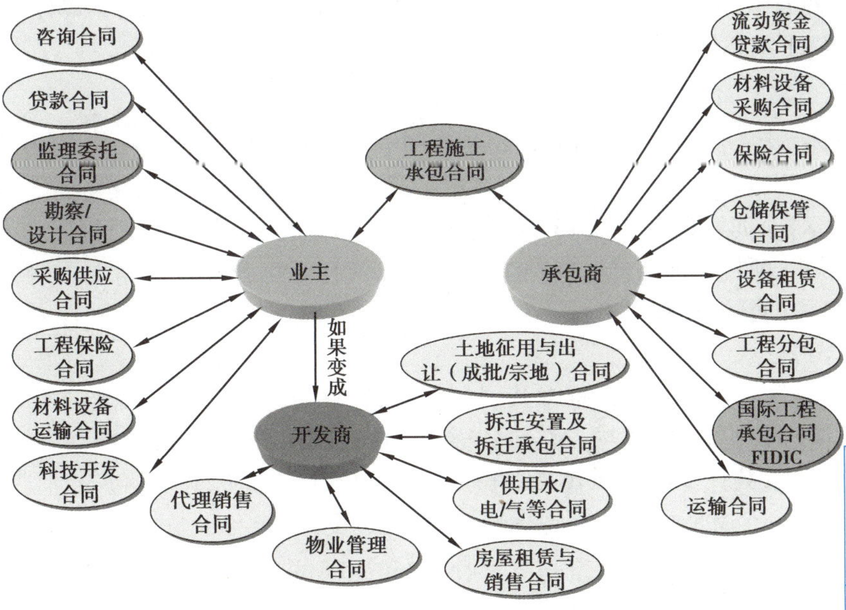

图 5-1　工程建设中的合同关系

建设工程合同订立的基本原则

任务三　建设工程施工合同

一、建设工程施工合同概述

建设工程施工合同即建筑安装工程承包合同，是发包人和承包人为完成商定的建筑安装工程，明确相互权利、义务关系的合同。依照建设工程施工合同，承包人应完成一定的建筑、安装工程任务，发包人应提供必要的施工条件并支付工程价款。建设工程施工合同是建设工程合同的一种。

市场经济是法制经济、契约经济，承发包双方的权利义务关系主要是通过双方签订的施工合同来确定的。而施工合同是合同当事人在建设工程施工过程中的最高行为准则，是规范双方经济活动、协调双方工作关系、解决合同纠纷的法律依据。

建设工程施工合同

承发包双方签订的施工合同，确定了工程的造价、工期、质量安全等目标，规定了双方的责权利关系，是建设工程施工活动的核心和灵魂，对建设工程的施工进度、费用、质量安全等方面的管理起着总控制和总协调的重要作用。

二、《建设工程施工合同(示范文本)》简介

根据工程建设施工的相关法律法规，结合我国工程建设施工的实际情况，为规范建筑市场秩序，维护建设工程施工合同当事人的合法权益，住房城乡建设部、国家工商行政管理总局颁布了《建设工程施工合同(示范文本)》(GF-2017-0201)(以下简称《示范文本》)，该文本自2017年10月1日起执行。

建设工程施工合同示范文本(GF-2017-0201)

(一)《示范文本》的组成

《示范文本》由合同协议书、通用合同条款和专用合同条款三部分及11个附件组成。

1. 合同协议书

《示范文本》合同协议书共计13条，主要包括工程概况、合同工期、质量标准、签约合同价和合同价格形式、项目经理、合同文件构成、承诺以及合同生效条件等重要内容，集中约定了合同当事人基本的合同权利义务。

2. 通用合同条款

通用合同条款是合同当事人根据我国《建筑法》《民法典》等法律法规的规定，就工程建设的实施及相关事项，对合同当事人的权利义务作出的原则性约定。

中华人民共和国建筑法

通用合同条款共计20条，具体条款分别为：一般约定，发包人，承包人，监理人，工程质量，安全文明施工与环境保护，工期和进度，材料与设备，试验与检验，变更，价格调整，合同价格，计量与支付，验收和工程试车、竣工结算、缺陷责任与保修、违约、不可抗力、保险、索赔和争议解决。前述条款安排既考虑了现行法律法规对工程建设的有关要求，也考虑了建设工程施工管理的特殊需要。

3. 专用合同条款

专用合同条款是对通用合同条款原则性约定的细化、完善、补充、修改或另行约定的条款。合同当事人可以根据不同建设工程的特点及具体情况，通过双方的谈判、协商对相应的专用合同条款进行修改补充。

在使用专用合同条款时，应注意以下事项：

①专用合同条款的编号应与相应的通用合同条款的编号一致；

②合同当事人可以通过对专用合同条款的修改，满足具体建设工程的特殊要求，避免直接修改通用合同条款；

③在专用合同条款中有横道线的地方，合同当事人可针对相应的通用合同条款进行细化、完善、补充、修改或另行约定；如无细化、完善、补充、修改或另行约定，则填写"无"或划"/"。

4. 附件

《示范文本》包括：协议书附件"承包人承揽工程项目一览表"和专用合同条款附件"发包人供应材料设备一览表""工程质量保修书""主要建设工程文件目录"等 11 个附件。附件是对施工合同当事人权利义务的进一步明确，并且使得施工合同当事人对有关工作一目了然，便于执行和管理。

(二)《示范文本》的性质和适用范围

《示范文本》为非强制性使用文本。《示范文本》适用于房屋建筑工程、土木工程、线路管道和设备安装工程、装饰装修工程等建设工程的施工承发包活动，合同当事人可结合建设工程具体情况，根据《示范文本》订立合同，并按照法律法规规定和合同约定承担相应的法律责任及合同权利义务。

(三)合同文件的组成及解释顺序

组成合同的各项文件应互相解释，互为说明。除专用合同条款另有约定外，解释合同文件的优先顺序如下：

①合同协议书；

②中标通知书(如果有)；

③投标函及其附录(如果有)；

④专用合同条款及其附件；

⑤通用合同条款；

⑥技术标准和要求；

⑦图纸；

⑧已标价工程量清单或预算书；

⑨其他合同文件。

上述各项合同文件包括合同当事人就该项合同文件所作出的补充和修改，属于同一类内容的文件，应以最新签署的为准。在合同订立及履行过程中形成的与合同有关的文件均构成合同文件的组成部分，并根据其性质确定优先解释顺序。

※知识拓展<八项合同管理新制度>

《示范文本》借鉴 FIDIC 合同创设的八项合同管理新制度，包括：

①通用条款第 2.5、第 3.7 款确定承发包双方的双方互为担保制度。

②通用条款第 11.1 款确定价格市场波动的合理调价制度。

③通用条款第 14.4 款确定逾期付款的违约双倍赔偿制度。

④通用条款第 13.2、第 15.2 款规定两项工程移交证书制度。

⑤通用条款第 15.2 款规定保修金返还的缺陷责任定期制度。

⑥通用条款第 18 条确定风险防范的工程系列保险制度。

⑦通用条款第 19.1、第 19.3 款规定索赔过期作废制度。

⑧通用条款第 20.3 款规定前置程序的争议过程评审制度。

【工程实例 5-1】

建设工程施工合同案例

A 建设单位与 B 建筑公司签订一施工合同，修建某住宅工程。工程完工后，经验收质量合格。工程使用 3 年后，发现楼房屋顶漏水，A 建设单位要求 B 建筑公司负责无偿修理，并赔偿损失，B 建筑公司则以施工合同中并未规定质量保证期限，且工程已经验收合格为由，拒绝无偿修理要求。A 建设单位起诉至法院。法院判决施工合同有效，认为合同中虽然并没有约定工程质量保证期限，但依据《建设工程质量管理办法》的规定，屋面防水工程保修期限为 5 年，因此，工程使用 3 年出现的质量问题应由 B 施工单位承担无偿修理并赔偿损失的责任。

案例分析：

本案争议的施工合同虽欠缺质量保证期条款，但并不影响双方当事人对施工合同主要义务的履行，故该合同有效。由于合同中没有质量保证期的约定，故应当依照法律、法规的规定或者其他规章确定工程质量保证期。法院依照《建设工程质量管理办法》的有关规定对欠缺条款进行补充，无疑是正确的。依据该办法规定，出现的质量问题属保修期内，故认定建筑公司应承担无偿修理和赔偿损失责任。

任务四　建设工程勘察设计合同

一、概述

建设工程勘察设计合同简称勘察、设计合同，是指委托方与承包方为完成特定的勘察设计任务，明确相互权利义务关系而订立的合同。按照《民法典》第七百八十八条的规定，建设工程勘察设计合同属于建设工程合同的范畴，分为建设工程勘察合同和建设工程设计合同两种。

建设工程勘察合同是指根据建设工程的要求，查明、分析、评价建设场地的地质地理环境特征和岩土工程条件，编制建设工程勘察文件的协议。

建设工程设计合同是指根据建设工程的要求，对建设工程所需的技术、经济、资源、环境等条件进行综合分析、论证，编制建设工程设计文件的协议。

二、建设工程勘察设计合同的订立

(一)建设工程勘察、设计合同的内容

建设工程勘察、设计合同一般包括以下内容：

①合同依据；

②发包人义务；

③勘察人、设计人的义务；

④发包人权利；

⑤勘察人、设计人的权利；

⑥发包人责任；

⑦勘察人、设计人的责任；

⑧合同生效、变更与终止；

⑨勘察、设计取费；

⑩争议的解决与其他。

(二)建设工程勘察、设计合同的订立

1. 签约前对当事人资格和资信的审查

(1)资格审查

主要审查承包人是不是按照法律规定成立的法人组织，有无法人章程和营业执照，承担的勘察、设计任务是否在其证书批准的范围之内。同时，还要审查签订合同的有关人员是不是法定代表人或法定代表人委托代理人，以及代理人的活动是否在其代理权限范围内等。

(2)资信审查

资信审查主要审查建设单位的生产经营状况和银行信用情况等。

(3)履约能力审查

主要审查发包人建设资金的到位情况和支付能力。同时，通过审查承包人的专业业务能力，了解其资质、以往工作实绩、现在履行的项目等，以此来确定承包人的专业能力。

2. 建设工程勘察、设计合同的订立程序

建设单位的建设工程勘察、设计任务一般是通过招标方式确定勘察设计单位，也有通过设计方案竞赛的方式确定勘察设计单位。勘察设计单位确定后，要遵循工程建设基本建设程序签订工程勘察、设计合同。

①承包人审查工程项目的批准文件。承包人在接受委托勘察或设计任务前，必须对发包人所委托的工程项目的批准文件进行全面审查。

②发包人提出勘察、设计要求。主要包括勘察设计的工期、进度、质量等方面的要求。

③承包人确定收费标准和进度。承包人根据发包人的勘察、设计要求和资料，确定收费标准和金额，提出付费方法和支付进度。

④合同双方进一步协商达成一致意见并签订书面合同。

3. 工程勘察合同的订立

依据《建设工程勘察合同示范文本》(GF-2016-0203)订立建设工程勘察合同时，双方通过

协商,应根据工程项目的特点,在相应条款内明确以下方面的具体内容:

建设工程勘察合同(示范文本)(GF-2016-0203)

(1)发包人应提供的勘察依据

①提供本工程批准文件(复印件),以及用地(附红线范围)、施工、勘察许可等批件(复印件);

②提供工程勘察任务委托书、技术要求和工作范围的地形图、建筑总平面布置图;

③提供勘察工作范围已有的技术资料及工程所需的坐标与标高资料;

④提供勘察工作范围地下已有埋藏物的资料(如电力、电讯电缆、各种管道、人防设施、洞室等)及具体位置分布图;

⑤其他必要的相关资料。

(2)委托任务的工作范围

①工程勘察任务(内容)。可能包括自然条件观测、地形图测绘、资源探测、岩土工程勘察、地震安全性评价、工程水文地质勘察、环境评价、模型试验等。

②技术要求。

③预计的勘察工作量。

④勘察成果资料提交的份数。

※知识拓展<发包人应为勘察人提供的现场工作条件>

根据项目的具体情况,双方可以在合同内约定由发包人负责保证勘察工作顺利开展应提供的条件,可能包括:

①落实土地征用、青苗树木赔偿;

②拆除地上地下障碍物;

③处理施工扰民及影响施工正常进行的有关问题;

④平整施工现场;

⑤修好通行道路、接通电源水源、挖好排水沟渠以及水上作业用船等。

4. 建设工程设计合同的订立

依据示范文本订立民用建筑设计合同时,双方通过协商,应根据工程项目的特点,在相应条款内明确以下方面的具体内容:

建设工程设计合同示范文本(GF-2015-0209、GF-2015-0210)

(1)发包人应提供的文件和资料

①设计依据文件和资料:经批准的项目可行性研究报告或项目建议书;城市规划许可文件;工程勘察资料等。

发包人应向设计人提交的有关资料和文件,在合同内需约定资料和文件的名称、份数、提交的时间和有关事宜。

②项目设计要求:工程的范围和规模;限额设计的要求;设计依据的标准;法律、法规规定应满足的其他条件。

(2)委托任务的工作范围

①设计范围。合同内应明确建设规模,详细列出工程分项的名称、层数和建筑面积。

②建筑物的合理使用年限设计要求。

③委托的设计阶段和内容。可能包括方案设计、初步设计和施工图设计的全过程,也可以是其中的某几个阶段。

④设计深度要求。设计标准可以高于国家规范的强制性规定,发包人不得要求设计人违反国家有关标准进行设计。方案设计文件应当满足编制初步设计文件和控制概算的需要;初步设计文件应当满足编制施工招标文件、主要设备材料订货和编制施工图设计文件的需要;施工图设计文件应当满足设备材料采购、非标准设备制作和施工的需要,并注明建设工程合理使用年限。具体内容要根据项目的特点在合同内约定。

⑤设计人配合施工工作的要求。包括向发包人和施工承包人进行设计交底、处理有关设计问题、参加重要隐蔽工程部位验收和竣工验收等事项。

任务五　建设工程委托监理合同

一、概述

建设工程监理合同的全称叫建设工程委托监理合同,也简称监理合同,是指工程建设单位聘请监理单位代其对工程项目进行管理,明确双方权利、义务的协议。建设单位称委托人,监理单位称受托人。委托监理的内容是依据法律、法规及有关技术标准、设计文件和建设工程合同,对承包单位在工程质量、建设工期和建设资金使用等方面,代表建设单位实施监督。建设监理可以是对工程建设的全过程进行监理,也可以分阶段进行设计监理、施工监理等。目前,建设工程监理主要发生在施工阶段。

二、建设工程委托监理合同的订立

(一)监理人的权利、义务和责任

1.监理人的权利

监理人在委托人委托的工程范围内,享有以下权利:

①选择工程总承包人的建议权。

②选择工程分包人的认可权。

③对工程建设有关事项包括工程规模、设计标准、规划设计、生产工艺设计和使用功能要求,向委托人的建议权。

④对工程设计中的技术问题,按照安全和优化的原则,向设计人提出建议,如果提出的建议可能会提高工程造价,或延长工期,应当事先征得委托人的同意。当发现工程设计不符合国家颁布的设计工程质量标准或设计合同约定的质量标准时,监理人应当书面报告委托人并要求设计人更正。

⑤审批工程施工组织设计和技术方案,按照保质量、保工期和降低成本的原则,向承包人提出建议,并向委托人提出书面报告。

⑥主持工程建设有关协作单位的组织协调,重要协调事项应当事先向委托人报告。

⑦征得委托人同意,监理人有权发布开工令、停工令、复工令,但应当事先向委托人报告。如在紧急情况下未能事先报告时,则应在24小时内向委托人做出书面报告。

⑧工程上使用的材料和施工质量的检验权。对于不符合设计要求和合同约定及国家质量标准的材料、构配件、设备,有权通知承包人停止使用。对于不符合规范和质量标准的工序、分部分项工程和不安全施工作业,有权通知承包人停工整改、返工。承包人得到监理机构复工令后才能复工。

⑨工程施工进度的检查、监督权,以及工程实际竣工日期提前或超过工程施工合同规定的竣工期限的签认权。

⑩在工程施工合同约定的工程价格范围内,工程款支付的审核和签认权,以及工程结算的复核确认权与否决权。未经总监理工程师签字确认,委托人不支付工程款。

⑪监理人在委托人授权下可对任何承包人合同规定的义务提出变更。如果由此严重影响了工程费用或质量或进度,则这种变更须经委托人事先批准。在紧急情况下未能事先报委托人批准时,监理人所作的变更也应尽快通知委托人。在监理过程中如发现工程承包人员工作不力,监理机构可要求承包人调换有关人员。

⑫在委托的工程范围内,委托人或承包人对对方的任何意见和要求(包括索赔要求),均必须首先向监理机构提出,由监理机构研究处置意见,再同双方协商确定。当委托人和承包人发生争执时,监理机构应根据自己的职能,以独立的身份判断,公正地进行调解。当双方的争议由政府建设行政主管部门调解或仲裁机构仲裁时,应当提供作证的事实材料。

2. 监理人的义务

①监理人按合同约定派出监理工作需要的监理机构及监理人员。向委托人报送委派的总监理工程师及其监理机构的主要成员名单、监理规划,完成监理合同专用条件中约定的监理工程范围内的监理业务。在履行合同义务期间,应按合同约定定期向委托人报告监理工作。

②监理人在履行本合同的义务期间,应认真勤奋地工作,为委托人提供与其水平相适应的咨询意见,公正维护各方面的合法利益。

③监理人使用委托人提供的设施和物品属委托人的财产。在监理工作完成或中止时,应将其设施和剩余的物品按合同约定的时间和方式移交委托人。

④在合同期内和合同终止后,未征得有关方同意,不得泄露与本工程、本合同业务有关的保密资料。

3. 监理人的责任

①监理人的责任期即委托监理合同有效期。在监理过程中,如果因工程建设进度推迟或延误而超过书面约定的日期,双方应进一步约定相应延长的合同期。

②监理人在责任期内应当履行约定的义务。如果因监理人过失而造成委托人的经济损失,应当向委托人赔偿。累计赔偿总额不应超过监理报酬总额(除去税金)。

③监理人对承包人违反合同规定的质量和要求完工(交货、交图)时限,不承担责任。因不可抗力导致委托监理合同不能全部或部分履行,监理人不承担责任。但对违反认真工作规定引起的与之有关的事宜,向委托人承担赔偿责任。

④监理人向委托人提出赔偿要求不能成立时,监理人应当补偿由于该索赔所导致委托人的各种费用支出。

(二)委托人的权利、义务和责任

1. 委托人的权利

①委托人有选定工程总承包人,以及与其订立合同的权利。

②委托人有对工程规模、设计标准、规划设计、生产工艺设计和设计使用功能要求的认定权,以及对工程设计变更的审批权。

③监理人调换总监理工程师需事先经委托人同意。

④委托人有权要求监理人提供监理工作月报及监理业务范围内的专项报告。

⑤当委托人发现监理人员不按监理合同履行监理职责,或与承包人串通给委托人或工程造成损失的,委托人有权要求监理人更换监理人员,直到解除合同并要求监理人承担相应的赔偿责任或连带赔偿责任。

2. 委托人的义务

①委托人在监理人开展监理业务之前应向监理人支付预付款。

②委托人应当负责工程建设的所有外部关系的协调,为监理工作提供外部条件。如将部分或全部协调工作委托监理人承担,则应在专用条款中明确委托的工作和相应的报酬。

③委托人应当在双方约定的时间内免费向监理人提供与工程有关的为监理工作所需要的工程资料。

④委托人应当在专用条款约定的时间内就监理人书面提交并要求做出决定的一切事宜做出书面决定。

⑤委托人应当授权一名熟悉工程情况、能在规定时间内做出决定的常驻代表(在专用条款中约定),负责与监理人联系。更换常驻代表,要提前通知监理人。

⑥委托人应当将授予监理人的监理权利,以及监理人主要成员的职能分工、监理权限及时书面通知已选定的合同承包人,并在与第三人签订的合同中予以明确。

⑦委托人应当在不影响监理人开展监理工作的时间内提供如下资料:

a. 与本工程合作的原材料、构配件、设备等生产厂家名录;

b. 提供与本工程有关的协作单位、配合单位的名录。

⑧委托人应免费向监理人提供办公用房、通信设施、监理人员工地住房及合同专用条件约定的设施。对监理人自备的设施给予合理的经济补偿(补偿金额:设施在工程使用时间占折旧年限的比例×设施原值+管理费)

⑨根据情况需要,如果双方约定由委托人免费向监理人提供其他人员,应在监理合同专用条件中予以明确。

3. 委托人的责任

①委托人应当履行委托监理合同约定的义务,如有违反则应当承担违约责任,赔偿给监理人造成的经济损失。

②监理人处理委托业务时,因非监理人原因的事由受到损失的,可向委托人要求补偿损失。

③委托人如果向监理人提出赔偿的要求不能成立,则应当补偿由该索赔所引起的监理人的各种费用支出。

（三）合同生效、变更与终止

①由于委托人或承包人的原因使监理工作受到阻碍或延误，以致发生了附加工作或延长了持续时间，则监理人应当将此情况与可能产生的影响及时通知委托人。完成监理业务的时间相应延长，并得到附加工作的报酬。

②在委托监理合同签订后，实际情况发生变化，使得监理人不能全部或部分执行监理业务时，监理人应当立即通知委托人。该监理业务的完成时间应予延长。当恢复执行监理业务时，应当增加不超过 42 日的时间用于恢复执行监理业务，并按双方约定的数量支付监理报酬。

③监理人向委托人办理完竣工验收或工程移交，承包人和委托人已签订工程保修责任书，监理人收到监理报酬尾款，本合同即终止。保修期间的责任，双方在专用条款中约定。

④当事人一方要求变更或解除合同时，应当在 42 日前通知对方，因解除合同使一方受到损失的，除依法可以免除责任的外，应由责任方负责赔偿。变更或解除合同的通知或协议必须采取书面形式，协议未达成之前，原合同依然有效。

⑤监理人在应当获得监理报酬之日起 30 日内仍未收到支付单据，而委托人又未对监理人提出任何书面解释时，或暂停执行监理业务时限超过 6 个月的，监理人可以向委托人发出终止合同的通知，发出通知后 14 日内仍未得到委托人答复，可进一步发出终止合同的通知，如果第二份通知发出后 42 日内仍未得到委托人答复，可终止合同或自行暂停执行全部或部分监理业务。委托人承担违约责任。

⑥监理人由于非自己的原因而暂停或终止执行监理业务，其善后工作以及恢复执行监理业务的工作，应当视为额外工作，有权得到额外的报酬。

⑦当委托人认为监理人无正当理由而又未履行监理义务时，可向监理人发出指明其未履行监理义务的通知。若委托人发出通知后 21 日内没有收到答复，可在第一个通知发出后 35 日内发出终止委托监理合同的通知，合同即行终止。监理人承担违约责任。

⑧合同协议的终止并不影响各方面应有的权利和应当承担的责任。

三、建设工程委托监理合同的管理

建设工程委托监理合同的订立只是监理工作的开端，合同双方，特别是受托人一方必须实施有效管理，监理合同才能得以顺利履行。在监理合同履行过程中应注意以下几个方面。

（一）监理人应当完成的工作

工程建设监理包括工程监理的正常工作、附加工作和额外工作。

1. 工程监理的正常工作

工程监理的正常工作是指双方在专用条款中约定，委托人委托的监理工作范围和内容。大体上包括以下几方面的内容：

①工程技术咨询服务，如进行可行性研究、各种方案的成本效益分析等；

②协助委托人选择承包人，组织设计、施工、设备采购招标等；

③进行设计监理，如审查工程设计概算、预算、验收设计文件等；

④进行施工监理，包括质量控制、投资控制、进度控制等。

但就具体项目而言，应根据工程的特点、监理人的能力、建设阶段的监理等诸多方面因素，将委托的监理业务详细写入合同专用条款中。

2. 工程监理的附加工作和额外工作

监理工作进行当中会经常发生订立合同时未能或不能合理预见而需要监理人完成的工作，这些工作即所谓的“附加工作”和“额外工作”。需要注意的是，这部分工作一旦发生，也是监理人必须完成的。对于这些工作的懈怠会导致监理人法律意义上的“失职”，从而可能承担相应的法律责任，因此在监理合同履行过程中要谨慎对待。

工程监理的附加工作是指委托人委托监理范围以外，通过双方书面协议另外增加的工作或由于委托人或承包人的原因，使监理工作受到阻碍或延误，因增加工作量或持续时间而增加的工作。如由于委托人或承包人的原因，承包合同不能按期竣工而必须延长的监理工作时间等。

工程监理的额外工作是指正常工作和附加工作以外或非监理人自己的原因而暂停或终止监理业务，其善后工作及恢复监理业务的工作。如合同履行过程中，发生不可抗力事件，承包人的施工被迫中断，监理工程师应确认灾害发生前承包人已经完成工程的部分，指示承包人采取应急措施等，以及灾害消失后恢复施工前必要的监理准备工作。

（二）委托人对监理合同的管理

1. 严格按照监理合同的规定履行义务

监理合同内规定的应由委托人负责的工作，是使合同最终实现的基础，如外部关系的协调，为监理工作提供外部条件，为监理人提供获取本工程使用的原材料、构配件、机构设备生产厂家等。委托人必须严格按照监理合同的规定，履行应尽的义务，才有权要求监理人履行合同。

2. 按照监理合同的规定行使权利

监理合同中规定的委托人的权利，主要有三个方面：对设计、施工单位的发包权；对工程规模、设计标准的认定权及设计变更的审批权；对监理人的监督管理权。

3. 委托人的档案管理

在工程项目全部竣工后，委托人应将全部合同文件，包括完整的工程竣工资料加以系统整理，按照有关规定进行建档保管。为了保证监理合同档案的完整性，委托人对合同文件及履行过程中与监理人之间进行的签证、记录、协议、补充合同备忘录、函件、邮件等都应系统、认真地整理，并妥善保管。

（三）监理人对监理合同的管理

合同是监理人在项目监理过程中的最高行为准则，监理人在监理过程中的一切活动都是为了履行合同的职责和义务。所以广泛地说，项目监理的实施和管理的全部工作都可以纳入合同管理的范围。合同管理的工作必须由一定的组织机构和人员来完成，要提高合同管理水平，必须使合同管理专门化和专业化，在企业和工程项目的组织中设立专门的机构和人员负责合同管理工作。

由于监理合同管理贯穿于工程实施的全过程和工程实施的各个方面，因而履行监理合同必须涉及监理人的各项管理工作，监理合同一经生效，监理人就要按照合同规定，行使权力、

履行义务,具体合同管理工作内容如下:

1. 确定项目总监理工程师,成立项目监理机构

监理人应根据工程项目的规模、性质,委托人对监理的要求,委派称职的人员担任项目的总监理工程师,代表监理人全面负责该项目的监理工作。总监理工程师对内向监理单位负责,对外向委托人负责。在总监理工程师的具体领导下,组建项目的监理班子,并根据签订的委托监理合同制订监理规划和具体的实施方案,开展监理工作。

一般情况下,监理单位承接项目监理业务的过程中,在参与项目监理投标、拟定监理方案(监理大纲)时,即应选派称职的人员主持该项工作。在监理任务确定并签订委托监理合同之后,该主持人即可作为项目的总监理工程师。这样,项目的总监理工程师在承接任务阶段早期就介入,从而更能了解业主的建设意图和对监理工作的要求,并能与后续工作更好地衔接。

2. 进一步熟悉情况,收集有关资料,为开展后续监理工作做好准备

①反映工程项目特征的有关资料;

②反映当地工程建设报建程序的有关规定;

③反映工程所在地区的技术经济状况及建设条件的资料;

④类似工程项目建设情况的有关资料。

3. 制订工程项目监理规划

监理规划是开展项目监理活动的纲领性文件,也是根据委托人委托监理的要求,在详细分析有关资料的基础上,根据项目实际情况编制的指导性文件。其内容主要有:

①工程概况;

②监理范围和目标;

③监理主要措施;

④监理组织;

⑤项目监理工作制度等。

4. 制订各专业监理工作计划或实施细则

监理实施细则是在监理规划的指导下,为具体指导投资控制、质量控制、进度控制的进行,结合工程项目的实际情况,制订的相应的实施性计划或细则。

5. 根据制订的监理工作计划和运行制度,实现监理工作的规范化

①工作的时序性。监理和各项工作都是按一定的逻辑顺序先后展开的,从而使监理工作能有效地达到目标而不致造成工作状态的无序和混乱。

②职责分工的严密性。建设监理工作是由不同专业、不同层次的专家群体共同完成的,他们之间严密的职责分工是协调进行监理工作的前提和实现监理目标的重要保证。

③工作目标的确定性。在职责分工的基础上,每一项监理工作都应达到确定的、具体的目标,完成的时间也应有时限规定,从而能通过报表资料对监理工作及其效果进行检查和考核。

6. 监理工作总结归档

监理工作总结归档应包括以下内容:

①总监理工程师向委托人提交的监理工作总结。其内容主要包括:委托监理合同的履行情况概述,监理任务或监理目标完成情况的评价,由业主提供的监理活动使用的办公用房、车

辆、试验设施等清单，表明监理工作终结的说明等。

②总监理工程师向监理人提交的监理工作总结。其内容主要是监理的工作经验，包括：采用某种监理技术、方法的经验，采用某种经济措施、组织措施的经验，签订委托监理合同方面的经验，以及如何处理好与委托人、承包人关系的经验等。

③监理工作中存在的问题及改进的建议。该总结用以指导今后的监理工作，并向政府有关部门提出政策建议，不断提高我国工程建设监理的水平。

当全部监理工作完成后，监理单位应做好监理合同的归档工作，具体包括两方面的内容：一是向委托人移交资料，二是监理人内部的归档。监理合同归档资料应包括：监理合同，与合同有关的在履行中与委托人之间进行的签证、补充合同备忘录、函件、邮件等，监理大纲、监理规划、在监理工作中的程序性文件（监理会议纪要、监理日记）等。

【工程实例 5-2】

某城市建设项目，建设单位委托监理单位承担施工阶段的监理任务，并通过公开招标选定甲施工单位作为施工总承包单位。工程实施中发生了下列事件。

事件 1：桩基工程开始后，专业监理工程师发现，甲施工单位未经建设单位同意将桩基工程分包给乙施工单位，为此项目监理机构要求暂停桩基施工。征得建设单位同意分包后，甲施工单位将乙施工单位的相关材料报项目监理机构审查，经审查乙施工单位的资质条件符合要求，可进行桩基施工。

事件 2：桩基施工过程中，出现断桩事故。经调查分析，此次断桩事故是因为乙施工单位抢进度，擅自改变施工方案引起的。对此，原设计单位提供的事故处理方案为：断桩清除，原位重新施工。乙施工单位按处理方案实施。

事件 3：为进一步加强施工过程质量控制，总监理工程师代表指派专业监理工程师对原监理实施细则中的质量控制措施进行修改，修改后的监理实施细则经总监理工程师代表审查、批准后实施。

事件 4：工程进入竣工验收阶段，建设单位发文要求监理单位和甲施工单位各自邀请城建档案管理部门进行工程档案的验收并直接办理档案移交事宜，同时要求监理单位对施工单位的工程档案质量进行检查。甲施工单位收到建设单位发文后将该文转发给乙施工单位。

事件 5：项目监理机构在检查甲施工单位的工程档案时发现，缺少乙施工单位的工程档案。甲施工单位的解释是，按建设单位要求，乙施工单位自行办理工程档案的验收及移交。在检查乙施工单位的工程档案时发现，缺少断桩处理的相关资料，乙施工单位的解释是断桩清除后原位重新施工，无须列入这部分资料。

问题：

(1) 事件 1 中，项目监理机构对乙施工单位资质审查的程序和内容是什么？

(2) 项目监理机构应如何处理事件 2 中的断桩事故？

(3) 事件 3 中，总监理工程师代表的做法是否正确？说明理由。

(4) 指出事件 4 中建设单位做法的不妥之处，写出正确做法。

(5) 分别说明事件 5 中甲施工单位和乙施工单位的解释有何不妥？对甲施工单位和乙施工单位工程档案中存在的问题，项目监理机构应如何处理？

案例分析：

事件1：

(1)审查甲施工单位报送的分包单位资格报审表，符合有关规定后，由总监理工程师予以签认。

(2)对乙施工单位资格审核以下内容：

①营业执照、企业资质等级证书；

②公司业绩；

③乙施工单位承担的桩基工程范围；

④专职管理人员和特种作业人员的资格证、上岗证。

事件2：

(1)及时下达《工程暂停令》；

(2)责令甲施工单位报送断桩事故调查报告；

(3)审查甲施工单位报送断桩处理方案、措施；

(4)审查同意后签发《工程复工令》；

(5)对事故的处理和处理结果进行跟踪检查和验收；

(6)及时向建设单位提交有关事故的书面报告，并将完整的质量事故处理记录整理归档。

事件3：

(1)指派专业监理工程师修改监理实施细则做法正确。总监理工程师代表可以行使总监理工程师的这一职责。

(2)总监理工程师代表审批监理实施细则的做法不妥，应由总监理工程师审批。

事件4：

要求监理单位和甲施工单位各自对工程档案进行验收并移交的做法不妥。应由建设单位组织建设工程档案的(预)验收，并在工程竣工验收后统一向城市档案管理部门办理工程档案移交。

事件5：

(1)甲施工单位应汇总乙施工单位形成的工程档案(或乙施工单位不能自行办理工程档案的验收与移交)；乙施工单位应将工程质量事故处理记录列入工程档案。

(2)与建设单位沟通后，项目监理机构应向甲施工单位签发《监理工程师通知单》，要求尽快整改。

任务六　建设工程施工专业分包合同

一、概述

专业工程分包，是指施工承包单位(即专业分包工程的发包人)将其所承包工程中的专业工程发包给具有相应资质的其他建筑业企业(即专业分包工程的承包人)完成的活动。

建设工程施工专业分包合同（示范文本）

针对各种工程中普遍存在专业工程分包的实际情况，为了规范管理，减少或避免纠纷，原建设部和国家工商行政管理总局于 2003 年发布了《建设工程施工专业分包合同（示范文本）》（GF-2003-0213）（以下简称《专业分包合同（示范文本）》），它通用于房屋建筑工程，土木工程、线路管道和设备安装工程、装修工程等建设工程的施工承发包活动，为非强制性使用文本。合同当事人可结合建设工程具体情况，根据《专业分包合同（示范文本）》订立专业分包合同，并按照法律法规规定和合同约定承担相应的法律责任及合同权利义务。

专业分包合同与施工合同所依据的法律法规和遵循的原则相同。在合同条款的内容和结构上非常接近，专业分包合同以施工合同的基本框架为基础，根据分包与承包的具体特点，对施工合同条文适当增删或变换表述口气，即为专业分包合同（示范文本）。

专业分包合同包括协议书、通用条款和专用条款三部分，专用条款与通用条款条目相对应，是通用条款在具体工程上的落实。与施工合同所不同的是，专业分包合同中的分包工程发包人是承包人（通常被称为总承包单位或施工承包单位），而分包工程承包人则是分包人；而原来应由承包人承担的权利、责任和义务依据分包合同部分地转移给了分包人，但对发包人来讲，不能解除承包人的义务和责任。

二、《专业分包合同（示范文本）》主要内容

《专业分包合同（示范文本）》包括词语定义及合同文件，双方一般权利和义务，工期，质量与安全，合同价款与支付，工程变更，竣工验收及结算，违约、索赔及争议，保障、保险及担保，以及其他共 10 个部分 38 条。现将《专业分包合同（示范文本）》的主要内容介绍如下。

（一）工程承包人（总承包单位）的主要责任和义务

①承包人应提供总包合同（有关承包工程的价格内容除外）供分包人查阅。

②项目经理应按分包合同的约定，及时向分包人提供所需的指令、批准、图纸并履行其他约定的义务，否则分包人应在约定时间后 24 小时内将具体要求、需要的理由及延误的后果通知承包人，项目经理在收到通知后 48 小时内不予答复，应承担因延误造成的损失。

③承包人的工作。

a. 向分包人提供根据总包合同由发包人办理的与分包工程相关的各种证件、批件、各种相关资料，向分包人提供具备施工条件的施工场地；

b. 组织分包人参加发包人组织的图纸会审，向分包人进行设计图纸交底；

c. 提供分包合同专用条款中约定的设备和设施，并承担由此发生的费用；

d. 随时为分包人提供确保分包工程施工所要求的施工场地和通道等，满足施工运输的需要，保证施工期间的畅通；

e. 负责整个施工场地的管理工作，协调分包人与同一施工场地的其他分包人之间的交叉配合，确保分包人按照经批准的施工组织设计进行施工；

f. 承包人应做的其他工作，双方在本合同专用条款内约定。

承包人未履行上述各项义务导致工期延误或给分包人造成损失的，承包人赔偿分包人的相应损失，顺延延误的工期。

（二）专业工程分包人的主要责任和义务

①分包人对有关分包工程的责任除本合同条款另有约定，分包人应履行并承担总包合同

中与分包工程有关的承包人的所有义务与责任,同时应避免因分包人自身行为或疏漏造成承包人违反总包合同中约定的承包人义务的情况发生。

②分包人须服从承包人转发的发包人或工程师与分包工程有关的指令。未经承包人允许,分包人不得以任何理由与发包人或工程师发生直接工作联系。分包人不得直接致函发包人或工程师,也不得直接接受发包人或工程师的指令。如分包人与发包人或工程师发生直接工作联系,将被视为违约,并承担违约责任。

③承包人、发包人或工程师指令就分包工程范围内的有关工作,承包人随时可以向分包人发出指令,分包人应执行承包人根据分包合同所发出的所有指令。分包人拒不执行指令,承包人可委托其他施工单位完成该指令事项,发生的费用从应付给分包人的相应款项中扣除。就分包工程范围内的有关工作,分包人应执行经承包人确认和转发的发包人或工程师发出的所有指令和决定。

④分包人的工作。

a. 按照分包合同的约定,对分包工程进行设计(分包合同有约定时)、施工、竣工和保修。分包人在审阅分包合同和(或)总包合同时,或在分包合同的施工中,如发现分包工程的设计或工程建设标准、技术要求存在错误、遗漏、失误或其他缺陷,应立即通知承包人。

b. 在合同专用条款约定的时间内,完成规定的设计内容,报承包人确认后在分包工程中使用。承包人承担由此发生的费用。

c. 在合同专用条款约定的时间内,向承包人提供年、季、月度工程进度计划及相应进度统计报表。分包人不能按承包人批准的进度计划施工时,应根据承包人的要求提交一份修订的进度计划,以保证分包工程如期竣工。

d. 在专用条款约定的时间内,向承包人提交一份详细施工组织设计,承包人应在专用条款约定的时间内批准,分包人方可执行。

e. 遵守政府有关主管部门对施工场地交通、施工噪声以及环境保护和安全文明生产等的管理规定,按规定办理有关手续,并以书面形式通知承包人,承包人承担由此发生的费用,因分包人责任造成的罚款除外。

f. 分包人应允许承包人、发包人、工程师及其中任何一方授权的人员在工作时间内,合理进入分包工程施工场地或材料存放的地点,以及施工场地以外与分包合同有关的分包人的任何工作或准备的地点,分包人应提供方便。

g. 已竣工工程未交付承包人之前,分包人应负责已完分包工程的成品保护工作,保护期间发生损坏,分包人自费予以修复;承包人要求分包人采取特殊措施保护的工程部位和相应的追加合同价款,双方在本合同专用条款内约定。

分包人未履行上述各项义务,造成承包人损失的,分包人赔偿承包人相关损失。

(三)专业工程分包合同价款与支付

1. 专业工程分包合同价款与调整

①专业工程分包合同价款的确定。双方可在《专业分包合同(示范文本)》专用条款内约定,采用下列三种方式中的一种(应与总包合同约定的方式一致):

a. 固定价格。双方在合同专用条款内约定合同价款包含的风险范围和风险费用的计算方法,在约定的风险范围内合同价款不再调整。

b. 可调价格。合同价款可根据双方的约定而调整，双方在合同专用条款内约定合同价款调整方法。当可调情况发生后，分包人在 10 天内将调整原因、金额以书面形式通知承包人，承包人确认调整金额后作为追加合同价款，与工程价款同期支付。承包人收到通知后 10 天内不予确认也不提出修改意见，视为已经同意该项调整。

c. 成本加酬金。合同价款包括成本和酬金两部分，双方在合同专用条款内约定成本构成和酬金的计算方法。

②分包合同价款与总包合同相应部分价款无任何连带关系。

2. 工程量的确认

①分包人应按合同专用条款约定的时间向承包人提交已完工程量报告，承包人接到报告后 7 天内自行按设计图纸计量或报经工程师计量。承包人在自行计量或由工程师计量前 24 小时应通知分包人，分包人为计量提供便利条件并派人参加。分包人收到通知后不参加计量，计量结果有效，作为工程价款支付的依据；承包人不按约定时间通知分包人，致使分包人未能参加计量，计量结果无效。

②承包人在收到分包人报告后 7 天内未进行计量或因工程师的原因未计量的，从第 8 天起，分包人报告中开列的工程量即视为被确认，作为工程价款支付的依据。

③分包人未按合同专用条款约定的时间向承包人提交已完工程量报告，或其所提交的报告不符合承包人要求且未做整改的，承包人不予计量。

④对分包人自行超出设计图纸范围和因分包人原因造成返工的工程量，承包人不予计量。

3. 合同价款的支付

①实行工程预付款的，双方应在合同专用条款内约定承包人向分包人预付工程款的时间和数额，开工后按约定的时间和比例逐次扣回。

②在确认计量结果后 10 天内，承包人应按专用条款约定的时间和方式，向分包人支付工程款（进度款），按约定时间承包人应扣回的预付款，与工程款（进度款）同期结算。

③分包合同约定的工程变更调整的合同价款、合同价款的调整、索赔的价款或费用以及其他约定的追加合同价款，应与工程进度款同期调整支付。

④承包人超过约定的支付时间不支付工程款（预付款、进度款），分包人可向承包人发出要求付款的通知。

⑤承包人不按分包合同约定支付工程款（预付款、进度款），导致施工无法进行，分包人可停止施工，由承包人承担违约责任。

⑥承包人收到分包工程竣工结算报告及结算资料后 28 天内无正当理由不支付工程竣工结算价款，从第 29 天起按分包人同期向银行贷款利率支付拖欠工程价款的利息，并承担违约责任。

（四）转包与再分包

分包人不得将其承包的分包工程转包给他人，也不得将其承包的分包工程的全部或部分再分包给他人，否则将被视为违约，并承担违约责任。分包人经承包人同意可以将劳务作业再分包给具有相应劳务分包资质的劳务分包企业。分包人应对再分包的劳务作业的质量等相关事宜进行督促和检查，并承担相关连带责任。

任务七　建设工程施工劳务分包合同

一、概述

劳务作业分包，是指施工承包单位或者专业分包单位（均可作为劳务作业的发包人）将其承包工程中的劳务作业发包给劳务分包单位（即劳务作业承包人）完成的活动。

2003 年 8 月，中华人民共和国原建设部联合国家工商行政管理总局印发建市〔2003〕168 号文件，发布了《建设工程施工劳务分包合同（示范文本）》（GF-2003-0214）（以下简称《劳务分包合同（示范文本）》）。本合同依照我国《民法典》《建筑法》及其他有关法律、行政法规，遵循平等、自愿、公平和诚实信用的原则，鉴于发包人与工程承包人已经签订施工总承包合同或专业承（分）包合同，双方就劳务分包事项协商达成一致而订立。

劳务分包合同与施工合同一样，是为配合工程施工合同而制定的分包合同。劳务分包合同是以发包人与工程承包人已经签订施工总包合同或专业承（分）包合同为前提条件，所依照法律法规与遵循原则与施工合同或专业分包合同相同。由于劳务分包合同所含的工作规模小，合同总价低，涉及的技术规范和法律概念在施工总包合同或专业承（分）包合同示范文本中已有明确规定，所以本合同示范文本较之更为简单明了。

建设工程施工劳务分包合同

二、《劳务分包合同（示范文本）》主要内容

《劳务分包合同（示范文本）》采用较简化的表达方式，将协议书、通用条款和专用条款合为一体。共列 35 条，前 9 条相当于《专业分包合同（示范文本）》中的协议书和通用条款中的词语定义及合同文件。最后 5 条为合同解除、合同终止、合同份数、补充条款、合同生效等，是双方的约定和解除、终止的定义与要求。其内容与施工合同、专业分包合同相近或定义与施工合同中的定义相同的条款有安全施工与检查、安全防护、事故处理、保险、施工变更、索赔、争议、不可抗力、文物和地下障碍物等。此外，针对劳务分包的特点，《劳务分包合同（示范文本）》给出了若干重要而又详尽的条款，现分别简要介绍如下。

1. 工程承包人的主要任务

①组建与工程相适应的项目管理班子，全面履行总（分）包合同，组织实施施工管理的各项工作，对工程的工期和质量向发包人负责。

②除非本合同另有约定，工程承包人完成劳务分包人施工前期的下列工作并承担相应费用：

a. 向劳务分包人交付具备本合同项下劳务作业开工条件的施工场地；

b. 完成水、电、热、电信等施工管线和施工道路，并满足完成本合同劳务作业所需的能源供应、通信及施工道路畅通的时间和质量要求；

c. 向劳务分包人提供相应的工程地质和地下管网线路资料；

d. 完成办理包括各种证件、批件、规费等工作手续；

e. 向劳务分包人提供相应的水准点与坐标控制点位置；

f. 向劳务分包人提供生产、生活临时设施。

③负责编制施工组织设计，统一制订各项管理目标，组织编制年、季、月施工计划、物资需用量计划表，实施对工程质量、工期、安全生产、文明施工、计量检测、实验化验的控制、监督、检查和验收。

④负责工程测量定位、沉降观测、技术交底，组织图纸会审，统一安排技术档案资料的收集整理及交工验收。

⑤统筹安排、协调解决非劳务分包人独立使用的生产、生活临时设施，工作用水、用电及施工场地。

⑥按时提供图纸，及时交付应供材料、设备，所提供的施工机械设备、周转材料、安全设施保证施工需要。

⑦按合同约定，向劳务分包人支付劳动报酬。

⑧负责与发包人、监理、设计及有关部门联系，协调现场工作关系。

2. 劳务分包人义务

①对劳务分包范围内的工程质量向工程承包人负责，组织具有相应资格证书的熟练工人投入工作；未经工程承包人授权或允许，不得擅自与发包人及有关部门建立工作联系；自觉遵守法律法规及有关规章制度。

②劳务分包人根据施工组织设计总进度计划的要求，在每月底（双方商定时间）前提交下月施工计划，有阶段工期要求的提交阶段施工计划，必要时按工程承包人要求提交旬、周施工计划，以及与完成上述阶段、时段施工计划相应的劳动力安排计划，经工程承包人批准后严格实施。

③严格按照设计图纸、施工验收规范、有关技术要求及施工组织设计精心组织施工，确保工程质量达到约定标准；科学安排作业计划，投入足够的人力、物力，保证工期；加强安全教育，认真执行安全技术规范，严格遵守安全制度，落实安全措施，确保施工安全；加强现场管理，严格执行建设主管部门及环保、消防、环卫等有关部门对施工现场的管理规定，做到文明施工；承担由于自身责任造成的质量修改、返工、工期拖延、安全事故、现场脏乱造成的损失及各种罚款。

④自觉接受工程承包人及有关部门的管理、监督和检查；接受工程承包人随时检查其设备、材料保管、使用情况，及其操作人员的有效证件、持证上岗情况；与现场其他单位协调配合，照顾全局。

⑤按工程承包人统一规划堆放材料、机具，按工程承包人标准化工地要求设置标牌，搞好生活区的管理，做好自身责任区的治安保卫工作。

⑥按时提交报表、完整的原始技术经济资料，配合工程承包人办理交工验收。

⑦做好施工场地周围建筑物、构筑物和地下管线和已完工程部分的成品保护工作，因劳务分包人责任发生损坏，劳务分包人自行承担由此引起的一切经济损失及各种罚款。

⑧妥善保管、合理使用工程承包人提供或租赁给劳务分包人使用的机具、周转材料等其他设施。

⑨劳务分包人须服从工程承包人转发的发包人及工程师的指令。

⑩除非合同另有约定，劳务分包人应对其作业内容的实施、完工负责，劳务分包人应承担并履行总(分)包合同约定的、与劳务作业有关的所有义务及工作程序。

3. 保险

①劳务分包人施工开始前，工程承包人应获得发包人为施工场地内的自有人员及第三人生命财产办理的保险，且不需劳务分包人支付保险费用。

②运至施工场地用于劳务施工的材料和待安装设备，由工程承包人办理或获得保险，且不需劳务分包人支付保险费用。

③工程承包人必须为租赁或提供给劳务分包人使用的施工机械设备办理保险，并支付保险费用。

④劳务分包人必须为从事危险作业的职工办理意外伤害保险，并为施工场地内自有人员生命财产和施工机械设备办理保险，支付保险费用。

⑤保险事故发生时，劳务分包人和工程承包人有责任采取必要的措施，防止或减少损失。

4. 材料、设备供应

①劳务分包人应在接到图纸后，在双方商定的时间内，向工程承包人提交材料、设备、构配件供应计划；经确认后，工程承包人应按供应计划要求的质量、品种、规格、型号、数量和供应时间等组织货源并及时交付；需要劳务分包人运输、卸车的，劳务分包人必须及时进行，费用另行约定。如质量、品种、规格、型号不符合要求，劳务分包人应在验收时提出，工程承包人负责处理。

②劳务分包人应妥善保管、合理使用工程承包人供应的材料、设备。因保管不善发生丢失、损坏，劳务分包人应赔偿，并承担因此造成的工期延误等发生的一切经济损失。

③工程承包人委托劳务分包人采购低值易耗性材料时，应列明名称、规格、数量、质量或其他要求。

④工程承包人委托劳务分包人采购低值易耗性材料的费用，由劳务分包人凭采购凭证，另加双方商定的管理费向工程承包人报销。

5. 劳务报酬

①劳务报酬的计算。劳务报酬采用下列任何一种方式计算：

a. 固定劳务报酬(含管理费)；

b. 约定不同工种劳务的计时单价(含管理费)，按确认的工时计算；

c. 约定不同工作成果的计件单价(含管理费)，按确认的工程量计算。

②劳务报酬，可以采用固定价格或可调价格，采用固定价格的，除合同约定或法律政策变化导致劳务价格变化外，均为一次包死，不再调整。

③固定劳务报酬或单价的调整。在下列情况下，固定劳务报酬或单价可以调整：

a. 以本合同约定价格为基准，市场人工价格的变化幅度如果超过双方约定比例时，按变化前后价格的差额予以调整；

b. 后续法律及政策变化导致劳务价格变化的，按变化前后价格的差额予以调整；

c. 双方约定的其他情形。

6. 工时及工程量的确认

①采用固定劳务报酬方式的，施工过程中不计算工时和工程量。

②采用按确定的工时计算劳务报酬的,由劳务分包人每日将提供劳务人数报工程承包人,由工程承包人确认。

③采用按确认的工程量计算劳务报酬的,由劳务分包人按月(或旬、日)将完成的工程量报工程承包人,由工程承包人确认。对劳务分包人未经工程承包人认可,超出设计图纸范围和因劳务分包人原因造成返工的工程量,工程承包人不予计量。

7. 劳务报酬的中间支付及最终支付

①无论是采用固定劳务报酬方式,还是采用计时单价或计件单价方式支付劳务报酬,都可以采用中间支付,但双方必须在合同中约定支付的具体时间。

②全部工作完成,经工程承包人认可后 14 天内,劳务分包人向工程承包人递交完整的结算资料,双方按照合同约定的计价方式,进行劳务报酬的最终支付。

③工程承包人收到劳务分包人递交的结算资料后 14 天内进行核实,给予确认或者提出修改意见。工程承包人确认结算资料后 14 天内向劳务分包人支付劳务报酬尾款。

④劳务分包人和工程承包人对劳务报酬结算价款发生争议时,按合同约定处理。

8. 禁止转包或再分包

劳务分包人不得将合同项下的劳务作业转包或再分包给他人,否则,劳务分包人将依法承担责任。

任务八　工程建设有关的其他合同

一、承揽合同

由于《民法典》中规定,建设工程合同一章中没有规定的,适用承揽合同的有关规定。所以,我们在学习建设合同的同时,也应当了解承揽合同。

(一)承揽合同概述

承揽合同是承揽人按照定作人的要求完成工作,交付工作成果,定作人给付报酬的合同。承揽合同的内容一般包括承揽的标的、数量、质量、报酬、承揽方式,材料的提供,履行期限,验收标准和方法等条款。

承揽合同具有以下特征:

①承揽合同的标的是按照定作人的要求完成的工作成果。

②工作成果不仅要体现定作人的要求,而且要有相应的物质形态。加工定做要有符合定作人要求的物品,修理、复制要有符合定作人要求的修复完好的物品。

③承担合同是诺成合同、双务合同、有偿合同。

(二)承揽合同的履行

1. 承揽人的履行

根据《民法典》规定,承揽人应当以自己的设备、技术和劳力,完成主要工作,但当事人另有约定的除外。承揽人将其承揽的主要工作交由第三人完成的,应当就该第三人完成的工作成果向定作人负责;未经定作人同意的,定作人也可以解除合同。此外,承揽人可以将其承揽的辅助工作交由第三人完成,且应当就该第三人完成的工作成果向定作人负责。

对于材料的提供,如果承揽人提供材料,承揽人应当按照约定选用材料,并接受定作人检验。如果定作人提供材料,承揽人对定作人提供的材料应当及时检验,发现不符合约定时,及时通知定作人更换、补齐或者采取其他补救措施。承揽人不能擅自更换定作人提供的材料,不得更换不需要修理的零部件。

承揽人在工作期间,应当接受定作人必要的监督检验。承揽人完成工作后,应当向定作人交付工作成果,并提交必要的技术资料和有关质量证明。承揽人交付的工作成果不符合质量要求的,须按照定作人要求承担修理、重作、减少报酬、赔偿损失等违约责任。

2. 定作人的履行

在整个工作期间,承揽工作需要定作人协助的,定作人有协助的义务。定作人不履行协助义务致使承揽工作不能完成的,承揽人可以催告定作人在合理期限内履行义务,并可以顺延履行期限;定作人逾期不履行的,承揽人可以解除合同。

定作人中途变更承揽工作的要求,造成承揽人损失的,应当赔偿损失。而且,定作人不得因监督检验妨碍承揽人的正常工作。定作人可以随时解除承揽合同,但如果造成承揽人损失应当予以赔偿。

定作人应当按照约定的期限支付报酬。定作人未向承揽人支付报酬或者材料费等价款的,承揽人对完成的工作成果享有留置权。

二、建设工程物资采购合同

(一)建设工程物资采购合同概述

建设工程物资采购合同是指出卖人(即卖方)与买受人(即买方)为实现建设工程物资买卖,所确立的设立、变更、终止相互权利、义务关系的协议。建设工程物资采购合同是一种物资交易的买卖合同,不过它是以建设物资为交易标的的特殊买卖合同。建设工程物资采购合同的主体是出卖人与买受人。出卖人是物资供应方,一般为物资供应部门或建筑材料和设备的生产厂家;买受人是物资采购方,为建设单位或建筑承包企业。

(二)材料采购合同、设备采购合同

建设工程物资采购合同,一般分为材料采购合同和设备采购合同。建筑材料和设备的供应须经过订货、生产(加工)、运输、储存、使用(安装)等各个环节,是一个非常复杂的过程。材料采购合同和设备采购合同是连接生产、流通和使用的纽带。

1. 材料采购合同

材料采购合同的主要内容有标的、数量、包装、运输方式、价格、结算、违约责任和特殊条款等。

(1)材料采购方式

材料采购方式主要有3种:

①公开招标方式:买方提出招标文件,详细说明供应条件、品种、数量、质量要求、供应地点等,由供应方报价,经过竞争签订供应合同。这种方式适用于大批量采购。

②“询价-报价”方式:买方按要求向几个供应商发出询价函,由供应商给出回复。买方经过对比分析,选择一个符合要求、资信好、价格合理的供应商签订合同。

③直接采购方式:买方直接向供方采购,双方商谈价格,签订供应合同。零星材料(品种多、价格低)多以直接采购形式购买,不需签订书面的供应合同。

(2)材料采购合同的履行

材料采购合同订立后,应按照《民法典》的规定予以全面、实际地履行。

①按约定的标的履行。买方交付的货物必须与合同规定的名称、品种、规格、型号相一致,除非采购方同意,不允许以其他货物代替合同中规定的货物,也不允许以支付违约金或赔偿金的方式代替履行合同。

②按合同规定的期限、地点交付货物。交付货物的日期应在合同规定的交付期限内,实际交付的日期早于或迟于合同规定的交付期限,即视为同意延期交货。提前交付的,买方可拒绝接受;逾期交付的,应当承担逾期交付的责任。

③按合同规定的数量和质量交付货物。对于交付货物的数量应当场检验,清点账目后,由双方当事人签字。对于质量的检验,外在质量可当场检验,内在质量需做物理或化学试验,试验结果为验收的依据。卖方在交货时,应将产品合格证随同产品交买方据以验收。材料的检验,对买方来说既是一项权利也是一项义务,买方在收到标的物时,应当在约定的检验期间内检验,没有约定检验期间的,应当及时检验。当事人约定检验期间的,买方应当在检验期间内将标的物的数量或者质量不符合约定的情形通知卖方。买方怠于通知的,视为标的物的数量或者质量符合约定。

④违约责任。卖方不能交货的,应向买方支付违约金;卖方所交货物与合同规定不符的,应根据情况由卖方负责包换、包退、包赔,由此造成的买方损失,卖方承担不能按合同规定期限交货的责任或提前交货的责任。买方中途退货,应向卖方偿付违约金;逾期付款,应按中国人民银行关于延期付款的规定向卖方偿付逾期付款违约金。

2. 设备采购合同

成套设备供应合同的一般条款主要包括:产品(成套设备)的名称、品种、型号、规格、等级、技术标准或技术性能指标;数量和计量单位;包装标准及包装物的供应与回收的规定;交货单位、交货方式、运输方式、到货地点、交(提)货单位;交(提)货期限;验收方法;产品价格;结算方式、开户银行、账户名称、账号、结算单位;违约责任等。

(1)设备采购方式

建设工程设备采购方式主要有 3 种:

①委托承包:由设备成套公司根据发包单位提供的成套设备清单进行承包供应,并收取设备价格一定百分比的成套业务费。

②按设备包干:根据发包单位提出的设备清单及双方核定的设备预算总价,由设备成套公司承包供应。

③招标投标:发包单位对需要的成套设备进行招标,设备成套公司参加投标,按照中标结果承包供应。

除上述 3 种方式外,设备成套公司还可以根据项目建设单位的要求以及自身能力,联合科研单位、设计单位、制造厂家和设备安装企业等,对设备进行从工艺、产品设计到现场设备安装、调试总承包。

(2)设备供应合同的履行

设备供应合同供方的责任有：

①组织有关生产企业到现场进行技术服务，处理有关设备技术方面的问题。

②供方应了解、掌握工程建设进度和设备到货、安装进度，协助联系设备的交、到货等工作，按施工现场设备安装的需要保证供应。

③参与大型、专用、关键设备的开箱验收工作，配合建设单位或安装单位处理在接运、检验过程中发现的设备质量和缺损件等问题，明确设备质量问题的责任。

④及时向有关主管单位报告重大设备质量问题，以及项目现场未能解决的其他问题。当出现重大意见分歧或争执，而施工单位或建设单位坚持处理时，应及时写出备忘录备查。

⑤参加工程的竣工验收，处理在工程验收中发现的有关设备的质量问题。

⑥监督和了解生产企业派驻现场的技术服务人员的工作情况，并对他们的工作进行指导和协调。

⑦做好现场服务工作日记，及时记录日常服务工作情况及现场发生的设备质量问题和处理结果，定期向有关单位抄送报表，汇报工作情况，做好现场工作总结。

⑧成套设备生产企业的责任应按照现场服务组的要求，及时派出技术人员到现场，并在现场服务组的统一领导下开展技术服务工作；同时，对本厂供应的产品的技术、质量、数量、交货期、价格等全面负责。配套设备的技术、质量等问题应由主机生产厂统一负责联系和处理解决。此外，该企业还要及时答复或解决现场服务组提出的有关设备的技术、质量、缺损件等问题。

设备供应合同需方责任有：

①建设单位应向供方提供设备的详细技术设计资料和施工要求。

②应配合供方做好设备的计划接运(收)工作，协助驻现场的技术服务组开展工作。

③按合同要求参与并监督现场的设备供应、验收、安装、试车等工作。

④组织各有关方面进行工程验收，提出验收报告。

三、加工合同

加工合同的标的通常被称为定作物，它们可以是建筑构件或建筑施工用的物品。加工合同的委托方，通常被称为承揽方，该方完成定作物的加工。

1. 加工合同的材料供应方式

加工定作物所需的材料主要有两种供应方式：

①由定作方提供原材料，即来料加工。这种情况通常仅针对国家计划供应的材料或特种材料。承揽方仅完成加工工作。

②由承揽方提供材料。定作方仅需提出所需定作物的数量、质量要求，双方商定价格，由承揽方全面负责材料供应和加工等。

在实际工作中，通常对不同的材料采用不同的供应方式。

2. 加工合同主要条款

加工合同通常包括如下内容：

①定作物的名称或项目；
②定作物数量、质量、包装和加工方法；
③检查监督方式；
④原材料的提供以及规格、质量和数量；
⑤加工价款或酬金；
⑥履行的期限、地点和方式；
⑦成品的验收标准和方法；
⑧违约责任；
⑨双方商定的其他条款，如交货地点和方式等。

3. 加工合同双方的责任

(1)用定作方原材料的加工合同

合同中应当明确规定原材料的消耗定额，定作方应按合同的时间、数量、质量和规格提供原材料；承揽方按合同规定及时检验，对不符合要求的材料，应立即通知定作方调换或补充。承揽方对定作方提供的材料不得擅自更换。

(2)用承揽方原材料的加工合同

承揽方必须依照合同规定选用原材料，并接受定作方的检验。承揽方如隐瞒原材料缺陷或使用不符合合同规定的原材料，而影响定作物的质量，定作方有权要求重做、修理、减少价款或退货。

(3)定作方提供的技术资料必须合理

承揽方在按照定作方的要求进行工作期间，如果发现定作方提供的图纸或技术要求不合理，应当及时通知定作方；定作方应当在规定的时间内答复，提出修改意见。承揽方在规定的时间内未得到答复，有权停止工作，并通知定作方。由此造成的损失，由定作方负责。

(4)质量标准和技术要求

承揽方依据合同规定的质量标准和技术要求，用自己的设备、技术和人力完成工作。未经定作方同意，不得擅自变更，更不得转让给第三方加工承揽。

(5)检查与验收

在加工期间，定作方可以进行必要的检查，但不得妨碍承揽方的正常工作。双方对质量问题发生争议时，可由法定质量监督机关检验并提供质量检验证明。

定作方应按合同规定的期限验收。验收前，承揽方应向定作方提交必需的技术资料和有关质量证明。在合同中应明确规定质量保证期限，在保证期限内发生的非定作方使用、保管不当等原因造成的质量问题，由承揽方负责修复、退换。

(6)价款与定金

凡是国家或主管部门有规定的，按规定执行；没有规定的，可由当事人双方协商解决。

定作方可向承揽方交付定金，定金数额由双方协商确定。定作方不履行合同，则无权要求返还定金；承揽方不履行合同，应双倍返还定金。

定作方也可向承揽方预付加工价款。承揽方如不履行合同，除承担违约责任外，必须如数退还预付款。定作方不履行合同，可以将预付款抵作违约金和赔偿金。若抵偿后有余额，定作方可以要求返还。

4. 加工合同的违约责任

(1)定作方中途变更和废止合同

定作方中途变更定作物的数量、规格、质量或设计等，应当赔偿承揽方因此造成的损失。

中途废止合同的赔偿，针对两种不同的原材料供应方式，有如下两种情况：由承揽方提供原材料的，定作方应偿付承揽方未履行部分酬金总额的10%～30%的违约金；不用承揽方提供原材料的，定作方应偿付承揽方未履行部分酬金总额的20%～60%的违约金。

应在合同中具体规定违约金的百分比。

(2)定作方应及时提供资源和及时提货

定作方未按合同规定的时间和要求向承揽方提供原材料、技术资料等，或未完成必要的准备工作，承揽方有权解除合同，定作方应赔偿由此造成的损失。

超期领取定作物，应偿付违约金、保管费、保养费等，超期6个月不领取，承揽方有权变卖定作物。所得价款在扣除报酬、保管费、保养费后，如有结余，应退还给定作方；如果不足，定作方不应补偿不足部分。

(3)定作方不得无故拒收定作物及超期付款

定作方无故拒绝接收定作物，应当赔偿承揽方由此造成的损失；变更交付定作物地点或接收单位，要承担承揽方由此多支付的费用；超过合同规定的日期付款，应偿付违约金。

(4)承揽方应按质、按量、按时交货

承揽方交付的定作物的数量少于合同规定，应当照数补齐，补交部分按逾期交付处理。如果由于推迟交付，定作方不再需要少交部分的定作物，定作方有权解除合同。由此造成的损失，由承揽方赔偿。

交付的定作物不符合合同规定的质量，而定作方同意接收，就对定作物按质论价；若定作方不同意接收，承揽方应当负责修整或调换，并承担逾期交付的责任；经过修整或调换后仍不符合合同规定，定作方有权拒收。由此造成的损失由承揽方负责。

承揽方逾期交付定作物，应按合同规定，向定作方支付违约金。违约金数量为：对承揽方提供原材料的合同，违约金为不能交付的定作物或不能完成的工作部分价款总额的10%～30%；对定作方提供原材料的合同，违约金为不能交付的定作物或不能完成的工作部分酬金总额的20%～60%。

(5)包装和异地交货

未按合同规定包装定作物，承揽方应当负责返修或重新包装，并承担因此而支付的费用；如果定作方不要求返修或重新包装，而要求赔偿损失，承揽方应当赔偿低于合格包装物价格的部分。

因包装不符合合同规定造成定作物毁损、灭失，由承揽方赔偿损失。

异地交付的定作物不符合合同规定，暂由定作方代为保管。承揽方应偿付定作方实际支付的保管费和保养费。

(6)运送和保管

由合同规定代运或送货的定作物，错发到达地点或接收单位，除按合同规定负责改运到指定地点或接收单位外，定作方不需承担因此多付的运杂费和使其交付定作物的合同责任。

承揽方由于保管不善致使定作方提供的原材料、设备、包装物及其他物品毁损、灭失，应当偿付定作方因此而造成的损失。

(7)原材料检验

对定作方提供的原材料,未按合同规定的办法和期限进行检验,或已检验发现不符合要求,但未按合同规定的期限通知定作方调换、补充,由承揽方承担责任。

擅自调换定作方提供的原材料或修理物的零部件,定作方有权拒收,承揽方应赔偿定作方由此造成的损失。

(8)不可抗力因素

在合同履行期间,由于不可抗力因素致使定作物或原材料毁损、灭失,承揽方在取得合法证明后,可免于承担违约责任,但承揽方应采取积极措施减少损失;如在合同规定的履约期限以外发生不可抗力事件,则不得免责;在定作方延缓接收或无故拒收期间发生不可抗力事件,定作方应当承担责任,并赔偿承揽方由此造成的损失。

任务九　国际工程合同

一、FIDIC 合同文本简介

1. FIDIC 组织

FIDIC 是国际咨询工程师联合会(Fédération Internationale Des Ingénieurs Conseils)的法文字头的缩写,简称"菲迪克"。FIDIC 是最具权威的国际咨询工程师组织,在总结以往国际工程施工管理的成功经验和失败教训的基础上,发布了大量的项目管理有关文件和标准化的合同文本,推动了全球高质量的工程咨询服务业的发展。

FIDIC合同条件

2. FIDIC 发布的标准合同文本

目前得到广泛应用的 FIDIC 标准合同文本有:

①《施工合同条件》(1999 年版),简称"新红皮书",适用于各类大型或较复杂的工程项目,承包商按照雇主提供的设计进行施工或施工总承包的合同。

②《生产设备和设计——施工合同条件》(1999 年版),简称"新黄皮书",适用于由承包商按照雇主要求进行设计、生产设备制造和安装的电力、机械、房屋建筑等工程的合同。

③《设计采购施工(EPC)/交钥匙工程合同条件》(1999 年版),简称"银皮书",适用于承包商以交钥匙方式进行设计、采购和施工,完成一个配备完善的工程,雇主"交钥匙"时即可运行的总承包项目建设合同。

④《简明合同格式》(1999 年版),简称"绿皮书",适用于投资金额相对较小、工期短、不需进行专业分包,相对简单或重复性的工程项目施工。

⑤《土木工程施工分包合同条件》(1994 年版),适用于承包商与专业工程施工分包商订立的施工合同。

⑥《客户/咨询工程师(单位))服务协议书》(1998 年版),简称"白皮书",适用于雇主委托工程咨询单位进行项目的前期投资研究、可行性研究、工程设计、招标评标、合同管理和投产准备等的咨询服务合同。

3. FIDIC 的《施工合同条件》

《施工合同条件》是 FIDIC 编制其他合同文本的基础,《生产设备和设计——施工合同条件》和《设计采购施工(EPC)/交钥匙工程合同条件》不仅文本格式与《施工合同条件》相同,而且内容要求相同的条款完全照搬施工合同中的相应条款。《简明合同格式》是《施工合同条件》的简化版,对雇主与承包商履行合同过程中的权利、义务规定相同。

《施工合同条件》不仅在国际承包工程中得到广泛应用,而且各国编制的标准施工合同范本也大量参考了该文本的合同格式和条款的约定,包括我国九部委颁布的《中华人民共和国标准施工招标文件》中的施工合同。

二、施工合同条件简介

《施工合同条件》(1999 年版)在维持《土木工程施工合同条件》(1988 年第四版)基本原则的基础上,对合同结构和条款内容作了较大修订,有以下几个方面的重大改动。

(一)合同的适用条件更为广泛

FIDIC 在《土木工程施工合同条件》基础上编制的《施工合同条件》不仅适用于建筑程施工,也可以适用于安装工程施工。

(二)"通用条件"条款结构改变

"通用条件"条款的标题分别为:一般规定;业主;工程师;承包人;指定分包人;职员和劳工;永久设备、材料和工艺;开工、延误和暂停;竣工检验;业主的接收;缺陷责任;测量和估价;变更和调整;合同价格和支付;业主提出终止;承包人提出暂停和终止;风险和责任;保险;不可抗力;索赔、争端和仲裁,共 20 条 247 款。

(三)对业主、承包人双方的权力和义务作了更严格明确的规定

1. 业主的权利和义务

(1)业主的权利

①有权不接受最低标;

②有权指定分包人;

③在一定条件下可直接付款给指定的分包人;

④有权决定工程暂停或复工;

⑤在承包人违约时,业主有权接管工程或没收各种保函或保证金;

⑥有权决定在一定的幅度内增减工程量;

⑦不承担承包人因发生在工程所在国以外的任何地方的不可抗力事件所遭受的损失(因炮弹、导弹等所造成的损失例外);

⑧有权拒绝承包人分包或转让工程(应有充足理由)。

(2)业主的义务

①向承包人提供完整、准确、可靠的信息资料和图纸,并对这些资料的准确性负完全的责任;

②承担由业主风险所产生的损失或损坏;

③确保承包人免于承担属于承包人义务以外情况的一切索赔、诉讼,损害赔偿费、诉讼

费、指控费及其他费用；

④在多家独立的承包人受雇于同一工程或属于分阶段移交的工程情况下，业主负责办理保险；

⑤按时支付承包人应得的款项，包括预付款；

⑥为承包人办理各种许可，如现场占用许可、道路通行许可、材料设备进口许可、劳务进口许可等；

⑦承担疏浚工程竣工移交后的任何调查费用；

⑧支付超过一定限度的工程变更所导致的费用增加部分；

⑨承担在工程所在国发生的特殊风险以及任何其他地区因炮弹、导弹对承包人造成的损失的赔偿和补偿；

⑩承担因后继法规所导致的工程费用增加额。

2. 承包人的权利与义务

(1)承包人的权利

①有权得到提前竣工奖金；

②收款权；

③索赔权；

④因工程变更超过合同规定的限值而享有补偿权；

⑤暂停施工或延缓工程的进度、速度；

⑥停工或终止受雇；

⑦不承担业主的风险；

⑧反对或拒不接受指定的分包人；

⑨特定情况下的合同转让与工程分包；

⑩特定情况下有权要求延长工期；

⑪特定情况下有权要求补偿损失；

⑫有权要求进行合同价格调整；

⑬有权要求工程师书面确认口头指示；

⑭有权反对业主随意更换监理工程师。

(2)承包人的义务

①遵守合同文件规定，保质、保量、按时完成工程任务，并负责保修期内的各种维修；

②提交各种要求的担保；

③遵守各项投标规定；

④提交工程进度计划；

⑤提交现金流量估算；

⑥负责工地的安全和材料的看管；

⑦对由承包人负责完成的设计图纸中的任何错误和遗漏负责；

⑧遵守有关法规；

⑨为其他承包人提供机会和方便；

⑩保持现场整洁；

⑪保证施工人员的安全和健康；

⑫执行工程师的指令；

⑬向业主偿付应付款项(包括归还预付款)；

⑭承担第三国的风险；

⑮为业主保守机密；

⑯按时缴纳税金；

⑰按时投保各种强制险；

⑱按时参加各种检查和验收。

(四)对工程师的职权规定得更为明确

①“通用条件”内明确规定,工程师应履行施工合同中赋予他的职责,行使合同中明确规定的或必然隐含的赋予他的权利。

②如果要求工程师在行使施工合同中某些规定权利之前需先获得业主的批准,则应在业主与承包人签订合同的“专用条件”的相应条款内注明。合同履行过程中业主或承包人的各类要求均应提交工程师,由其作出“决定”;除非按照解决合同争议的条款将该事件提交争端裁决委员会或仲裁机构解决外,对工程师作出的每一项决定各方均应遵守。业主与承包人协商达成一致以前,不得对工程师的权利加以进一步的限制。“通用条件”的相关条款同时规定,每当工程师需要对某一事项作出商定或决定时,应首先与合同双方协商并尽力达成一致,如果不能达成一致,则应按照合同规定并适当考虑所有有关情况后再作出公正的决定。

(五)补充了部分新内容

随着工程项目管理的规范化发展,增加了一些《土木工程施工合同条件》中没有包括的内容,如业主的资金安排、业主的索赔、承包人要求的变更、质量管理体系、知识产权、争端裁决委员会等,使条款涵盖的范围更加全面、合理。

风险责任的划分

(六)通用条件的条款更具备操作性

“通用条件”条款数目的增加不仅表现为所涵盖内容的增加,而且条款约定更加细致和便于操作。如将预付款支付与扣还、调价公式等编入了通用条件的条款。

《施工合同条件》具有全面、完整的“通用条件”的条款规定和“专用条件”部分条款的编制说明及范例,使用时可结合项目的特点编写。

工程师颁发证书程序

案例应用

某高校行政楼工程,建设单位(甲)通过招标投标程序确定承包商(乙)为中标单位,双方签订了工程总承包合同,由于工程涉及的勘察设计任务,乙方不具备相关勘察设计能力,后经甲方同意,乙方分别与丙设计公司和丁建筑工程公司签订了工程勘察设计合同和工程施工合同。勘察设计合同约定丙设计公司负责行政楼的设计服务工作,并按合同约定交付有关设计文件和资料。施工合同约定丁根据丙设计公司提供的设计图纸进行施工,工程竣工时根据国家有关验收规定及设计图纸进行质量验收。上述合同签订后,丙设计公司按时将设计文件和有关资料交给丁,丁根据设计图纸进行施工。工程竣工后,甲组织相关单位对工程进行联合验收,发现工程存在严重的质量问题,是由于设计违反相关规范造成的。后甲就工程质量损失提出索赔要求,丙设计公司以与甲方没有合同关系为由拒绝承担责任,乙以自己不是设计人为由推卸责任,后甲以丙为被告向法院提起诉讼。

问题:

1. 本案中,甲与乙、乙与丙、乙与丁分别签订的合同是否有效? 并说明理由。
2. 本案工程出现的质量问题责任应如何划分?
3. 甲以丙为被告向法院提起诉讼是否妥当? 并说明理由。

分析要点:

本案例主要考核建设工程中各种常用合同的有效性怎么判定,以及工程出现质量问题对责任如何进行划分。

案例应用答案

项目总结

通过本项目学习,应了解建设工程合同的基本概念、合同在建筑工程中的作用以及建设工程中的主要合同关系;熟悉建设工程勘察设计合同、建设工程委托监理合同、工程建设有关的其他合同的内容、FIDIC 合同;掌握建设工程施工合同的内容。培养学生实际的运用所学知识解决合同纠纷的能力。

技能实训

讨论 FIDIC 土木工程施工合同与国内建设工程施工合同的区别

实训目标:

通过对 FIDIC《土木工程施工合同条件》与《建设工程施工合同(示范文本)》(GF-2017-0201)进行比较,了解二者的区别。

实训过程:

1. 由指导教师提供 FIDIC《土木工程施工合同条件》与《建设工程施工合同(示范文本)》(GF-2017-0201)。
2. 分组讨论,每组 5 人或 6 人,由各组组长负责。
3. 每组讨论完后,编写报告。
4. 各组共同讨论,汇总各组的讨论结果。
5. 由学生最终形成一份关于 FIDIC《土木工程施工合同条件》与《建设工程施工合同(示范文本)》(GF-2017-0201)报告,并用 PPT 进行汇报。

实训成果:

关于 FIDIC《土木工程施工合同条件》与《建设工程施工合同(示范文)》(GF-2017-0201)的区别报告。

能力训练

某项目法人(以下称甲方)与某施工企业(以下称乙方)于 2023 年 1 月 5 日签订了合同协议书,合同条款部分内容如下。

一、合同协议书中的部分条款

（一）工程概况

工程名称：商品住宅楼；工程地点：市区；工程内容：5 栋砖混结构住宅楼，每栋建筑面积为 3 150 m^2。

（二）承包范围

砖混结构住宅楼的土建、装饰、水暖电工程。

（三）合同工期

开工日期：2023 年 3 月 15 日；竣工日期：2023 年 8 月 15 日；合同工期总日历天数：147 日历天。

（四）质量标准

达到某国际质量标准（我国现行强制性标准未对该国际质量标准作规定）。

（五）合同价款

合同总价：人民币伍佰陆拾陆万捌仟元整（￥566.8 万元）。

（六）乙方承诺的质量保修

①地基基础和主体结构工程，为设计文件规定的该工程的合理使用年限。

②屋面防水工程、有防水要求的卫生间、房间和外墙面的防渗漏，为 3 年。

③供热与供冷系统，为 3 个采暖期、供冷期。

④电气系统、给排水管道、设备安装，为 2 年。

⑤装修工程，为 1 年。

（七）甲方承诺的合同价款支付期限与方式

①工程预付款：在开工之日后 3 个月内，根据经甲方代表确认的已完工程量、构成合同价数相应的单价及有关计价依据计算、支付预付款。根据实际情况，预付款可直接抵作工程进度款。

②工程进度款：基础工程完成后，支付合同总价的 15%；主体结构四层完成后，支付合同总价的 15%；主体结构封顶后，支付合同总价的 20%；工程竣工时，支付合同总价的 30%。甲方资金迟延到位 1 个月内，乙方不得停工和拖延工期。

二、施工合同专用条款中有关合同价款的条款

合同价款与工程竣工后，甲方向乙方支付全部合同价款：人民币伍佰陆拾陆万捌仟元整（￥566.8 万元）。

问题：

①上述施工合同条款有哪些不妥之处？应如何修改？

②上述施工合同条款之间是否有矛盾之处？如果有，应如何解释？简述施工合同的组成与解释顺序。

③合同如有争议，应如何解决？

链接执考

1. 工程建设涉及的合同中，采用定金担保的合同是（　　）。

A. 施工合同　　B. 监理合同　　C. 勘察合同　　D. 仓储合同

2. 根据《标准设计施工总承包合同》，对于发包人要求中的错误，正确的处理方式是在订立合同时(　　)。

A. 选用无条件补偿条款或有条件补偿条款

B. 将无条件补偿条款写入专用条款

C. 将有条件补偿条款写入专用条款

D. 明确复核未发现原始数据错误造成的损失由承包人承担

3. 根据 FIDIC《施工合同条件》，关于合同工期的说法，正确的是(　　)。

A. 合同协议书内注明的施工期限

B. 招标文件中要求的施工期限，加上施工过程中工程师批准顺延的时间之和

C. 中标通知书内注明接受的投标工期，加上施工过程中工程师批准顺延的时间之和

D. 合同协议书内注明的施工期限，加上施工过程中工程师因变更批准的顺延时间之和

4. 根据 FIDIC《施工合同条件》，承包商运抵现场的施工设备，在本工程施工闲置至需要使用该设备时，正确的做法为(　　)。

A. 承包人允许调运到其他工地

B. 为了保证后续工程的施工，不得调出工地

C. 经过工程师书面同意后，可以调运到其他工地

D. 经过业主书面同意后，可以调运到其他工地

5. 施工合同的当事人包括(　　)。

A. 发包人　　B. 发包人的法定代表人

C. 工程师　　D. 承包人

E. 承包人的法定代表人

项目六 建设工程施工合同管理

知识目标

1. 能够理解《建设工程施工合同(示范文本)》(GF-2017-0201)的主要内容;
2. 结合实际工程案例,能够对工程各阶段进行合同管理。

素养目标

1. 培养学生具有诚信守法意识;
2. 培养学生具有积极向上的职业精神和学习态度;
3. 培养学生具有顺畅沟通和团队协作能力;
4. 培养学生具有合同管理和应用的能力。

驱动任务训练

1. 招投标阶段合同管理的内容是什么?
2. 施工准备阶段合同管理的内容?
3. 施工阶段合同管理的内容?
4. 竣工阶段合同管理的内容?
5. 施工合同监督管理的内容?

案例导入

小浪底工程如何省下38亿元投资

被国内外专家称为“世界上最富挑战性工程”的小浪底水利枢纽,是治理黄河的关键性控制工程。工程投资除国内投资外,还使用了11.09亿美元的国际贷款,其中世界银行贷款8.9亿美元,也是世界银行在中国最大的贷款项目。在长达11年的建设中,工程建设经受了各方的严峻考验,克服了许多意外的风险因素,节余投资38亿元,占到总投资的近11%。在通货紧缩期施工的大型工程,因为物价因素出现节余并不为奇,但小浪底38亿元的节余中,有27.3亿元来自管理环节。专家分析,这主要得益于小浪底坚持了先进的建设机制,以合同管理为核心。

在工程建设中，业主以合同为依据，解决工程建设过程中的各类问题。要求参与建设的所有人员在处理日常事务中均要遵守合同的规定，根据合同确定的原则处理变更事项。例如二标在工期严重拖期，二标承包联营体的牵头企业——德国旭普林公司直接与小浪底建设管理局的领导接触，进行“高层会谈”，讨论工期延误如何处理的问题，并借此机会向业主提出高额补偿，而且不保证按合同规定日期截流，这样的高层会谈反复10余次，不能达成协议，竟使承包商感到业主有求于他。这显然是不符合合同条款的规定，势必使工期延误更趋严重。咨询工程师按合同条款的规定直接处理这一合同问题。这样，才把施工合同管理工作纳入正常轨道，使二标承包商处于承担合同的严峻压力之下。

案例评析：

合同是人们合作的基础，并且是处理随后出现争执的依据，项目管理者应认识到合同管理在项目实施过程中的重要作用。

小浪底水利枢纽是治理黄河的重要控制性工程，它以地质复杂、布置困难、技术要求高、管理难度大而得到我国水利水电行业的普遍关注，尤其是由于其全方位实施国际招标，成为我国水利工程第一个全面与国际接轨的项目。小浪底工程建设中三大国际承包联营体隶属的40多个国家和地区的承包商、分包商，与项目业主之间围绕合同管理呈现出多方利益主体之间的博弈。小浪底建管局依靠各方支持，在团结全体建设者优质高效地建成小浪底工程的同时，妥善处理纷繁复杂的各种合同纠纷，积累可贵的国际工程合同管理经验。

思政升华：

结合港珠澳大桥等典型工程，分析其复杂的合同关系，学习业主是如何通过协调各方合同关系取得工程胜利的。引导学生认识问题、分析问题和解决问题的能力，提升职业素养和培养工匠精神。

任务一　概述

一、施工合同管理的概念

施工合同管理，是指各级工商行政管理机关、建设行政主管机关和金融机构以及工程发包单位、监理单位、承包单位依据法律和行政法规、规章制度，采取法律的、行政的手段，对施工合同关系进行组织、指导、协调及监督，保护施工合同当事人的合法权益，处理施工合同纠纷，防止和制裁违法行为，保证施工合同的贯彻实施等一系列活动。

鲁布革冲击法——竞争与合同管理

施工合同管理，既包括各级工商行政管理机关、建设行政主管机关和金融机构对施工合同的管理，也包括发包单位、监理单位和承包单位对施工合同的管理。可将这些管理划分为两个层次：第一层次为国家机关及金融机构对施工合同的管理，侧重于宏观的管理；第二层次则为建设工程施工合同当事人及监理单位对施工合同的管理，是对施工合同的具体的管理。施工合同管理工作从

建设工程合同管理

合同的订立到履行，包括对履行过程中合同的变更、争议以及合同的解除，贯穿项目过程当中。

二、施工合同管理的特点及作用

1. 施工合同管理的特点

工程项目的特点、环境及合同的性质、作用和地位共同决定了施工合同管理的如下特点。

(1)合同管理周期长

施工合同生命周期长是由于现代工程体积大、结构复杂、技术和质量标准高、工程施工工期长等导致的。它不仅包括施工工期，而且包括招标投标和合同谈判以及保修期，合同管理必须在从领取中标通知书直到合同完成并失效的时间段内连续、不间断地进行。

有约必守，诚实信用——合同管理在建设工程中的重要性

(2)合同管理与效益密切相关

由于工程价值量大，合同价格高，使合同管理的经济效益显著。合同管理水平对工程经济效益影响很大。合同管理得好，可使合同当事人避免亏本，赢得利润；否则，要蒙受较大的经济损失。

(3)合同管理的动态性

由于工程施工过程中内外的干扰事件多，当事人无法预见合同变更的结果，同时工程施工过程中的合同变更特别频繁，，合同实施必须按变化了的情况不断地调整。因此，在合同实施过程中，合同控制和合同变更的管理显得极为重要，这要求合同管理必须是动态的。

(4)合同管理是综合性的、全面的、高层次的管理工作

业主(监理工程师)、承包商项目管理的核心是对施工合同的管理。在现代建设工程项目管理中，合同管理已成为与项目的进度控制、质量控制、投资控制和信息管理并列的一大管理职能，并有总控制和总协调的作用，是一项综合性的、全面的、高层次的管理活动。

(5)合同管理的风险性

工程实施时间长，涉及面广，工程施工受外界环境如政治、经济、社会、法律和自然条件的变化等的影响大，承包商难以预测且无法控制这些因素，这些因素成为妨碍合同正常实施、造成经济损失的隐患。

合同本身常常隐藏着许多难以预测的风险。建筑市场竞争激烈，不仅导致报价降低，而且业主常常提出一些苛刻的合同条款，如单方面约束性条款和责权利不平衡条款，甚至有的发包商在合同中使用不正当手段。承包商对此必须高度重视，并制订相应的对策，否则可能导致亏损。

2. 施工合同管理的作用

建筑施工中的合同在建筑施工中发挥着重要的作用，它是缔约双方明确法律关系和一切权利与责任关系的基础，是业主和承包商在实施合同中的一切活动的主要依据。有效的合同管理是促进工程建设各方全面履行合同商定的义务，确保建设目标(质量、投资、工期)实现的重要手段。

三、施工合同管理的工作内容

1. 建设行政主管部门在施工合同管理中的主要工作

在施工合同的管理过程中，各级建设行政主管部门主要从市场管理的角度对施工合同进

行宏观管理，管理的主要内容是：贯彻国家有关经济合同方面的法律、法规和方针政策，指导合同当事人的合同管理工作，培训合同管理人员，总结交流工作经验，制定和推荐使用施工合同示范文本，审查和鉴证工程施工合同，监督检查合同履行，依法处理存在的问题，查处违法行为，调解施工合同纠纷。

2. 业主及监理工程师在施工合同管理中的主要工作

(1)业主的主要工作

对合同进行总体策划和总体控制，对授权中标单位及合同的签订进行决策，为承包商的合同实施提供必要的条件，委托监理工程师负责监督承包商履行合同，这些都是业主的主要工作。

(2)监理工程师的主要工作

监理工程师对实行监理的工程项目的主要工作由建设单位(业主)与监理单位双方约定。按照《中华人民共和国建筑法》《建设工程监理规范》的规定，监理工程师必须站在公正的第三者的立场上对施工合同进行管理，其工作内容可以涉及包括招投标阶段和施工实施阶段的进度管理、质量管理、投资管理和组织协调的全部或部分：

①协助业主组建招标机构，为业主起草招标申请书并协助招标人向当地建设行政主管部门申请办理工程招标的审批工作，以及发布招标公告或投标邀请；

②对投标人的投标资格进行预审；

③组织现场勘察和答疑；

④组织开标会议，参加评标工作，推荐中标人；

⑤合同谈判；

⑥起草合同文件和各种相关文件；

⑦解释合同，监督合同的执行，协调业主、承包商、供应商之间的合同关系，站在公正的立场上正确处理索赔与纠纷；

⑧在业主的授权范围内，对工程项目进行进度控制、质量控制、投资控制。

3. 承包商在施工合同管理中的主要工作

合同管理是施工承包单位的一项具体、细致的工作，应作为施工项目管理的重点和难点加以对待。其工作内容主要包括以下几点：

①确定工程项目合同管理组织，包括项目(或工程队)的组织形式、人员分工和职责等。

②为了防止合同在履行中发生纠纷，合同管理人员应加强合同文件的管理，及时填写并保存经有关方面签证的文件和单据，即要对合同文件、资料进行管理。

③监督工程小组和分包商按合同施工，并做好各分包合同的协调和管理工作。以积极合作的态度完成自己的合同责任，努力做好自我监督。同时也应督促和协助业主和工程师履行他们的合同责任，以保证工程的顺利进行。

④对合同实施情况进行跟踪。对收集到的合同实施过程中的信息及各种工程资料做出相应的信息处理；分析和对比合同实施情况与合同分析资料，找出其中的偏离，对合同履行情况做出诊断；向项目经理提出合同实施方面的意见、建议，甚至警告。

⑤进行合同变更管理。这里主要包括参与变更谈判，对合同变更进行事务性处理，落实变更措施，修改与变更相关的资料，检查变更措施的落实情况等。

⑥日常的索赔和反索赔。承包商日常的索赔和反索赔主要包括两个方面：与业主之间的索赔和反索赔；与分包商及其他方面之间的索赔和反索赔。

⑦建立合同管理系统。工程项目规模的扩大，涉及的方面更广泛，合同条款也日益复杂，组成合同文件的部分也越来越多，遇到合同履行中的问题时，若想迅捷地处理纠纷就需要借助于电子计算机。目前国际上一种先进的合同管理技术，即合同管理系统。借助于电子计算机的存储事件、检索条款，合同管理系统的分析手段迅速、可靠，能够为合同管理人员提供决策支持。

四、施工合同的签约管理

西德国际工程项目管理（IPM）公司的合同管理系统

1. 建设工程施工承包合同文本的签约应注意的问题

(1)合同风险评估

在签订合同之前，承包人应对合同的合法性、完备性，合同双方的责任、权益以及合同风险进行评审、认定和评价。

(2)合同文件内容

建设工程施工承包合同文件的构成：合同协议书；工程量及价格；合同条件，包括合同一般条件和合同特殊条件；投标文件；合同技术条件(含图纸)；中标通知书；双方代表共同签署的合同补遗(有时是合同谈判会议纪要形式)；招标文件；其他双方认为应该作为合同组成部分的文件。对所有在招标投标及谈判前后各方发出的文件、文字说明、解释性资料进行清理。对凡是与上述合同构成内容有矛盾的文件，应宣布作废。可以在双方签署的“合同补遗”中，对此做出排除性质的声明。

注意：合同补遗或补充合同均视为建设工程合同的一部分，具有同等法律效力。在合同备案过程中，禁止只向行政管理机关提供主合同备案而招投标双方私下签订合同补遗不进行备案的行为。

(3)关于合同协议的补遗

在合同谈判阶段双方谈判的结果一般以《合同补遗》的形式，有时也可以以《合同谈判纪要》的形式，形成书面文件。同时应该注意的是，建设工程施工承包合同必须遵守法律。对于违反法律的条款，即使由合同双方达成协议并签了字，也不受法律保障。

(4)签订合同

双方在合同谈判结束后，应按上述内容和形式形成一个完整的合同文本草案，经双方代表认可后形成正式文件。双方核对无误后，由双方代表草签，至此合同谈判阶段即告结束。此时，承包人应及时准备和递交履约保函，准备正式签署施工承包合同。

2. 加强和完善建设工程施工合同的签约、履约管理是市场对建筑企业提高经营管理水平的必然要求

①市场经济就是法制经济，依法签订、履行合同，直接体现企业的经营管理水平。依法签订的合同，对双方当事人都产生法律上的约束力，并且受到法律保护。建设工程施工合同签约、履约的前提应建立在依法签约、依法履约的基础上，在此前提下，良好的签约、履约管理又是实现合同目的的保障。建设工程施工合同是建筑企业联结市场的纽带，全部的经营成果都离不开合同，加强和完善建设工程施工合同的签约、履约管理，是避免纠纷、预防和减少纠纷的有效手段，对维护自身合法权益，实现利润最大化，提高经营管理水平，具有重大意义。

②建设工程施工合同签约、履约管理，是以市场为中心不断提高经营管理水平的过程。市场总是在不断变化着的，竞争十分激烈，建筑市场僧多粥少，形成了发包方占主动地位的市场，承包方讨价还价的能力明显较差。承包方想以一个较高的合同价格中标，也许不可能，但通过加强和完善建设工程施工合同的签约、履约管理，以一个较高的价格结算，提高合同的效益，客观上，建设工程施工合同的签约、履约中，发包方先进后退，承包方先退后进，是符合低中标、勤签证、高结算国际惯例的。承包方如何先退后进，依法、依约实现其自身合法权益，最终不是一个结果，而是一个不断提高经营管理水平的过程。

3.加强签约管理，提高签约质量

建设工程施工合同签订的目的是履行合同，签订合同是履行合同的前提和基础，签订一个有效、条款完备的合同，将有利于合同的履行和目的的实现。

①在具体签订合同的过程中，有必要收集签订合同所需资料及信息，为签订合同做好准备。

一切的决策都是建立在大量事实和资料之上的，实践证明，掌握了解的资料和信息越多，决策的准确性就越高。收集涉及整个合同发包方工程项目的各种基础资料和背景资料，如合同发包方资信状况、履约能力、工程项目的来由、土地使用情况、资金来源组成等。

②审查发包方有无签订合同的主体资格及资信状况。

审查发包方有无法人资格、资质，是否为该工程项目的合法主体，是否对拟建项目持立项批文、建设工程规划许可证、建设用地规划许可证、土地使用证等证件；审查发包方是否有足够的履约能力，资金来源是如何组成的，是自有资金还是银行贷款或其他来源，是否会出现垫资和拖欠工程款的严重情形，风险到底有多大。

③合同的效力是合同依法成立所具有的约束力。我国《民法典》规定，依法成立的合同，自成立时生效，法律、行政法规规定应当办理批准、登记手续生效的，按照其规定。

对建设工程施工合同的效力进行审查，是签订合同时必须考虑的重要问题，因无效合同不受法律的保护，权利难以实现。

④审查合同的组成文件及主要条款是否完备。建设工程施工合同有其自身的特点，合同的标的物较为特殊、履行期限周期长、金额大、合同条款内容多、涉及方方面面的问题。合同的组成文件一般包括合同协议书；中标通知书；投标书及其附件；合同专用条款；合同通用条款；标准、规范及有关技术文件；图纸；工程量清单；工程报价书或预算书。一般合同的主要条款包括工程范围、建设工期、中间交工工程的开工和竣工时间、工程质量、工程造价、技术资料交付的时间、材料和设备供应责任、拨款和结算、竣工验收保修范围和质量保修期、双方相互协助等条款。针对建设工程施工合同经常容易发生纠纷的三大核心问题：工程造价、工期、质量问题，应在合同做出更为明确、具体的约定。工程造价条款是建设工程施工合同的必备和关键性条款，约定不明或者计算方法不确定，都会导致将来履行中产生纠纷，一旦协商不成，往往会形成诉讼，而法院审理此类案件，一般都会对工程进行造价鉴定且鉴定的准确性对双方来说都是难以把握或极其不利的，并且诉讼的期限将旷日持久。关于工期条款的确定，作为承包方应结合整个工程的实际情况来考虑，因工期问题也较容易产生纠纷，工期过短、劳动的强度无形增加了，为了赶工期，工程质量很难以保证，工期如果过长，相对成本就越高，能否确定合理的工期，在约定的期间内完成承包任务，是一个关键问题。工程质量条款的约定也应引起高度重视，有时约定不明，导致纠纷，质量纠纷会变成责任纠纷。

五、施工合同的履约管理

1. 合同履约的概念

合同履约是指工程建设项目的发包方和承包方根据合同规定的时间、地点、方式、内容及标准等要求，各自完成合同义务的行为。根据当事人履行合同义务的程度，合同履行可分为全部履行、部分履行和不履行。

2. 建设工程施工合同的履行原则

(1)实际履行原则

任何一方违约时，不能以支付违约金或赔偿损失的方式来代替合同的履行，守约一方要求继续履行的，应当继续履行。

(2)全面履行原则

当事人应严格按照合同约定的数量、质量、标准、价格、方式、地点、期限等完成合同义务。

(3)协作履行原则

合同当事人各方在履行合同过程中，应当互谅、互助，尽可能为对方履行合同义务提供相应的便利条件。

(4)诚实信用原则

诚实信用原则既是制定合同的基本原则，也是履行合同应该遵循的基本原则。

3. 建设工程施工合同履约过程中的管理

《民法典》中涉及的合同变更有广义和狭义之分，广义的合同变更包括合同内容的变更和合同主体的变更；狭义的合同变更仅指合同内容的变更，合同的变更原则上面向将来发生效力。未变更的权利义务继续有效，已经履行的债务不因合同的变更而丧失法律依据。

建设工程施工合同履约过程中，同样存在大量的工程变更。既包括传统的以工程变更指令形式产生的工程变更，也包括由于业主违约和不可抗力等因素被动形成的工程变更。国内的研究学者通常习惯于将后一部分工程变更视为工程索赔的内容。FIDIC 施工合同条件中的变更通常包括以下内容：

①合同中包括的任何工作内容的数量的改变。

②任何工作内容的质量或其他特性的改变。

③任何部分工程的标高、位置和(或)尺寸的改变。

④任何工作的删减，但要交他人实施的工作除外。

⑤永久工程所需的任何附加工作、生产设备、材料或服务，包括任何有关的竣工试验、钻孔及其他试验和勘探工作。

⑥实施工程的顺序或时间安排的改变。

(1)工程变更的分类

①设计变更。设计变更是指建设工程施工合同履约过程中，由工程不同参与方提出，最终由设计单位以设计变更或设计补充文件形式发出的工程变更指令。设计变更包含的内容十分广泛，是工程变更的主体内容，约占工程变更总量的 70% 以上。常见的设计变更有：因设计计算错误或图示错误发出的设计变更，因设计遗漏或设计深度不够出现的设计补充变更，以及应业主、承包商或监

工程变更

理方请求对设计所做的优化调整等。

②施工方案变更。施工方案变更是指在施工过程中，承包方因工程地质条件变化、施工环境或施工条件的改变等影响，向监理工程师和业主提出的改变原施工措施方案的过程。施工措施方案的变更应经监理工程师和业主审查同意后实施，否则引起的费用增加和（或）工期延误将由承包方自行承担。重大施工措施方案的变更还应征询设计单位的意见。在建设工程施工合同履约过程中，施工方案变更存在于工程施工的全过程，如人工挖孔桩桩孔开挖过程中出现地下流砂层或淤泥层，需采取特殊支护措施，方可继续施工；公路或市政道路工程路基开挖过程中发现地下文物，需停工采取特殊保护措施等。

③条件变更。条件变更是指施工过程中，因业主未能按合同约定提供必需的施工条件以及不可抗力发生导致工程无法按预定计划实施。如业主承诺交付的工程后续施工图纸未到，致使工程中途停顿，业主提供的施工临时用电因社会电网紧张而断电导致施工生产无法正常进行；特大暴雨或山体滑坡导致工程停工。这类因业主原因或不可抗力所发生的工程变更统称为条件变更。

④计划变更。计划变更是指施工过程中，业主因上级指令、技术或经营需要，调整原定施工进度计划，改变施工顺序和时间安排。如小区群体工程施工中，根据销售进展情况，部分房屋需提前竣工，另一部分房屋适当延迟交付，这类变更就是典型的计划变更。

⑤新增工程。新增工程是指施工过程中，业主动用暂定金额，扩大建设规模，增加原招标工程量清单之外的建设内容。

（2）工程变更程序

在合同履行过程中，监理工程师发出变更指示包括下列三种情形：

①监理工程师认为可能要发生变更的情形。在合同履行过程中，可能发生变更情形的，监理工程师可向承包商发出变更意向书。变更意向书应说明变更具体内容和发包人对变更的时间要求，并附必要的图纸和相关资料。变更意向书应要求承包商提交包括拟实施变更工作的计划、措施和竣工时间等内容的实施方案。发包人同意承包人根据变更意向书要求提交变更实施方案的，由监理工程师发出变更指示。若承包人收到监理工程师的变更意向书后认为难以实施此项变更，应立即通知监理工程师，说明原因并附详细依据。监理工程师与承包人和发包人协商后确定撤销、改变或不改变原变更意向书。

②监理工程师认为发生了变更的情形。在合同履行过程中，发生合同约定的变更情形的，监理工程师应向承包商发出变更指示。变更指示应说明变更的目的、范围，变更的内容以及变更的工程量及其进度和技术要求，并附有关图纸和文件。承包人收到变更指示后，应按变更指示进行变更工作。

③承包人认为可能要发生变更的情形。承包人收到监理工程师按合同约定发出的图纸和文件，经检查认为其存在变更情形的，可向监理工程师提出书面变更建议。变更建议应说明变更的依据，并附必要的图纸和相关资料。监理工程师收到承包人书面变更建议后，应与发包人共同研究，确认存在变更的，应在收到承包人书面建议后的 14 天内做出变更指示。经研究后不同意变更的，应由监理工程师书面答复承包人。

施工合同各方的权利和义务（发包人、承包人、监理工程师、项目经理）

任务二　工程招投标阶段的合同管理

招标投标阶段是工程承包合同的形成过程，在这一阶段合同管理的主要内容包括合同的总体策划、招标文件分析、合同文本分析、投标文件分析、合同风险分析以及合同谈判等。

一、招投标阶段合同的总体策划

合同总体策划的目标是通过合同保证项目目标和项目实施战略的实现。

1. 合同策划的依据

合同双方有不同的立场和角度，但他们有相同或相似的策划研究内容。合同策划的依据主要有以下几点：

①业主方面：业主的资信、管理水平和能力，业主的目标和动机，期望对工程管理的介入深度，业主对承包商的信任程度，业主对工程的质量和工期要求等。

②承包商方面：承包商的能力、资信、企业规模、管理风格和水平、目标与动机、目前经营状况、过去同类工程经验、企业经营战略等。

③工程方面：工程的类型、规模、特点、技术复杂程度、工程技术设计准确程度、计划程度、招标时间和工期的限制、项目的赢利性、工程风险程度、工程资源（如资金等）供应及限制条件等。

④影响项目的环境方面：国家宏观经济环境、法律环境、建筑市场竞争激烈程度，物价的稳定性，地质、气候、自然、现场条件的确定性等。

2. 业主的合同总体策划

业主的合同总体策划内容包括：

①确定与业主签约的承包商的数量，承包商的数量与承包方式有关；

②招标方式（公开招标、邀请招标）的确定及分标策划；

③合同种类（如总价合同、单价合同或成本加酬金合同）的选择；

④合同条件的选择；

⑤重要合同条款的确定，如适用的法律、付款方式、合同价格的调整、材料设备的供应、工程变更、合同风险的分担及违约责任等；

⑥其他问题，如确定资格预审的标准和允许参加投标的单位的数量，定标的标准，标后谈判的处理，业主相关合同的协调。

3. 承包商的合同总体策划

业主在建筑工程市场中处于主导地位。业主的合同决策，承包商常常必须执行或服从（如招标文件、合同条件），但承包商有自己的合同策划问题，它服从于承包商的基本目标（取得利润）和企业经营战略。

承包商总体策划的内容包括以下几点：

①投标项目的选择，承包商通过市场调查获得工程招标信息。依据承包市场情况、该工程竞争者的数量以及竞争对手状况、工程及业主状况、承包商自身的情况等，承包商必须就投标方向做出战略决策，通过情况分析，预测中标的可能性，选择中标可能性大的工程投标。

②合作方式的选择，承包商要根据具体情况，选择独立承包、分包或成立联合体，权衡利弊以选择合适的合作形式。

③投标策略与技巧，例如，为中标而提出采用新工艺等有效措施缩短工期或降低成本，以吸引业主，以及不平衡报价、增加建议方案、薄利或零利润报价等。

④投标报价和合同谈判策略，例如，分包合同的范围、委托方式、定价方式和主要合同条款的确定，承包合同投标报价策略和合同谈判策略的制订等。

合同策划是一个十分重要而复杂的问题，为保证合同的顺利执行，应注意工程合同体系的协调、不同时间所订立的合同的协调、企业内各部门订立合同时的相互协调、对同一工程所签订的各相关合同间的协调等。

二、招标文件分析

承包商制订方案、工程估价、投标、合同谈判的基础是招标文件。承包商取得(购得)招标文件后的主要工作有：

招标风险分析

①招标文件的总体检查。招标文件检查的重点是完备性。需要对照招标文件目录检查文件是否有缺页，是否齐全，对照图纸目录检查图纸是否齐全。

②招标条件分析。招标条件分析的主要对象是投标人须知。通过分析，承包商不仅要掌握招标过程、评标的规则和各项要求以对投标报价工作做出具体安排，而且要了解投标风险，以确定投标策略。

③对招标工作时间安排的分析。应按时间安排进行各项工作。

④工程技术文件分析。即进行图纸审查、工程量复核、图纸和规范中的问题分析。

三、合同文本分析的内容

合同文本分析是一项综合性的、复杂的、技术性很强的工作。这就要求合同管理者必须熟悉合同相关的法律、法规；精通合同条款；对工程环境有全面的了解；有承包合同管理的实际工作经验和经历。通常合同文本分析主要有以下 5 个方面的内容：

1. 合法性分析

双方当事人必须在合同的法律基础的范围内签订和实施承包合同，否则会导致承包合同全部或部分无效。承包合同的合法性分析通常包括如下内容：

①发包人和承包人的资格审查是否合格，例如是否为法人，或合法的代理人，且工程发包在其代理业务范围内；

②工程项目是否已具备招标投标、签订和实施合同的一切条件；

③工程承包合同的条款和所指的行为是否符合《民法典》和其他各种法律的要求；

④合同是否需要公证，或由有关部门批准才能生效。

2. 完备性分析

工程承包合同是要完成一个确定范围的工程的施工，合同所包含的合同事件(或工程活动)，工程本身各种说明，工程施工过程中所涉及的、可能出现的各种问题的处理，以及双方的责任和权益等，应有一定的范围。承包合同的完备性包括相关的合同文件的完备性和合同条款的完备性。

①承包合同文件的完备性是指属于该合同的各种文件的齐全性，主要包括工程技术、环境、水文地质等方面的说明文件和技术设计文件等。在获取招标文件后应对照招标文件目录和图纸目录做这方面的检查。如果发现不足，则应要求业主（工程师）补充提供。

②合同条款的完整性是指合同条款是否齐全，对各种问题是否都有规定，不遗漏。这是合同完整性分析的重点。通常它与使用什么样的合同文本有关，对一般的采用标准合同文本[如使用《建设工程施工合同（示范文本）》]的工程项目，因为标准文本条款齐全，内容完整，一般可以不做合同的完整性分析。但对特殊的工程，如采用标准合同文本的补充协议或条款，则应重点分析其内容是否完整、合理，前后是否矛盾；如果未使用标准文本，但存在该类合同的标准文件，则可以以标准文本为样本，将所签订的合同条款与标准文本的对应条款一一对照，就可以发现该合同缺少哪些必需条款；对无标准文本的合同类型（如分包合同、劳务合同），合同起草者应尽可能多地收集实际工程中的同类合同文本，进行对比分析和互相补充，以确定该类合同范围和结构形式，再将被分析的合同按结构拆分开，可以方便地分析出该合同是否缺少，或缺少哪些必需条款。

3. 双方责任和权益关系分析

合同应公平合理地分配双方的责任和权益，使它们达到总体平衡。首先按合同条款列出双方各自的责任和权益，在此基础上进行它们的关系分析。在合同中，业主与承包商的责任和权益是互为前提条件的。

（1）业主的权益与责任的平衡

如果合同规定业主有一项权利，则要分析该项权利的行使对承包商的影响；该项权利是否需要制约，业主有无滥用这个权利的可能。如果业主（工程师）有权对已覆盖的隐蔽工程进行检查或复检，甚至包括破坏性检查，承包商必须执行；如果检查结果表明施工质量符合图纸、规范的要求，那么业主应承担相应的损失（包括工期和费用补偿）。这就是业主（工程师）的检查权和对业主（工程师）检查权的限制，即由检查权导致的合同责任，以防止工程师滥用检查权。

（2）承包商的权益和责任的平衡

承包商的合同责任必须具备一定的前提条件。如果这些前提条件应由业主提供或完成，则应作为业主的一项义务，在合同中做明确规定，进行反制约。如果缺少这些反制约，则合同双方责权利关系不平衡。如对已竣工工程未交付建设单位之前，承包商按协议条款约定负责已完工程的成品保护工作，保护期间发生的损坏，承包商自费予以修复。同时规定发包人应按期组织验收和办理移交手续；发包人不得使用未经竣工验收或验收未通过的工程，发包人如果强行使用，由此发生的质量问题及其他问题，由发包人承担责任。这是前提条件，必须提出作为对业主的反制约。

（3）业主和承包商的责任和权益应尽可能具体、详细，并注意其范围的限定

作为承包商，特别应注意合同中对自己权益的保护条款，例如，工期延误罚款的最高限额的规定、索赔条件、仲裁条款、在业主严重违约情况下中止合同的权力及索赔权力等。

（4）双方权益的保护条款

一个完备的合同应对双方的权益都能形成保护，对双方的行为都有制约，这样才能保证

项目的顺利进行。

4. 合同条款之间的联系分析

合同分析通常首先针对具体的合同条款。根据它的表达方式，分析它的执行将会带来什么问题和后果。在此基础上还应注意合同条款之间的内在联系。由于合同条款所定义的合同事件和合同问题具有一定的逻辑关系（如实施顺序关系，空间上和技术上的互相依赖关系等），使得合同条款之间有一定的内在联系，共同构成一个有机整体，即一份完整的合同。例如，工程变更问题涉及工程范围，变更的权力和程序，有关价格的确定，索赔条件、程序、有效期等。

5. 后果性分析

在合同签订前，必须充分考虑到合同一经签订，付诸实施会有什么样的后果，在此基础上分析合同条款之间的内在联系。同时应注意同一种表达方式在不同的合同环境中可能有不同的风险。例如，在合同实施中会有哪些情况、发生时应如何处理、可能承担的法律责任等。

四、投标文件分析

投标文件是承包商对业主招标文件的响应，是承包商的报价文件。作为一份要约，承包商一般从投标截止期之后，即对它承担法律责任。

1. 投标文件中可能存在的问题

由于标期较短，投标人对环境不熟悉；由于竞争激烈，投标人不可能花许多时间、费用和精力做标；由于不同投标人有不同的投标策略等，使得每一份投标文件中会有这样或那样的问题。

①报价错误（包括运算错误、打印错误）等；

②实施方案不科学、不安全、不完备、过于简略；

③未按招标文件的要求编标，缺少一些业主要求的内容；

④对业主的招标文件理解错误；

⑤不适当地使用一些报价策略，如有附加说明、严重的不平衡报价等。

因此，在提交投标文件前还要对其进行全面的检查分析。

2. 对投标文件审查分析

①投标文件的有效性分析，如印章、授权委托书是否符合要求。

②投标文件的完整性，即投标文件中是否包括招标文件规定的应提交的全部文件，特别是授权委托书、投标保函和各种业主要求提交的文件。

③投标文件与招标文件一致性的审查。一般招标文件都要求投标人完全按照招标文件的要求投标报价，完全响应招标要求。这里必须分析是否完全响应，有无修改或附带条件。

④报价分析，对报价本身的正确性、完整性、合理性进行分析。

⑤进一步检查分析施工规划的可行性、合理性和全面性，确保中标后项目顺利实施。

通过对投标文件进行分析，可以检查对招标文件和业主意图理解的正确程度。如果投标文件出现大的偏差，如报价太低、施工方案不合理、工程范围与合同要求不一致，则在合同实施中必然导致失误、矛盾、争执。

五、风险分析

由于工程项目建设关系的多元性、复杂性、多变性、履约周期长等特征，以及涉及金额大、市场竞争激烈等构成了项目承包合同的风险性。因此，慎重分析研究各种风险因素，在签订合同时尽量避免承担风险的条款，在履行合同中采取有效措施，防范风险发生是十分重要的。

1. 合同中的风险

在实际建设工程中，由于合同人员素质不高或市场竞争激烈，承包商急于拿下此工程而做出一些不适当的让步等原因，导致签订的合同存在风险，主要表现在以下几个方面：

（1）合同中已明确规定乙方承担的风险

大量的承包工程合同中都有对乙方承担风险的条款规定。例如，某工程合同协议条款中，规定该工程变更的费用总额当超过合同总价 15% 以上时，甲方对超过的部分应给予补偿。显然，乙方若遇到变更较多的工程，至少要先损失合同总价的 15%。反之，当该工程变更较少时，乙方将会有较高的盈利。又如，某合同中规定，乙方采购运进场地的工程材料，必须经甲方工地代表认可后方能用于工程，在这里“认可”没有明确的标准，甲方代表可能会以此条款要求提高材料的档次，使乙方支付较高的材料费。

（2）合同条文不完整，隐含潜在的风险

例如，某合同中规定每月 20 日支付上个月的工程进度款。但因甲方资金筹措受阻等，连续三个月拖欠工程款。乙方为了工程进度不受影响，垫入大笔资金。但由于合同中没有具体写入拖欠工程进度款的处罚规定，导致乙方向甲方对垫支资金利息的索赔失败，蒙受了较大的经济损失。类似情况在当前合同中并不少见。有的合同中只规定甲方提供施工场地的时间，但没有规定具体范围和违约（没有按时提供）的处罚条款。

（3）合同中仅对一方规定了约束性条款的不利合同风险

例如，某工程合同中规定，从甲方全部提供施工场地之日起 15 天内开工，并按实际开工计算工期，乙方应负延期一切责任。该工程合同开工日为 2023 年 4 月 25 日，由于场地搬迁碰到难题，到 2023 年 6 月 30 日才具备开工条件。基础工程因地下室面积大，正赶上雨季施工，投入了大量人力、物力，进度缓慢。当乙方提出延期索赔时，因合同签订的条款对乙方十分不利而致使索赔无力，乙方只好自费赶工，避免拖延受罚。

2. 签订有利的合同

①合同风险属于不确定事件，可能发生，也可能不发生。但任何承包工程的乙方都愿意签订一个对自己有利的合同，以减少工程施工中的风险损失，获得更多的利润。对于承包工程的乙方来说，对自己有利的合同，可以从以下几个方面进行定性评价：合同的条款、内容要完整、全面。对自己比较有利或比较优惠的条款明确表达。

②合同价格较高，如在正常施工状态下，应有较好的盈利。

③合同双方责权利关系比较平衡，没有苛刻一方的单方面约束条款。

④合同内容条理清楚、责权分明、前后一致、概念准确，在执行中不易产生争执。合同风险较少，甲方承担的风险较多或对某些风险明确了乙方承担的责任等。

但由于合同是甲乙双方共同协商达成一致的协议，许多对自己单方面的意愿在合同谈判中并非都能够实现。所以，要签订一个有利合同，必须从制定投标报价、深入了解工程情况开始，尽可能掌握签订合同的主动权；安排精明强悍有经验的合同人员进行具体谈判，分析合同条款中各种可能情况下的不利因素；采取对特殊问题单独谈判的方法，逐步达到签订对自己有利合同的目标。

3. 处理合同风险的对策

合同中的问题和风险总是存在的，不可能绝对的完美和均衡。有利合同的签订，不可能完全杜绝风险的发生。合同一经签订，即使对自己非常不利的条文也是不可能单方面进行修改的。因此，合同管理人员在合同实施中，首先是发现合同中的风险，然后是根据工程实际分析风险发生的可能性，采取技术上、经济上和管理上的措施，尽可能避免风险发生，降低风险损失。

(1)组织措施

对风险较大的工程项目应派一名得力的项目负责人，配备能力较强的工程技术人员及合同管理人员，组建精明强干的项目管理班子。对风险较大的某一项工程，应成立专门的指挥管理组织，配备经验丰富的专家组织攻关。

(2)技术措施

对工程设计变更及费用调整较大的合同应采取技术措施为主的对策。如设计变更较多且费用调整受限制的工程，应召集有丰富经验的工程技术人员，全面分析可能变更的各种问题，提出甲方能够接受的，乙方便于施工、费用少调或不调的合理化建议，从而减少乙方增加施工成本而得不到补偿的变更，或提出合理建议后甲方能主动提出修改设计，使问题脱离对乙方有风险的合同条款限制。

(3)经济措施

对工程风险较大的某一部分工作，为避免违约承担风险，可相应地采取经济措施减少风险损失。在工程中常见的情况有：在雨季施工前抢施地下室及基础工程；在冬季施工前抢施结构及湿作业工程；在竣工交付前大幅度增加人员，增加工作班次以保证工期。所有采取的这些抢施工程无非是增加了机械设备，增加了施工及管理人员，增加了工资、奖金或加班费用。但这些支出使乙方保证了施工进度，保持了信誉，避免了风险。从经济观点上说，所采取的经济措施费用比承担风险实际损失要合算得多。

(4)加强索赔管理

在工程施工中加强索赔管理，用索赔和反索赔来弥补或减少损失，是施工单位广泛采用的风险对策。认真分析合同，详细划清双方责任，注意合同实施中每一事件的详细过程，寻找索赔机会，通过索赔和反索赔提高合同总价，争取总价的调整，以达到风险损失补偿的目的。

(5)组建联合体，共担风险

在一些大型工程项目中，由于专业技术、工程经验和处理工程风险能力的不同，乙方应注意发挥自己的长处，避免自己的弱项，与其他专业工程单位组建联合体，共同分担风险。

(6)争取风险化解的机会

合同中必然存在的风险条款是合同双方中一方对另一方的制约条件。在合同实施中，当双方都能认真执行合同、履行自己的责任、合作满意时，双方都可能在不影响总目标的情况下，不计较个别条款的严格程度。乙方有时可利用这种友好的气氛，对一些隐含风险的条款进行有利于自己的解释，并作为合同的补充文件形成资料，使一些本来对自己不利的条款得到化解,使风险分担比较合理。

采取上述措施的效果取决于每一工程的实际情况,针对某一风险可以同时采取多方面的措施,但关键问题是管理人员的实际工程管理经验和对合同风险分析的能力及应变能力。

4. 风险跟踪,实行动态管理

找出合同中的风险条款,确定相应的对策,并不意味着风险问题的解决。在工程合同实施错综复杂的变化中,只有进行风险跟踪,才能更好地解决合同风险问题。风险跟踪可以起到以下作用:

①进行风险跟踪,可以及时掌握风险发生、发展的各种情况。当发现与事先预料有较大出入时,可及早采取新的对策,调整工程安排,以控制风险的发展。

②进行风险跟踪,及时对风险损失情况及采取的对策效果进行评价,对风险发展趋势和结果有一个清醒的认识,以便采取果断措施。

③在合同风险跟踪过程中,可能发现新的索赔机会,为反索赔做好准备工作。

六、合同谈判

合同谈判的结果直接关系到合同条款的订立是否于己有利,因此在业主与承包商的面对面的直接较量开始前,无论是业主还是承包商,都必须深入细致地做好充分的思想准备、组织准备、资料准备等,做到知己知彼,心中有数。

1. 谈判程序

(1)一般讨论

谈判开始阶段通常是先广泛交换意见,各方提出自己的设想方案,探讨各种可能性,经过商讨逐步将双方意见综合并统一起来,形成共同的问题和目标,为下一步详细谈判做好准备。

(2)技术谈判

在一般讨论之后,就要进入技术谈判阶段。主要对原合同中技术方面的条款进行讨论(工程范围、技术规范、技术标准、施工条件、施工方案、施工进度、质量检查、竣工验收等)。

(3)商务谈判

在技术谈判之后,就是商务谈判,主要对合同中商务方面的条款进行讨论,包括工程合同价款支付条件、支付方式、预付款、履约保证、保留金、货币风险的防范、合同价格的调整等。但是技术条款与商务条款往往是密不可分的,在进行谈判时,不能将两者分割开来。

(4)合同拟定

谈判进行到一定阶段后,在双方都已表明了观点,对原则问题双方意见基本一致的情况下,相互之间就可以交换书面意见或合同稿。

2. 谈判的策略和技巧

谈判的实质是双方各自说服对方和被对方说服的过程。谈判是通过不断讨论、争执、让步,确定各方权利、义务的过程。

(1)合理分配各议题的时间

掌握谈判的进程,合理分配谈判时间,对各议题的商讨时间得当,不过于拘泥于细节性问题,是成功的谈判者善用的条件。这样可以缩短谈判时间,降低交易成本。

(2)高起点战略

有经验的谈判者在谈判之初会有意识地向对方提出苛刻的谈判条件。这样对方会过高估计本方的谈判底线,从而在谈判中做出更多让步。因为,谈判的过程是各方妥协的过程,通过谈判,各方都会或多或少地放弃部分利益以求得项目的进展。

(3)注意谈判氛围

谈判各方往往存在利益冲突,但有经验的谈判者会在各方分歧严重、谈判气氛激烈时采取润滑措施,舒缓压力。

(4)拖延与休会

当谈判遇到障碍,陷入僵局时,拖延与休会可以使明智的谈判者有时间冷静思考,在客观分析形势后提出替代方案。在一段时间的冷处理后,各方都可以进一步考虑整个项目的意义,进而弥合分歧,将谈判从低谷引向高潮。

(5)避实就虚

谈判各方都有自己的优势和弱点。谈判者应在充分分析形势的情况下,做出正确的判断,抓住对方弱点,猛烈攻击,迫其就范,做出妥协。

(6)对等让步

当对方准备对某些条件做出让步时,可以要求对方在其他方面也做出相应的让步。要争取把对方的让步作为自己让步的前提和条件。

(7)分配谈判角色

谈判时应利用本谈判组成员各自不同的性格特征扮演不同的角色。有的唱红脸,积极进攻;有的唱白脸,和颜悦色。这样软硬兼施,可以事半功倍。

(8)善于抓住实质性问题

任何一项谈判都有其主要目标和主要内容。在整个项目的谈判过程中,要注意抓住主要的实质性问题(如工作范围、合同价格、工期、支付条件、验收及违约责任等)来谈。要防止对方转移视线,回避主要问题,或避实就虚,在主要问题上打马虎眼,而故意在无关紧要的问题上兜圈子。

任务三　施工准备阶段的合同管理

一、施工图纸审查

1.发包人提供的图纸

我国目前的建设工程项目通常由发包人委托设计单位负责,在工程准备阶段应完成施工图设计文件的审查。审查内容如下:

①提供图纸的时间:在合同约定的日期前发放给承包人,以保证承包人及时编制施工进度计划和组织施工。

②提供图纸的方式:施工图纸可以一次提供,也可以各单位工程开始施工前分阶段提供,只要符合专用条款的约定且不影响承包人按时开工即可。

③图纸的费用承担:发包人应免费按专用条款约定的份数供应给承包人图纸。承包人要求增加图纸套数时,发包人应代为复制,但复制费用由承包人承担。发放承包人的图纸中,应在施工现场保留一套完整图纸供工程师及有关人员进行工程检查时使用。

2. 承包人负责设计的图纸

有些情况下,承包人享有专利权的施工技术,若具有设计资质和能力,可以由其完成部分施工图的设计,或由其委托设计分包人完成。

在承包工作范围内,包括部分由承包人负责设计的图纸,应在合同约定时间内将按规定审查程序批准的设计文件提交工程师审核,经过工程师签认后才可以使用。但工程师对承包人设计的认可,不能解除承包人的设计责任。

二、施工进度计划管理

1. 承包人的工作

①承包人应当在“专用条款”约定的日期内,将施工组织设计和施工进度计划提交工程师。

②承包人群体工程中采取分阶段进行施工的单项工程,承包人则应按照发包人提供的图纸及有关资料的时间,按单项工程编制进度计划,分别向工程师提交。

2. 工程师的工作

①工程师接到承包人提交的进度计划后,应当予以确认或者提出修改意见,时间限制则由双方在“专用条款”中约定。

②如果工程师逾期不确认也不提出书面意见,则视为已经同意承包人所提供的进度计划。

※特别提示

工程师对进度计划和对承包人施工进度的认可,不免除承包人对施工组织设计和工程进度计划本身的缺陷所应承担的责任。进度计划经工程师予以认可的主要目的,是作为发包人和工程师依据计划进行协调和对施工进度进行控制的依据。

三、施工准备工作

开工前,合同双方还应当做好其他各项准备工作。例如,发包人应当按照“专用条款”的规定使施工现场具备施工条件,开通施工现场的公共道路,承包人应当做好施工人员和设备的调配工作。

对工程师而言,特别需要做好水准点与坐标控制点的交验,以及做好设计单位的协调工作,按照专用条款的约定组织图纸会审和设计交底。

四、延期开工的处理

承包人应在“专用条款”约定的时间按时开工,以便保证在合理工期内及时竣工。但在特殊情况下,工程的准备工作不具备开工条件,则应按合同约定区分延期开工的责任。

1. 承包人要求的延期开工

如果是承包人要求延期开工,则工程师有权批准是否同意延期开工。承包人不能按时开工,应在不迟于合同约定的开工日期前 7 天,以书面形式向工程师提出延期开工的理由和要求。工程师在接到延期开工申请后的 48 小时内未予答复,视为同意承包人的要求,工期相应顺延。如果工程师不同意延期要求,则工期不予顺延。如果承包人未在规定时间内提出延期开工要求,工期也不予顺延。

2. 发包人原因的延期开工

因发包人的原因施工现场尚不具备施工条件,影响了承包人不能按照合同约定的日期开工时,工程师应以书面形式通知承包人推迟开工日期。发包人应当赔偿承包人因此造成的损失,且相应顺延工期。

五、工程的分包

未经发包人同意,承包人不得将承包工程的任何部分分包;工程分包不能解除承包人的任何责任和义务。

发包人通过复杂的招标程序选择了综合能力最强的投标人,要求由其完成工程的施工,因此在合同管理过程中,要对工程分包进行严格控制。出于自身能力考虑,承包人可将部分自己没有实施资质的特殊专业工程分包,也可将部分较简单的工作内容分包。包括在承包人投标文件内的分包计划,发包人通过接受投标文件已表示了认可,如果在施工合同履行过程中,承包人又提出分包要求,则需要经过发包人的书面同意。

发包人控制工程分包的基本原则是:主体工程的施工任务不允许分包,主要工程量必须由承包人完成。

经过发包人同意的分包工程,承包人选择的分包人需要提请工程师同意。工程师主要审查分包人是否具备实施分包工程的资质和能力,未经工程师同意的分包人不得进入现场参与施工。

虽然对分包的工程部位而言涉及两个合同,即发包人与承包人签订的施工合同和承包人与分包人签订的分包合同,但工程分包不能解除承包人对发包人应承担在该工程部位施工的合同义务。同样,为了保证分包合同的顺利履行,发包人未经承包人同意,不得以任何形式向分包人支付各种工程款项,分包人完成施工任务的报酬只能依据分包合同由承包人支付。

六、工程预付款支付

合同约定有工程预付款的,发包人应按规定的时间和数额支付预付款。为了保证承包人如期开工,预付时间应不迟于约定的开工日期前 7 天。

发包人不按约定预付,承包人在约定预付时间 7 天后向发包人发出要求预付的通知。发包人收到通知后仍不能按要求预付,承包人可在发出通知后 7 天停止施工,发包人应从约定应付之日起向承包人支付应付款的贷款利息,并承担违约责任。

任务四　施工阶段的合同管理

一、施工合同质量控制

（一）对材料和设备的质量控制

对工程质量进行严格控制，应从所使用材料和设备的质量控制开始。

1. 材料设备的到货检验

工程项目使用的建筑材料和设备按照“专用条款”约定的采购供应责任，可以由承包人负责，也可以由发包人提供全部或部分材料和设备。

（1）发包人供应材料与工程设备

发包人自行供应材料、工程设备的，应在签订合同时在专用合同条款的附件“发包人供应材料设备一览表”中明确材料、工程设备的品种、规格、型号、数量、单价、质量等级和送达地点。

承包人应提前30天通过监理人以书面形式通知发包人供应材料与工程设备进场。承包人按照“施工进度计划的修订”的约定修订施工进度计划时，需同时提交经修订后的发包人供应材料与工程设备的进场计划。

（2）承包人采购材料与工程设备

承包人负责采购材料、工程设备的，应按照设计和有关标准要求采购，并提供产品合格证明及出厂证明，对材料、工程设备质量负责。合同约定由承包人采购的材料、工程设备，发包人不得指定生产厂家或供应商，发包人违反本款约定指定生产厂家或供应商的，承包人有权拒绝，并由发包人承担相应责任。

2. 材料与工程设备的接收与拒收

①发包人应按“发包人供应材料设备一览表”约定的内容提供材料和工程设备，并向承包人提供产品合格证明及出厂证明，对其质量负责。发包人应提前24小时以书面形式通知承包人、监理人材料和工程设备的到货时间，承包人负责材料和工程设备的清点、检验和接收。

发包人提供的材料和工程设备的规格、数量或质量不符合合同约定的，或因发包人原因导致交货日期延误或交货地点变更等情况的，按照发包人违约办理。

②承包人采购的材料和工程设备，应保证产品质量合格，承包人应在材料和工程设备到货前24小时通知监理人检验。承包人进行永久设备、材料的制造和生产的，应符合相关质量标准，并向监理人提交材料的样本以及有关资料，并应在使用该材料或工程设备之前获得监理人同意。

承包人采购的材料和工程设备不符合设计或有关标准要求时，承包人应在监理人要求的合理期限内将不符合设计或有关标准要求的材料、工程设备运出施工现场，并重新采购符合要求的材料、工程设备，由此增加的费用和（或）延误的工期，由承包人承担。

3. 材料与工程设备的保管与使用

(1)发包人供应材料与工程设备的保管与使用

发包人供应的材料和工程设备,承包人清点后由承包人妥善保管,保管费用由发包人承担,但已标价工程量清单或预算书已经列支或专用合同条款另有约定的除外。因承包人原因发生丢失、毁损的,由承包人负责赔偿;监理人未通知承包人清点的,承包人不负责材料和工程设备的保管,由此导致丢失、毁损的由发包人负责。

发包人供应的材料和工程设备使用前,由承包人负责检验,检验费用由发包人承担,不合格的不得使用。

(2)承包人采购材料与工程设备的保管与使用

承包人采购的材料和工程设备由承包人妥善保管,保管费用由承包人承担。法律规定材料和工程设备使用前必须进行检验或试验的,承包人应按监理人的要求进行检验或试验,检验或试验费用由承包人承担,不合格的不得使用。

发包人或监理人发现承包人使用不符合设计或有关标准要求的材料和工程设备时,有权要求承包人进行修复、拆除或重新采购,由此增加的费用和(或)延误的工期,由承包人承担。

(3)禁止使用不合格的材料与工程设备

①监理人有权拒绝承包人提供的不合格材料或工程设备,并要求承包人立即进行更换。监理人应在更换后再次进行检查和检验,由此增加的费用和(或)延误的工期由承包人承担。

②监理人发现承包人使用了不合格的材料和工程设备,承包人应按照监理人的指示立即改正,并禁止在工程中继续使用不合格的材料和工程设备。

③发包人提供的材料或工程设备不符合合同要求的,承包人有权拒绝,并可要求发包人更换,由此增加的费用和(或)延误的工期由发包人承担,并支付承包人合理的利润。

(二)对施工质量的监督管理

1. 工程师对质量标准的控制

承包人施工的工程质量应当达到合同约定的标准。发包人对部分或者全部工程质量有特殊要求的,应支付由此增加的追加合同价款,对工期有影响的应相应顺延。

工程师依据合同约定的质量标准对承包人的工程质量进行检查,达到或超过约定标准的,给予质量认可(不评定质量等级);达不到要求时,则予拒收。

2. 不符合质量要求的处理

无论何时,工程师一经发现质量达不到约定标准的工程部分,均可要求承包人返工。承包人应当按照工程师的要求返工,直到符合约定标准为止。

①因承包人的原因达不到约定标准,由承包人承担返工费用,工期不予顺延。

②因发包人的原因达不到约定标准,由发包人承担返工的追加合同价款,工期相应顺延。

③因双方原因达不到约定标准,责任由双方分别承担。

如果双方对工程质量有争议,由"专用条款"约定的工程质量监督部门鉴定所需费用及因此造成的损失,由责任方承担。双方均有责任的,由双方根据其责任分别承担。

承包人应认真按照标准、规范和设计要求以及工程师依据合同发出的指令施工,随时接受工程师及其委派人员的检查、检验,并为检查、检验提供便利条件。

工程质量达不到约定标准的部分,工程师一经发现,可要求承包人拆除和重新施工,承包人应按工程师及其委派人员的要求拆除和重新施工，承担由于自身原因导致拆除和重新施工的费用，工期不予顺延。

经过工程师检查、检验合格后，又发现因承包人原因出现的质量问题，仍由承包人承担责任，赔偿发包人的直接损失，工期不予顺延。

工程师的检查、检验原则上不应影响施工正常进行。如果实际影响了施工的正常进行，由检验结果的质量是否合格来区分合同责任。检查检验不合格时，影响正常施工的费用由承包人承担。否则，影响正常施工的追加合同价款由发包人承担，工期相应顺延。

因工程师指令失误和其他非承包人原因发生的追加合同价款，由发包人承担。

如果发包人要求承包人使用专利技术或特殊工艺施工，应负责办理相应的申报手续，承担申报、试验、使用等费用。

若承包人提出使用专利技术或特殊工艺施工，应首先取得工程师认可，然后由承包人负责办理申报手续，并承担有关费用。

不论哪一方要求使用他人的专利技术，一旦发生擅自使用侵犯他人专利权的情况时，由责任者依法承担相应责任。

（三）隐蔽工程检验程序与重新检验

1. 承包人自检

承包人应当对工程的隐蔽部位进行自检，并经自检确认是否具备覆盖条件。

2. 检查程序

除专用合同条款另有约定外，工程隐蔽部位经承包人自检确认具备覆盖条件的，承包人应在共同检查前 48 h 内书面通知监理人检查，通知中应载明隐蔽检查的内容、时间和地点，并应附有自检记录和必要的检查资料。

监理人应按时到场并对隐蔽工程及其施工工艺、材料和工程设备进行检查。经监理人检查确认质量符合隐蔽要求，并在验收记录上签字后，承包人才能进行覆盖。经监理人检查质量不合格的，承包人应在监理人指示的时间内完成修复，并由监理人重新检查，由此增加的费用和（或）延误的工期由承包人承担。

除专用合同条款另有约定外，监理人不能按时进行检查的，应在检查前 24 h 内向承包人提交书面延期要求，但延期不能超过 48 h，由此导致工期延误的，工期应予以顺延。监理人未按时进行检查，也未提出延期要求的，视为隐蔽工程检查合格，承包人可自行完成覆盖工作，并作相应记录报送监理人，监理人应签字确认。监理人事后对检查记录有疑问的，可按约定重新检查。

3. 重新检查

承包人覆盖工程隐蔽部位后，发包人或监理人对质量有疑问的，可要求承包人对已覆盖的部位进行钻孔探测或揭开重新检查，承包人应遵照执行，并在检查后重新覆盖恢复原状。经检查证明工程质量符合合同要求的，由发包人承担由此增加的费用和（或）延误的工期，并支付承包人合理的利润；经检查证明工程质量不符合合同要求的，由此增加的费用和（或）延误的工期由承包人承担。

4. 承包人私自覆盖

承包人未通知监理人到场检查，私自将工程隐蔽部位覆盖的，监理人有权指示承包人钻孔探测或揭开检查，无论工程隐蔽部位质量是否合格，由此增加的费用和（或）延误的工期均由承包人承担。

二、施工合同进度控制

1. 施工进度计划

（1）施工进度计划的编制

承包人应按照施工组织设计约定提交详细的施工进度计划，施工进度计划的编制应当符合国家法律规定和一般工程实践惯例，施工进度计划经发包人批准后实施。施工进度计划是控制工程进度的依据，发包人和监理人有权按照施工进度计划检查工程进度情况。

（2）施工进度计划的修订

施工进度计划不符合合同要求或与工程实际进度不一致的，承包人应向监理人提交修订的施工进度计划，并附有关措施和相关资料，由监理人报送发包人。除专用合同条款另有约定外，发包人和监理人应在收到修订的施工进度计划后 7 天内完成审核和批准或提出修改意见。发包人和监理人对承包人提交的施工进度计划的确认，不能减轻或免除承包人根据法律规定和合同约定应承担的任何责任或义务。

2. 暂停施工

（1）发包人原因引起的暂停施工

因发包人原因引起暂停施工的，监理人经发包人同意后，应及时下达暂停施工指示。情况紧急且监理人未及时下达暂停施工指示的，按照紧急情况下的暂停施工执行。

因发包人原因引起的暂停施工，发包人应承担由此增加的费用和（或）延误的工期，并支付承包人合理的利润。

（2）承包人原因引起的暂停施工

因承包人原因引起的暂停施工，承包人应承担由此增加的费用和（或）延误的工期，且承包人在收到监理人复工指示后 84 天内仍未复工的，视为“承包人明确表示或者从其行为表明不履行合同的主要义务”约定的承包人无法继续履行合同的情形。

（3）指示暂停施工

监理人认为有必要时，并经发包人批准后，可向承包人作出暂停施工的指示，承包人应按监理人指示暂停施工。

（4）紧急情况下的暂停施工

因紧急情况需暂停施工，且监理人未及时下达暂停施工指示的，承包人可先暂停施工，并及时通知监理人。监理人应在接到通知后 24 h 内发出指示，逾期未发出指示，视为同意承包人暂停施工。监理人不同意承包人暂停施工的，应说明理由，承包人对监理人的答复有异议，按照争议解决约定处理。

（5）暂停施工后的复工

暂停施工后，发包人和承包人应采取有效措施积极消除暂停施工的影响。在工程复工前，监理人会同发包人和承包人确定因暂停施工造成的损失，并确定工程复工条件。当工程具备复工条件时，监理人应经发包人批准后向承包人发出复工通知，承包人应按照复工通知要求复工。

承包人无故拖延和拒绝复工的，承包人承担由此增加的费用和(或)延误的工期；因发包人原因无法按时复工的，按照因发包人原因导致工期延误约定办理。

(6)暂停施工持续 56 天以上

监理人发出暂停施工指示后 56 天内未向承包人发出复工通知，除该项停工属于承包人原因引起的暂停施工及不可抗力约定的情形外，承包人可向发包人提交书面通知，要求发包人在收到书面通知后 28 天内准许已暂停施工的部分或全部工程继续施工。发包人逾期不予批准的，则承包人可以通知发包人，将工程受影响的部分视为合同约定的变更范围的可取消工作。

暂停施工持续 84 天以上不复工的，且不属于承包人原因引起的暂停施工及不可抗力约定的情形，并影响到整个工程以及合同目的实现的，承包人有权提出价格调整要求，或者解除合同。解除合同的，按照因发包人违约解除合同执行。

(7)暂停施工期间的工程照管

暂停施工期间，承包人应负责妥善照管工程并提供安全保障，由此增加的费用由责任方承担。

(8)暂停施工的措施

暂停施工期间，发包人和承包人均应采取必要的措施确保工程质量及安全，防止因暂停施工扩大损失。

3. 工期延误

(1)因发包人原因导致工期延误

在合同履行过程中，因下列情况导致工期延误和(或)费用增加的，由发包人承担由此延误的工期和(或)增加的费用，且发包人应支付承包人合理的利润：

①发包人未能按合同约定提供图纸或所提供图纸不符合合同约定的；

②发包人未能按合同约定提供施工现场、施工条件、基础资料、许可、批准等开工条件的；

③发包人提供的测量基准点、基准线和水准点及其书面资料存在错误或疏漏的；

④发包人未能在计划开工日期之日起 7 天内同意下达开工通知的；

⑤发包人未能按合同约定日期支付工程预付款、进度款或竣工结算款的；

⑥监理人未按合同约定发出指示、批准等文件的；

⑦专用合同条款中约定的其他情形。

因发包人原因未按计划开工日期开工的，发包人应按实际开工日期顺延竣工日期，确保实际工期不低于合同约定的工期总日历天数。因发包人原因导致工期延误需要修订施工进度计划的，按照施工进度计划的修订执行。

(2)因承包人原因导致工期延误

因承包人原因造成工期延误的，可以在专用合同条款中约定逾期竣工违约金的计算方法和逾期竣工违约金的上限。承包人支付逾期竣工违约金后，不免除承包人继续完成工程及修补缺陷的义务。

4. 提前竣工

发包人要求承包人提前竣工的，发包人应通过监理人向承包人下达提前竣工指示，承包人应向发包人和监理人提交提前竣工建议书，提前竣工建议书应包括实施的方案、缩短的时间、增加的合同价格等内容。发包人接受该提前竣工建议书的，监理人应与发包人和承包人协商采取加快工程进度的措施，并修订施工进度计划，由此增加的费用由发包人承担。承包人认为提前竣工指示无法执行的，应向监理人和发包人提出书面异议，发包人和监理人应在收到异议后7天内予以答复。任何情况下，发包人不得压缩合理工期。

发包人要求承包人提前竣工，或承包人提出提前竣工的建议能够给发包人带来效益的，合同当事人可以在专用合同条款中约定提前竣工的奖励。

三、施工合同投资控制

(一)价格调整

1. 市场价格波动引起的调整

除专用合同条款另有约定外，市场价格波动超过合同当事人约定的范围，合同价格应当调整。合同当事人可以在专用合同条款中约定选择以下一种方式对合同价格进行调整：

第1种方式：采用价格指数进行价格调整。

(1)价格调整公式

因人工、材料和设备等价格波动影响合同价格时，根据专用合同条款中约定的数据，按以下公式计算差额并调整合同价格：

$$\Delta P = P_0\left[A + \left(B_1 \times \frac{F_{t1}}{F_{01}} + B_2 \times \frac{F_{t2}}{F_{02}} + B_3 \times \frac{F_{t3}}{F_{03}} + \cdots + B_n \times \frac{F_{tn}}{F_{0n}}\right) - 1\right]$$

式中　ΔP——需调整的价格差额。

P_0——约定的付款证书中承包人应得到的已完成工程量的金额。此项金额应不包括价格调整、不计质量保证金的扣留和支付、预付款的支付和扣回。约定的变更及其他金额已按现行价格计价的，也不计在内。

A——定值权重(即不调部分的权重)。

$B_1, B_2, B_3, \cdots, B_n$——各可调因子的变值权重(即可调部分的权重)，为各可调因子在签约合同价中所占的比例。

$F_{t1}, F_{t2}, F_{t3}, \cdots, F_{tn}$——各可调因子的现行价格指数，指约定的付款证书相关周期最后一天的前42天的各可调因子的价格指数。

$F_{01}, F_{02}, F_{03}, \cdots, F_{0n}$——各可调因子的基本价格指数，指基准日期的各可调因子的价格指数。

以上价格调整公式中的各可调因子、定值和变值权重，以及基本价格指数及其来源在投标函附录价格指数和权重表中约定，非招标订立的合同，由合同当事人在专用合同条款中约定。价格指数应首先采用工程造价管理机构发布的价格指数，无前述价格指数时，可采用工程造价管理机构发布的价格代替。

(2)暂时确定调整差额

在计算调整差额时无现行价格指数的，合同当事人同意暂用前次价格指数计算。实际价格指数有调整的，合同当事人进行相应调整。

(3)权重的调整

因变更导致合同约定的权重不合理时,按照商定或确定执行。

(4)因承包人原因工期延误后的价格调整

因承包人原因未按期竣工的,对合同约定的竣工日期后继续施工的工程,在使用价格调整公式时,应采用计划竣工日期与实际竣工日期的两个价格指数中较低的一个作为现行价格指数。

第 2 种方式:采用造价信息进行价格调整。

合同履行期间,因人工、材料、工程设备和机械台班价格波动影响合同价格时,人工、机械使用费按照国家或省、自治区、直辖市建设行政管理部门、行业建设管理部门或其授权的工程造价管理机构发布的人工、机械使用费系数进行调整;需要进行价格调整的材料,其单价和采购数量应由发包人审批,发包人确认需调整的材料单价及数量,作为调整合同价格的依据。

①人工单价发生变化且符合省级或行业建设主管部门发布的人工费调整规定,合同当事人应按省级或行业建设主管部门或其授权的工程造价管理机构发布的人工费等文件调整合同价格,但承包人对人工费或人工单价的报价高于发布价格的除外。

②材料、工程设备价格变化的价款调整按照发包人提供的基准价格,按以下风险范围规定执行:

a. 承包人在已标价工程量清单或预算书中载明材料单价低于基准价格的:除专用合同条款另有约定外,合同履行期间材料单价涨幅以基准价格为基础超过 5% 时,或材料单价跌幅以在已标价工程量清单或预算书中载明材料单价为基础超过 5% 时,其超过部分据实调整。

b. 承包人在已标价工程量清单或预算书中载明材料单价高于基准价格的:除专用合同条款另有约定外,合同履行期间材料单价跌幅以基准价格为基础超过 5% 时,材料单价涨幅以在已标价工程量清单或预算书中载明材料单价为基础超过 5% 时,其超过部分据实调整。

c. 承包人在已标价工程量清单或预算书中载明材料单价等于基准价格的:除专用合同条款另有约定外,合同履行期间材料单价涨跌幅以基准价格为基础超过±5% 时,其超过部分据实调整。

d. 承包人应在采购材料前将采购数量和新的材料单价报发包人核对,发包人确认用于工程时,发包人应确认采购材料的数量和单价。发包人在收到承包人报送的确认资料后 5 天内不予答复的视为认可,作为调整合同价格的依据。未经发包人事先核对,承包人自行采购材料的,发包人有权不予调整合同价格。发包人同意的,可以调整合同价格。

前述基准价格是指由发包人在招标文件或专用合同条款中给定的材料、工程设备的价格,该价格原则上应当按照省级或行业建设主管部门或其授权的工程造价管理机构发布的信息价编制。

③施工机械台班单价或施工机械使用费发生变化超过省级或行业建设主管部门或其授权的工程造价管理机构规定的范围时,按规定调整合同价格。

第 3 种方式:专用合同条款约定的其他方式。

2. 法律变化引起的调整

基准日期后,法律变化导致承包人在合同履行过程中所需要的费用发生除市场价格波动引起的调整约定以外的增加时,由发包人承担由此增加的费用;减少时,应从合同价格中予以扣减。基准日期后,因法律变化造成工期延误时,工期应予以顺延。

因法律变化引起的合同价格和工期调整,合同当事人无法达成一致的,由总监理工程师按商定或确定的约定处理。

因承包人原因造成工期延误,在工期延误期间出现法律变化的,由此增加的费用和(或)延误的工期由承包人承担。

(二)工程进度款的支付

1. 付款周期

除专用合同条款另有约定外,付款周期应按照计量周期的约定与计量周期保持一致。

2. 进度付款申请单的编制

除专用合同条款另有约定外,进度付款申请单应包括下列内容:

①截至本次付款周期已完成工作对应的金额;

②根据变更应增加和扣减的变更金额;

③根据预付款约定应支付的预付款和扣减的返还预付款;

④根据质量保证金约定应扣减的质量保证金;

⑤根据索赔应增加和扣减的索赔金额;

⑥对已签发的进度款支付证书中出现错误的修正,应在本次进度付款中支付或扣除的金额;

⑦根据合同约定应增加和扣减的其他金额。

3. 进度付款申请单的提交

(1)单价合同进度付款申请单的提交

单价合同的进度付款申请单,按照单价合同的计量约定的时间按月向监理人提交,并附上已完成工程量报表和有关资料。单价合同中的总价项目按月进行支付分解,并汇总列入当期进度付款申请单。

(2)总价合同进度付款申请单的提交

总价合同按月计量支付的,承包人按照总价合同的计量约定的时间按月向监理人提交进度付款申请单,并附上已完成工程量报表和有关资料。

总价合同按支付分解表支付的,承包人应按照支付分解表及进度付款申请单的编制的约定向监理人提交进度付款申请单。

4. 其他价格形式合同的进度付款申请单的提交

合同当事人可在专用合同条款中约定其他价格形式合同的进度付款申请单的编制和提交程序。

5. 进度款审核和支付

①除专用合同条款另有约定外,监理人应在收到承包人进度付款申请单以及相关资料后7天内完成审查并报送发包人,发包人应在收到后7天内完成审批并签发进度款支付证书。发包人逾期未完成审批且未提出异议的,视为已签发进度款支付证书。

发包人和监理人对承包人的进度付款申请单有异议的,有权要求承包人修正和提供补充资料,承包人应提交修正后的进度付款申请单。监理人应在收到承包人修正后的进度付款申请单及相关资料后7天内完成审查并报送发包人,发包人应在收到监理人报送的进度付款申请单及相关资料后 7 天内，向承包人签发无异议部分的临时进度款支付证书。存在争议的部分，按照争议解决的约定处理。

②除专用合同条款另有约定外，发包人应在进度款支付证书或临时进度款支付证书签发后 14 天内完成支付，发包人逾期支付进度款的，应按照中国人民银行发布的同期同类贷款基准利率支付违约金。

③发包人签发进度款支付证书或临时进度款支付证书，不表明发包人已同意、批准或接受了承包人完成的相应部分的工作。

6. 进度付款的修正

在对已签发的进度款支付证书进行阶段汇总和复核中发现错误、遗漏或重复的，发包人和承包人均有权提出修正申请。经发包人和承包人同意的修正，应在下期进度付款中支付或扣除。

7. 支付账户

发包人应将合同价款支付至合同协议书中约定的承包人账户。

四、工程变更管理

1. 变更的范围

根据《建设工程施工合同（示范文本）》（GF-2017-0201）的相关规定，除专用合同条款另有约定外，合同履行过程中发生以下情形的，应按照本条约定进行变更：

①增加或减少合同中任何工作，或追加额外的工作；

②取消合同中任何工作，但转由他人实施的工作除外；

③改变合同中任何工作的质量标准或其他特性；

④改变工程的基线、标高、位置和尺寸；

⑤改变工程的时间安排或实施顺序。

2. 变更权

发包人和监理人均可以提出变更。变更指示均通过监理人发出，监理人发出变更指示前应征得发包人同意。承包人收到经发包人签认的变更指示后，方可实施变更。未经许可，承包人不得擅自对工程的任何部分进行变更。

涉及设计变更的，应由设计人提供变更后的图纸和说明。如变更超过原设计标准或批准的建设规模时，发包人应及时办理规划、设计变更等审批手续。

3. 变更程序

（1）发包人提出变更

发包人提出变更的，应通过监理人向承包人发出变更指示，变更指示应说明计划变更的工程范围和变更的内容。

（2）监理人提出变更

监理人提出变更建议的，需要向发包人以书面形式提出变更计划，说明计划变更工程范围和变更的内容、理由，以及实施该变更对合同价格和工期的影响。发包人同意变更的，由监理人向承包人发出变更指示。发包人不同意变更的，监理人无权擅自发出变更指示。

(3)变更执行

承包人收到监理人下达的变更指示后,认为不能执行,应立即提出不能执行该变更指示的理由。承包人认为可以执行变更的,应当书面说明实施该变更指示对合同价格和工期的影响,且合同当事人应当按照有关变更估价的约定确定变更估价。

4. 变更估价

(1)变更估价的原则

除专用合同条款另有约定外,变更估价按照本款约定处理:

①已标价工程量清单或预算书有相同项目的,按照相同项目单价认定;

②已标价工程量清单或预算书中无相同项目,但有类似项目的,参照类似项目的单价认定;

③变更导致实际完成的变更工程量与已标价工程量清单或预算书中列明的该项目工程量的变化幅度超过15%的,或已标价工程量清单或预算书中无相同项目及类似项目单价的,按照合理的成本与利润构成的原则,由合同当事人按照商定或确定变更工作的单价。

(2)变更估价的程序

承包人应在收到变更指示后14天内,向监理人提交变更估价申请。监理人应在收到承包人提交的变更估价申请后7天内审查完毕并报送发包人,监理人对变更估价申请有异议的,通知承包人修改后重新提交。发包人应在承包人提交变更估价申请后14天内审批完毕。发包人逾期未完成审批或未提出异议的,视为认可承包人提交的变更估价申请。

因变更引起的价格调整应计入最近一期的进度款中支付。

任务五　竣工阶段的合同管理

一、工程试车

1. 试车程序

工程需要试车的,除专用合同条款另有约定外,试车内容应与承包人承包范围相一致,试车费用由承包人承担。工程试车应按如下程序进行。

①具备单机无负荷试车条件,承包人组织试车,并在试车前48 h书面通知监理人,通知中应载明试车内容、时间、地点。承包人准备试车记录,发包人根据承包人要求为试车提供必要条件。试车合格的,监理人在试车记录上签字。监理人在试车合格后不在试车记录上签字,自试车结束满24 h后视为监理人已经认可试车记录,承包人可继续施工或办理竣工验收手续。

监理人不能按时参加试车,应在试车前24 h以书面形式向承包人提出延期要求,但延期不能超过48 h,由此导致工期延误的,工期应予以顺延。监理人未能在前述期限内提出延期要求,又不参加试车的,视为认可试车记录。

②具备无负荷联动试车条件,发包人组织试车,并在试车前48 h以书面形式通知承包人。通知中应载明试车内容、时间、地点和对承包人的要求,承包人按要求做好准备工作。试车合

格，合同当事人在试车记录上签字。承包人无正当理由不参加试车的，视为认可试车记录。

2. 试车中的责任

因设计原因导致试车达不到验收要求，发包人应要求设计人修改设计，承包人按修改后的设计重新安装。发包人承担修改设计、拆除及重新安装的全部费用，工期相应顺延。因承包人原因导致试车达不到验收要求，承包人按监理人要求重新安装和试车，并承担重新安装和试车的费用，工期不予顺延。

因工程设备制造原因导致试车达不到验收要求的，由采购该工程设备的合同当事人负责重新购置或修理，承包人负责拆除和重新安装，由此增加的修理、重新购置、拆除及重新安装的费用及延误的工期由采购该工程设备的合同当事人承担。

3. 投料试车

如需进行投料试车的，发包人应在工程竣工验收后组织投料试车。发包人要求在工程竣工验收前进行或需要承包人配合时，应征得承包人同意，并在专用合同条款中约定有关事项。

投料试车合格的，费用由发包人承担；因承包人原因造成投料试车不合格的，承包人应按照发包人要求进行整改，由此产生的整改费用由承包人承担；非因承包人原因导致投料试车不合格的，如发包人要求承包人进行整改的，由此产生的费用由发包人承担。

二、工程竣工验收

1. 竣工验收条件

工程具备以下条件的，承包人可以申请竣工验收：

①除发包人同意的甩项工作和缺陷修补工作外，合同范围内的全部工程以及有关工作，包括合同要求的试验、试运行以及检验均已完成，并符合合同要求；

②已按合同约定编制了甩项工作和缺陷修补工作清单以及相应的施工计划；

③已按合同约定的内容和份数备齐竣工资料。

2. 竣工验收程序

除专用合同条款另有约定外，承包人申请竣工验收的，应当按照以下程序进行。

①承包人向监理人报送竣工验收申请报告，监理人应在收到竣工验收申请报告后 14 天内完成审查并报送发包人。监理人审查后认为尚不具备验收条件的，应通知承包人在竣工验收前承包人还需完成的工作内容，承包人应在完成监理人通知的全部工作内容后，再次提交竣工验收申请报告。

②监理人审查后认为已具备竣工验收条件的，应将竣工验收申请报告提交发包人，发包人应在收到经监理人审核的竣工验收申请报告后 28 天内审批完毕并组织监理人、承包人、设计人等相关单位完成竣工验收。

③竣工验收合格的，发包人应在验收合格后 14 天内向承包人签发工程接收证书。发包人无正当理由逾期不颁发工程接收证书的，自验收合格后第 15 天起视为已颁发工程接收证书。

④竣工验收不合格的，监理人应按照验收意见发出指示，要求承包人对不合格工程返工、修复或采取其他补救措施，由此增加的费用和(或)延误的工期由承包人承担。承包人在完成不合格工程的返工、修复或采取其他补救措施后，应重新提交竣工验收申请报告，并按本项约

定的程序重新进行验收。

⑤工程未经验收或验收不合格，发包人擅自使用的，应在转移占有工程后 7 天内向承包人颁发工程接收证书；发包人无正当理由逾期不颁发工程接收证书的，自转移占有后第 15 天起视为已颁发工程接收证书。

除专用合同条款另有约定外，发包人不按照本项约定组织竣工验收、颁发工程接收证书的，每逾期一天，应以签约合同价为基数，按照中国人民银行发布的同期同类贷款基准利率支付违约金。

3. 竣工日期

工程经竣工验收合格的，以承包人提交竣工验收申请报告之日为实际竣工日期，并在工程接收证书中载明；因发包人原因，未在监理人收到承包人提交的竣工验收申请报告 42 天内完成竣工验收，或完成竣工验收不予签发工程接收证书的，以提交竣工验收申请报告的日期为实际竣工日期；工程未经竣工验收，发包人擅自使用的，以转移占有工程之日为实际竣工日期。

4. 拒绝接收全部或部分工程

对于竣工验收不合格的工程，承包人完成整改后，应当重新进行竣工验收，经重新组织验收仍不合格的且无法采取措施补救的，则发包人可以拒绝接收不合格工程，因不合格工程导致其他工程不能正常使用的，承包人应采取措施确保相关工程的正常使用，由此增加的费用和(或)延误的工期由承包人承担。

5. 移交、接收全部与部分工程

除专用合同条款另有约定外，合同当事人应当在颁发工程接收证书后 7 天内完成工程的移交。

发包人无正当理由不接收工程的，发包人自应当接收工程之日起，承担工程照管、成品保护、保管等与工程有关的各项费用，合同当事人可以在专用合同条款中另行约定发包人逾期接收工程的违约责任。

承包人无正当理由不移交工程的，承包人应承担工程照管、成品保护、保管等与工程有关的各项费用，合同当事人可以在专用合同条款中另行约定承包人无正当理由不移交工程的违约责任。

三、工程保修

1. 保修责任

工程保修期从工程竣工验收合格之日起算，具体分部分项工程的保修期由合同当事人在专用合同条款中约定，但不得低于法定最低保修年限。在工程保修期内，承包人应当根据有关法律规定以及合同约定承担保修责任。

发包人未经竣工验收擅自使用工程的，保修期自转移占有之日起算。

2. 修复费用

保修期内，修复的费用按照以下约定处理：

①保修期内，因承包人原因造成工程的缺陷、损坏，承包人应负责修复，并承担修复的费用以及因工程的缺陷、损坏造成的人身伤害和财产损失；

②保修期内，因发包人使用不当造成工程的缺陷、损坏，可以委托承包人修复，但发包人应承担修复的费用，并支付承包人合理利润；

③因其他原因造成工程的缺陷、损坏，可以委托承包人修复，发包人应承担修复的费用，并支付承包人合理的利润，因工程的缺陷、损坏造成的人身伤害和财产损失由责任方承担。

3. 修复通知

在保修期内，发包人在使用过程中，发现已接收的工程存在缺陷或损坏的，应书面通知承包人予以修复，但情况紧急必须立即修复缺陷或损坏的，发包人可以口头通知承包人并在口头通知后48 h内书面确认，承包人应在专用合同条款约定的合理期限内到达工程现场并修复缺陷或损坏。

4. 未能修复

因承包人原因造成工程的缺陷或损坏，承包人拒绝维修或未能在合理期限内修复缺陷或损坏，且经发包人书面催告后仍未修复的，发包人有权自行修复或委托第三方修复，所需费用由承包人承担。但修复范围超出缺陷或损坏范围的，超出范围部分的修复费用由发包人承担。

5. 承包人出入权

在保修期内，为了修复缺陷或损坏，承包人有权出入工程现场，除情况紧急必须立即修复缺陷或损坏外，承包人应提前24 h通知发包人进场修复的时间。承包人进入工程现场前应获得发包人同意，且不应影响发包人正常的生产经营，并应遵守发包人有关保安和保密等规定。

四、竣工结算

1. 竣工结算申请

除专用合同条款另有约定外，承包人应在工程竣工验收合格后28天内向发包人和监理人提交竣工结算申请单，并提交完整的结算资料，有关竣工结算申请单的资料清单和份数等要求由合同当事人在专用合同条款中约定。

除专用合同条款另有约定外，竣工结算申请单应包括以下内容：

①竣工结算合同价格。

②发包人已支付承包人的款项。

③应扣留的质量保证金。已缴纳履约保证金的或提供其他工程质量担保方式的除外。

④发包人应支付承包人的合同价款。

2. 竣工结算审核

①除专用合同条款另有约定外，监理人应在收到竣工结算申请单后14天内完成核查并报送发包人。发包人应在收到监理人提交的经审核的竣工结算申请单后14天内完成审批，并由监理人向承包人签发经发包人签认的竣工付款证书。监理人或发包人对竣工结算申请单有异议的，有权要求承包人进行修正和提供补充资料，承包人应提交修正后的竣工结算申请单。

发包人在收到承包人提交竣工结算申请书后28天内未完成审批且未提出异议的，视为发包人认可承包人提交的竣工结算申请单，并自发包人收到承包人提交的竣工结算申请单后第29天起视为已签发竣工付款证书。

②除专用合同条款另有约定外，发包人应在签发竣工付款证书后的 14 天内，完成对承包人的竣工付款。发包人逾期支付的，按照中国人民银行发布的同期同类贷款基准利率支付违约金；逾期支付超过 56 天的，按照中国人民银行发布的同期同类贷款基准利率的两倍支付违约金。

③承包人对发包人签认的竣工付款证书有异议的，对于有异议部分应在收到发包人签认的竣工付款证书后 7 天内提出异议，并由合同当事人按照专用合同条款约定的方式和程序进行复核，或按照合同中"争议解决"处理。对于无异议部分，发包人应签发临时竣工付款证书，并按约定完成付款。承包人逾期未提出异议的，视为认可发包人的审批结果。

任务六　施工合同监督管理

一、不可抗力

1. 不可抗力的确认

不可抗力是指合同当事人在签订合同时不可预见，在合同履行过程中不可避免且不能克服的自然灾害和社会性突发事件，如地震、海啸、瘟疫、骚乱、戒严、暴动、战争和专用合同条款中约定的其他情形。

不可抗力发生后，发包人和承包人应收集证明不可抗力发生及不可抗力造成损失的证据，并及时认真统计所造成的损失。合同当事人对是否属于不可抗力或其损失的意见不一致的，由监理人按商定或确定的约定处理。发生争议时，按争议解决的约定处理。

2. 不可抗力的通知

合同一方当事人遇到不可抗力事件，使其履行合同义务受到阻碍时，应立即通知合同另一方当事人和监理人，书面说明不可抗力和受阻碍的详细情况，并提供必要的证明。

不可抗力持续发生的，合同一方当事人应及时向合同另一方当事人和监理人提交中间报告，说明不可抗力和履行合同受阻的情况，并于不可抗力事件结束后 28 天内提交最终报告及有关资料。

3. 不可抗力后果的承担

①不可抗力引起的后果及造成的损失由合同当事人按照法律规定及合同约定各自承担。不可抗力发生前已完成的工程应当按照合同约定进行计量支付。

②不可抗力导致的人员伤亡、财产损失、费用增加和（或）工期延误等后果，由合同当事人按以下原则承担：

a. 永久工程、已运至施工现场的材料和工程设备的损坏，以及因工程损坏造成的第三人伤亡和财产损失由发包人承担；

b. 承包人施工设备的损坏由承包人承担；

c. 发包人和承包人承担各自人员伤亡和财产的损失；

d. 因不可抗力影响承包人履行合同约定的义务，已经引起或将引起工期延误的，应当顺延工期，由此导致承包人停工的费用损失由发包人和承包人合理分担，停工期间必须支付的工人工资由发包人承担；

e. 因不可抗力引起或将引起工期延误，发包人要求赶工的，由此增加的赶工费用由发包人承担；

f. 承包人在停工期间按照发包人要求照管、清理和修复工程的费用由发包人承担。

不可抗力发生后，合同当事人均应采取措施尽量避免和减少损失的扩大，任何一方当事人没有采取有效措施导致损失扩大的，应对扩大的损失承担责任。

因合同一方迟延履行合同义务，在迟延履行期间遭遇不可抗力的，不免除其违约责任。

4. 因不可抗力解除合同

因不可抗力导致合同无法履行连续超过 84 天或累计超过 140 天的，发包人和承包人均有权解除合同。合同解除后，由双方当事人按照商定或确定发包人应支付的款项，该款项包括：

①合同解除前承包人已完成工作的价款；

②承包人为工程订购的并已交付给承包人，或承包人有责任接受交付的材料、工程设备和其他物品的价款；

③发包人要求承包人退货或解除订货合同而产生的费用，或因不能退货或解除合同而产生的损失；

④承包人撤离施工现场以及遣散承包人的费用；

⑤按照合同约定在合同解除前应支付给承包人的其他款项；

⑥扣减承包人按照合同约定应向发包人支付的款项；

⑦双方商定或确定的其他款项。

除专用合同条款另有约定外，合同解除后，发包人应在商定或确定上述款项后 28 天内完成支付。

二、保险

1. 工程保险

除专用合同条款另有约定外，发包人应投保建筑工程一切险或安装工程一切险；发包人委托承包人投保的，因投保产生的保险费和其他相关费用由发包人承担。

2. 工伤保险

①发包人应依照法律规定参加工伤保险，并为在施工现场的全部员工办理工伤保险，缴纳工伤保险费，并要求监理人及由发包人为履行合同聘请的第三方依法参加工伤保险。

②承包人应依照法律规定参加工伤保险，并为其履行合同的全部员工办理工伤保险，缴纳工伤保险费，并要求分包人及由承包人为履行合同聘请的第三方依法参加工伤保险。

3. 其他保险

发包人和承包人可以为其施工现场的全部人员办理意外伤害保险并支付保险费，包括其员工及为履行合同聘请的第三方的人员，具体事项由合同当事人在专用合同条款约定。

除专用合同条款另有约定外，承包人应为其施工设备等办理财产保险。

4. 持续保险

合同当事人应与保险人保持联系，使保险人能够随时了解工程实施中的变动，并确保按保险合同条款要求持续保险。

5. 保险凭证

合同当事人应及时向另一方当事人提交其已投保的各项保险的凭证和保险单复印件。

6. 未按约定投保的补救

①发包人未按合同约定办理保险，或未能使保险持续有效的，则承包人可代为办理，所需费用由发包人承担。发包人未按合同约定办理保险，导致未能得到足额赔偿的，由发包人负责补足。

②承包人未按合同约定办理保险，或未能使保险持续有效的，则发包人可代为办理，所需费用由承包人承担。承包人未按合同约定办理保险，导致未能得到足额赔偿的，由承包人负责补足。

7. 通知义务

除专用合同条款另有约定外，发包人变更除工伤保险之外的保险合同时，应事先征得承包人同意，并通知监理人；承包人变更除工伤保险之外的保险合同时，应事先征得发包人同意，并通知监理人。

保险事故发生时，投保人应按照保险合同规定的条件和期限及时向保险人报告。发包人和承包人应当在知道保险事故发生后及时通知对方。

三、分包

1. 分包的一般约定

承包人不得将其承包的全部工程转包给第三人，或将其承包的全部工程肢解后以分包的名义转包给第三人。承包人不得将工程主体结构、关键性工作及专用合同条款中禁止分包的专业工程分包给第三人，主体结构、关键性工作的范围由合同当事人按照法律规定在专用合同条款中予以明确。

承包人不得以劳务分包的名义转包或违法分包工程。

2. 分包的确定

承包人应按专用合同条款的约定进行分包，确定分包人。已标价工程量清单或预算书中给定暂估价的专业工程，按照暂估价确定分包人。按照合同约定进行分包的，承包人应确保分包人具有相应的资质和能力。工程分包不减轻或免除承包人的责任和义务，承包人和分包人就分包工程向发包人承担连带责任。除合同另有约定外，承包人应在分包合同签订后7天内向发包人和监理人提交分包合同副本。

3. 分包管理

承包人应向监理人提交分包人的主要施工管理人员表，并对分包人的施工人员进行实名制管理，包括但不限于进出场管理、登记造册以及各种证照的办理。

4. 分包合同价款

①除②约定的情况或专用合同条款另有约定外，分包合同价款由承包人与分包人结算，未经承包人同意，发包人不得向分包人支付分包工程价款；

②生效法律文书要求发包人向分包人支付分包合同价款的，发包人有权从应付承包人工程款中扣除该部分款项。

5. 分包合同权益的转让

分包人在分包合同项下的义务持续到缺陷责任期届满以后的，发包人有权在缺陷责任期届满前，要求承包人将其在分包合同项下的权益转让给发包人，承包人应当转让。除转让合同另有约定外，转让合同生效后，由分包人向发包人履行义务。

四、违约责任

1. 发包人违约

(1)发包人违约的情形

在合同履行过程中发生的下列情形，属于发包人违约：

①因发包人原因未能在计划开工日期前 7 天内下达开工通知的；

②因发包人原因未能按合同约定支付合同价款的；

③发包人违反变更的范围约定，自行实施被取消的工作或转由他人实施的；

④发包人提供的材料、工程设备的规格、数量或质量不符合合同约定，或因发包人原因导致交货日期延误或交货地点变更等情况的；

⑤因发包人违反合同约定造成暂停施工的；

⑥发包人无正当理由没有在约定期限内发出复工指示，导致承包人无法复工的；

⑦发包人明确表示或者以其行为表明不履行合同主要义务的；

⑧发包人未能按照合同约定履行其他义务的。

发包人发生除本项第⑦目以外的违约情况时，承包人可向发包人发出通知，要求发包人采取有效措施纠正违约行为。发包人收到承包人通知后 28 天内仍不纠正违约行为的，承包人有权暂停相应部位工程施工，并通知监理人。

(2)发包人违约的责任

发包人应承担因其违约给承包人增加的费用和(或)延误的工期，并支付承包人合理的利润。此外，合同当事人可在专用合同条款中另行约定发包人违约责任的承担方式和计算方法。

(3)因发包人违约解除合同

除专用合同条款另有约定外，承包人按发包人违约的情形约定暂停施工满 28 天后，发包人仍不纠正其违约行为并致使合同目的不能实现的，或出现发包人违约的情形约定的违约情况，承包人有权解除合同，发包人应承担由此增加的费用，并支付承包人合理的利润。

(4)因发包人违约解除合同后的付款

承包人按照本款约定解除合同的，发包人应在解除合同后 28 天内支付下列款项，并解除履约担保：

①合同解除前所完成工作的价款；

②承包人为工程施工订购并已付款的材料、工程设备和其他物品的价款；

③承包人撤离施工现场以及遣散承包人人员的款项；

④按照合同约定在合同解除前应支付的违约金；

⑤按照合同约定应当支付给承包人的其他款项；

⑥按照合同约定应退还的质量保证金；

⑦因解除合同给承包人造成的损失。

合同当事人未能就解除合同后的结清达成一致的，按照争议解决的约定处理。

承包人应妥善做好已完工程和与工程有关的已购材料、工程设备的保护和移交工作，并将施工设备和人员撤出施工现场，发包人应为承包人撤出提供必要条件。

2.承包人违约

(1)承包人违约的情形

在合同履行过程中发生的下列情形，属于承包人违约：

①承包人违反合同约定进行转包或违法分包的；

②承包人违反合同约定采购和使用不合格的材料和工程设备的；

③因承包人原因导致工程质量不符合合同要求的；

④承包人违反材料与设备专用要求的约定，未经批准，私自将已按照合同约定进入施工现场的材料或设备撤离施工现场的；

⑤承包人未能按施工进度计划及时完成合同约定的工作，造成工期延误的；

⑥承包人在缺陷责任期及保修期内，未能在合理期限对工程缺陷进行修复，或拒绝按发包人要求进行修复的；

⑦承包人明确表示或者以其行为表明不履行合同主要义务的；

⑧承包人未能按照合同约定履行其他义务的。

承包人发生除本项第⑦目约定以外的其他违约情况时，监理人可向承包人发出整改通知，要求其在指定的期限内改正。

(2)承包人违约的责任

承包人应承担因其违约行为而增加的费用和(或)延误的工期。此外，合同当事人可在专用合同条款中另行约定承包人违约责任的承担方式和计算方法。

(3)因承包人违约解除合同

除专用合同条款另有约定外，出现承包人违约的情形约定的违约情况时，或监理人发出整改通知后，承包人在指定的合理期限内仍不纠正违约行为并致使合同目的不能实现的，发包人有权解除合同。合同解除后，因继续完成工程的需要，发包人有权使用承包人在施工现场的材料、设备、临时工程、承包人文件和由承包人或以其名义编制的其他文件，合同当事人应在专用合同条款约定相应费用的承担方式。发包人继续使用的行为不免除或减轻承包人应承担的违约责任。

(4)因承包人违约解除合同后的处理

因承包人原因导致合同解除的，则合同当事人应在合同解除后28天内完成估价、付款和清算，并按以下约定执行：

①合同解除后，按商定或确定承包人实际完成工作对应的合同价款，以及承包人已提供的材料、工程设备、施工设备和临时工程等的价值；

②合同解除后，承包人应支付的违约金；

③合同解除后，因解除合同给发包人造成的损失；

④合同解除后，承包人应按照发包人要求和监理人的指示完成现场的清理和撤离；

⑤发包人和承包人应在合同解除后进行清算，出具最终结清付款证书，结清全部款项。

因承包人违约解除合同的，发包人有权暂停对承包人的付款，查清各项付款和已扣款项。发包人和承包人未能就合同解除后的清算和款项支付达成一致的，按照争议解决的约定处理。

(5)采购合同权益转让

因承包人违约解除合同的，发包人有权要求承包人将其为实施合同而签订的材料和设备的采购合同的权益转让给发包人，承包人应在收到解除合同通知后 14 天内，协助发包人与采购合同的供应商达成相关的转让协议。

3. 第三人造成的违约

在履行合同过程中，一方当事人因第三人的原因造成违约的，应当向对方当事人承担违约责任。一方当事人和第三人之间的纠纷，依照法律规定或者按照约定解决。

五、争议处理

1. 和解

合同当事人可以就争议自行和解，自行和解达成协议的经双方签字并盖章后作为合同补充文件，双方均应遵照执行。

合同争议处理

2. 调解

合同当事人可以就争议请求建设行政主管部门、行业协会或其他第三方进行调解，调解达成协议的，经双方签字并盖章后作为合同补充文件，双方均应遵照执行。

3. 争议评审

合同当事人在专用合同条款中约定采取争议评审方式解决争议以及评审规则，并按下列约定执行。

(1)争议评审小组的确定

合同当事人可以共同选择一名或三名争议评审员，组成争议评审小组。除专用合同条款另有约定外，合同当事人应当自合同签订后 28 天内，或者争议发生后 14 天内，选定争议评审员。

选择一名争议评审员的，由合同当事人共同确定；选择三名争议评审员的，各自选定一名，第三名成员为首席争议评审员，由合同当事人共同确定或由合同当事人委托已选定的争议评审员共同确定，或由专用合同条款约定的评审机构指定第三名首席争议评审员。

除专用合同条款另有约定外，评审员报酬由发包人和承包人各承担一半。

(2)争议评审小组的决定

合同当事人可在任何时间将与合同有关的任何争议共同提请争议评审小组进行评审。争议评审小组应秉持客观、公正原则，充分听取合同当事人的意见，依据相关法律、规范、标准、案例经验及商业惯例等，自收到争议评审申请报告后 14 天内作出书面决定，并说明理由。合同当事人可以在专用合同条款中对本项事项另行约定。

(3)争议评审小组决定的效力

争议评审小组作出的书面决定经合同当事人签字确认后，对双方具有约束力，双方应遵照执行。

任何一方当事人不接受争议评审小组决定或不履行争议评审小组决定的，双方可选择采用其他争议解决方式。

4. 仲裁或诉讼

因合同及合同有关事项产生的争议，合同当事人可以在专用合同条款中约定以下一种方式解决争议：

①向约定的仲裁委员会申请仲裁；

②向有管辖权的人民法院起诉。

由于未考虑材料涨价风险而引起的争议

5. 争议解决条款效力

合同有关争议解决的条款独立存在，合同的变更、解除、终止、无效或者被撤销均不影响其效力。

案例应用

某建设单位（甲方）拟建造一栋职工住宅，采用招标方式由某施工单位（乙方）承建。甲乙双方签订的施工合同摘要如下：

一、协议书中的部分条款

（一）工程概况

工程名称：职工住宅楼

工程地点：市区

工程内容：建筑面积为 3 200 m^2 的砖混结构住宅楼

（二）工程承包范围

承包范围：某建筑设计院设计的施工图所包括的土建、装饰、水暖电工程。

（三）合同工期

开工日期：2022 年 3 月 21 日

竣工日期：2022 年 9 月 30 日

合同工期总日历天数：190 天（扣除 5 月 1—3 日）

（四）质量标准

工程质量标准：达到甲方规定的质量标准

（五）合同价款

合同总价为：壹佰陆拾陆万肆仟元人民币（￥166.4 万元）

（六）乙方承诺的质量保修

在该项目设计规定的使用年限（50 年）内，乙方承担全部保修责任。

（七）甲方承诺的合同价款支付期限与方式

1. 工程预付款：于开工之日支付合同总价的 10% 作为预付款。预付款不予扣回，直接抵作工程进度款。

2. 工程进度款：基础工程完成后，支付合同总价的 20%；主体结构三层完成后，支付合同总价的 20%；主体结构全部封顶后，支付合同总价的 20%；工程基本竣工时，支付合同总价的 30%。为确保工程如期竣工，乙方不得因甲方资金的暂时不到位而停工和拖延工期。

3. 竣工结算：工程竣工验收后，进行竣工结算。结算时按全部工程造价的 3% 扣留工程质保证金。

(八)合同生效

合同订立时间:2022 年 3 月 5 日

合同订立地点:××市××区××街××号

本合同双方约定:经双方主管部门批准及公证后生效

二、专用条款中有关合同价款的条款

本合同价款采用固定价格合同方式确定。

合同价款包括的风险范围:

①工程变更事件发生导致工程造价增减不超过合同总价 10%;

②政策性规定以外的材料价格涨落等因素造成工程成本变化。

风险费用的计算方法:风险费用已包括在合同总价中。

风险范围以外合同价款调整方法:按实际竣工建筑面积 520.00 元/m^2 调整合同价款。

三、补充协议条款

在上述施工合同协议条款签订后,甲乙双方又接着签订了补充施工合同协议条款。摘要如下:

补 1:木门窗均用水曲柳板包门窗套。

补 2:铝合金窗 90 系列改用 42 型系列某铝合金厂产品。

补 3:挑阳台均采用 42 型系列某铝合金厂铝合金窗封闭。

问题:

①上述合同属于哪种计价方式合同类型?

②该合同签订的条款有哪些不妥当之处?应如何修改?

③对合同中未规定的承包商义务,合同实施过程中又必须进行的工程内容,承包商应如何处理?

分析要点:

本案例主要涉及有关建设工程施工合同类型及其适用条件,合同条款签订中易发生的若干问题,以及施工过程中出现合同未规定的承包商义务,但又必须进行的工程内容,承包商如何处理。

案例应用答案

项目总结

建设工程合同管理是项目管理的核心和灵魂,是综合性的、全面的、高层次的管理工作。本章简述了施工合同管理的特点、工作内容;重点讲述了招投标阶段、施工准备阶段、施工阶段、竣工阶段的合同管理,以及施工合同的监督管理等内容,培养学生分析问题、解决问题的能力。

技能实训

某建设工程施工合同解析

实训目标:

通过理解和掌握建设工程合同的知识,学会分析处理施工合同履行过程中出现的各种问题的能力。

实训过程：

1. 指导教师提供某工程施工合同的履行情况。

例如，某建筑公司与某医院签订了建设工程施工合同，明确承包方保质、保量、保工期完成发包方的门诊楼施工任务。工程竣工后，承包方向发包方提交了竣工报告，发包方认为其工程质量好，双方合作愉快，为不影响病人就医，故没有组织验收便直接使用。使用中发现门诊楼存在质量问题，遂要求承包方修理。承包方则认为工程未经验收，提前使用，出现质量问题，承包人不再承担责任。

2. 指导教师提出施工合同履行过程中的各种问题事件。

(1)依照有关法律、法规，该质量问题的责任由谁承担？

(2)工程未经验收，发包方提前使用，可否视为工程已交付，承包人不再承担责任？

(3)如果工程现场有业主聘任的监理工程师，出现上述问题应如何处理？是否承担一定责任？

(4)发生上述问题，承包人的保修责任应如何履行？

(5)上述纠纷，发包方和承包方可以通过何种方式解决？

3. 由 5 人或 6 人一组，由各组长负责，共同讨论分析。

实训成果：

编制出施工合同履行过程中问题事件的处理报告。

能力训练

某施工单位根据领取的某 200 m^2 两层厂房工程项目招标文件和全套施工图纸，采用低报价策略编制了投标文件，并获得中标。该施工单位(乙方)与建设单位(甲方)签订了该工程项目的固定价格施工合同。合同工期为 8 个月。甲方在乙方进入施工现场后，因资金紧缺，无法如期支付工程款，口头要求乙方暂停施工一个月。乙方亦口头答应。工程按合同规定期限验收时，甲方发现工程质量有问题，要求返工。两个月后，返工完毕。结算时甲方认为乙方迟延交付工程，应按合同约定偿付逾期违约金。乙方认为临时停工是甲方要求的。乙方为抢工期，加快施工进度才出现质量问题，因此迟延交付的责任不在乙方。甲方则认为临时停工和不顺延工期是当时乙方答应的，乙方应履行承诺，承担违约责任。

问题：

1. 该工程采用固定价格合同是否合适？

2. 该施工合同的变更形式是否妥当？此合同争议依据合同法律规范应如何处理？

链接执考

1.《建设工程施工合同(示范文本)》(GF-2017-0201)通用条款规定，当合同文件发生矛盾时，应按顺序进行解释，下列排序中正确的是(　　)。

A. 中标通知书、专用条款、通用条款

B. 合同协议书、通用条款、专用条款

C. 合同协议书、标准、通用条款

D. 中标通知书、工程量清单、标准

2. 某基础工程隐蔽前已经工程师验收合格，在主体结构施工时因墙体开裂，对基础重新检验发现部分部位存在施工质量问题，则以下对重新检验的费用和工期的处理表述正确的是(　　)。

A. 费用由工程师承担，工期由承包方承担

B. 费用由承包方承担，工期由发包方承担

C. 费用由承包方承担，工期由承发包双方协商

D. 费用和工期均由承包方承担

3. 因总监理工程师在施工阶段管理不当，给承包人造成损失的，承包人应当要求(　　)给予补偿。

A. 监理人　　B. 总监理工程师

C. 发包人　　D. 发包人和监理人

4.《建设工程施工合同(示范文本)》(GF-2017-0201)由(　　)组成。

A. 协议书　　B. 中标通知书

C. 通用条款　　D. 工程量清单

E. 专用条款

5. 按照《建设工程施工合同(示范文本)》(GF-2017-0201)的规定，对合同双方有约束力的合同文件包括(　　)。

A. 投标书及其附件　　B. 招标阶段对投标人质疑的书面解答

C. 资格审查文件　　D. 工程报价单

E. 履行合同过程中的变更协议

项目七　施工索赔

知识目标

1. 了解索赔的概念、索赔计算的一般方法；
2. 熟悉索赔的产生原因，索赔的作用、分类，索赔证据的分类及搜集；
3. 掌握索赔的程序、索赔解决的方法；
4. 掌握工期索赔与费用索赔的计算方法。

素养目标

1. 增强学生分析问题的能力，善于创新和总结经验；
2. 培养学生沟通能力和管理协调能力；
3. 培养学生缜密、评判、改进的能力。

驱动任务训练

1. 引起施工索赔的原因是什么？
2. 索赔的程序是什么？
3. 索赔争端的解决方式有哪些？
4. 工期索赔、费用索赔的计算方法有哪些？

案例导入

样式雷

在17世纪末年，一个南方匠人雷发达来北京参加营造宫殿的工作。因为他技术高超，很快就被提拔担任设计工作。从此时起至清朝末年，雷氏家族共七代人负责修建了主要的皇室建筑如宫殿、皇陵、圆明园、颐和园等。这个建筑师家族被称为“样式雷”。

样式雷祖籍江西永修，从第一代样式雷雷发达于康熙年间由江宁（现江苏南京）来到北京，到第七代样式雷雷廷昌在光绪末年逝世，雷家有七代人为皇家进行宫殿、苑囿、陵寝以及衙署、庙宇等的设计和修建工作。因为雷家几代都是清廷样式房的掌案（用今天的话说就是首席建筑设计师)，所以他们被世人尊称为“样式雷”，也有“样子雷”的叫法。

案例分析：

李克强总理在2016年政府工作报告中提出：“鼓励企业开展个性化定制、柔性化生产，培育精益求精的工匠精神。”一时间“工匠精神”成为全国各行业热议的焦点。

建筑业是最能体现“工匠精神”的行业，早在我国战国时期就将“能工巧匠”视作“济世圣人”。《考工记》记述：“知者创物，巧者述之守之，世谓之工。百工之事，皆圣人之作也。”从古至今，我国出现过像鲁班这样的大师级工匠，涌现出隋朝宇文恺、唐朝阎立德、宋朝李诫、明朝冯巧等一大批建筑工匠，甚至还出现了“样式雷”“山子张”这样的工匠世家。可以说，流传后世的每一个经典建筑，都凝结着可贵的工匠精神。弘扬和延续工匠精神是建筑人的传统，更是新时期建筑企业的使命担当

思政升华：

工匠精神不仅仅要求技术上“专”，对产品精雕细琢、追求完美，同样重要的是管理上要“精”！建筑企业要生产出传世之作，需要项目管理人员进行精细化管理、精细化生产；要把鲁班文化贯穿于企业文化、项目文化之中，树立精益求精的全局性观念，以最短的工期、最小的资源消耗来保证工程最好的品质。在项目管理过程中，要高度重视合同管理，科学管控风险，在保障自己合同权利的同时全面履行合同义务。及时做好施工过程记录，对施工过程中涉及的责任事件做好现场签证。项目管理人员需要拥有清晰的管理思路，利用BIM等新技术，加强动态控制，创造出更多更好的“样式雷”式的建筑产品。

任务一　概述

一、概念

施工索赔程序

建设工程索赔通常是指在工程合同履行过程中，合同当事人一方因非自身因素或对方不履行或未能履行合同而受到经济损失或权利损害时，通过一定的合法程序向对方提出经济或时间补偿要求。索赔是一种正当的权利要求，它是业主、监理工程师和承包人之间一项正常的、大量发生而且普遍存在的合同管理业务，是一种以法律和合同为依据的、合理的行为。

在工程建设的各个阶段，都有可能发生索赔，但施工阶段索赔发生较多。一般除承包人自身的责任造成工期延长和成本增加外，承包人都可以通过合法的途径与方式提出索赔要求，主要有以下几类情况：

1. 业主或业主代表违约

如未按合同规定及时交付设计图纸造成工程拖延，未及时支付工程款等。

2. 业主行使合同规定的权力

最常见的有业主行使合同赋予的权力指令变更工程，暂停工程施工等。

提高风险防范意识，加强索赔管理

3. 发生应由业主承担责任的特殊风险事件

常见的有如事先未能预料的不利自然条件、与勘察报告不同的地质情况、国际法令的修改、物价上涨和汇率变化等。

二、索赔的原因

引起工程索赔的原因非常多而且复杂，主要有以下几个方面。

1. 工程项目的特殊性

一般的工程规模都很大，要求的技术性强而且投资额大，并需要有很长的工期，这使得工程项目在实施过程中存在许多不确定的变化因素，而合同则必须在工程开始前签订，它不可能对工程项目所有的问题都能做出合理的预见和规定，而且业主在实施过程中还会有许多新的决策，这一切使得合同变更极为频繁，而合同变更必然导致项目工期和成本的变化。

2. 参与工程建设主体的多元化

一个工程项目的工程参与单位多，往往会有业主、总承包商、监理单位、分包商以及材料设备供应商等，各参与主体之间的技术和经济关系非常复杂，相互联系并且相互影响，只要一方有个别的失误，不仅会造成自己的损失，而且会影响其他合作者，造成他人损失，从而导致索赔和争执。

3. 工程项目所处环境的复杂性

工程项目的技术环境、经济环境、社会环境以及法律环境的变化，会在工程实施过程中经常发生，使得工程计划实施过程与实际情况不一致，这些因素同样会导致工程工期和费用的变化。

4. 工程合同的复杂性

建设工程合同文件多而且复杂，经常会出现缺陷以及合同前后自相矛盾等问题，容易造成合同双方对合同文件理解的不一致，从而出现索赔。

三、索赔的特征

从索赔的基本含义可以看出索赔具有以下特征：

①索赔的提出是双向的。

②只有实际发生了经济损失或权利损害，一方才能向对方索赔。经济损失是指因对方因素造成合同外的额外支出，如人工费、材料费、机械费、管理费等额外开支；权利损害是指虽然没有经济上的损失，但造成一方权利上的损害，如由于恶劣气候条件对工程进度的不利影响，承包人有权要求工期延长等。

③索赔是一种未经对方确认的单方行为。

索赔

四、索赔的分类

1. 按合同签订的主体类型分类

按照合同签订的主体类型可以将施工索赔分为：总承包合同索赔，即承包商和业主之间的索赔；分包合同索赔，即总承包商和分包商之间的索赔；联营承包合同索赔，即联营成员之间的索赔;劳务合同索赔,即承包商与劳务供应商之间的索赔;其他合同索赔,如承包商与材料设备供应商之间的索赔。

2. 按索赔目的分类

(1)工期索赔

由于非承包商责任的原因导致施工进度延误,要求批准顺延合同工期的索赔,称为工期索赔。工期索赔形式上是对权利的要求,以避免在原定合同竣工日不能完工时,被业主追究延期违约责任。合同工期顺延一旦获得批准,承包商不仅免除了承担延期违约赔偿的风险,还可能因提前完工得到奖励。

(2)费用索赔

费用索赔的目的是得到经济补偿。当施工的客观条件发生变化而导致承包商增加开支,承包商对超出计划成本的附加开支要求给予补偿,以挽回不应由他承担的经济损失,就属于费用索赔。

3. 按索赔处理方式分类

(1)单项索赔

针对某一干扰事件提出的,在影响合同正常运行的干扰事件发生时或者发生后,由于合同管理人员及时处理,并在合同规定的索赔有效期内向业主或监理工程师提交索赔要求和索赔报告,即单项索赔。

(2)综合索赔

综合索赔又称一揽子索赔。一般在工程竣工前和工程移交前,承包商将工程实施过程中因各种原因未能及时解决的单项索赔集中起来进行综合分析考虑,提出一份综合报告,由合同双方在工程交付前后进行最终谈判,以一揽子方案解决索赔问题。综合索赔的成功率比单项索赔要低得多,原因在于在一揽子索赔中许多干扰事件交织在一起,影响因素比较复杂而且相互交叉,责任分析和索赔值计算都很困难,索赔涉及的金额往往又很大,双方都不愿意或不容易做出让步,使索赔的谈判和处理都很困难。

4. 按索赔事件的性质分类

(1)工程延误索赔

因发包人未按合同要求提供施工条件,如未及时交付设计图纸、施工现场,或因发包人指令工程暂停或不可抗力事件等原因造成工期拖延的,承包人对此提出的索赔。这是工程中常见的一类索赔。

(2)工程变更索赔

由于发包人或监理工程师指令增加或减少工程量或增加附加工程、修改设计、工程顺序等,造成工期延长和费用增加的,承包人对此提出的索赔。

(3)合同被迫终止的索赔

由于发包人或承包人违约以及不可抗力事件等造成合同非正常终止,无责任受害方因其蒙受经济损失而向对方提出的索赔。

(4)工程加速索赔

由于发包人或者工程师指令承包人加快施工速度,缩短工期,引起承包人额外开支而提出的索赔。

(5)意外风险和不可预见因素索赔

在工程实施过程中,因人力不可抗拒的自然灾害、特殊风险以及一个有经验的承包商通常不能合理预见的不利施工条件或外界障碍,如地下水、地质断层、溶洞、地下障碍物等引起的索赔。

(6)其他索赔

如因货币贬值、汇率变化、物价、工资上涨、政策法令变化等原因引起的索赔。

※知识拓展<索赔的作用>

①保障合同的正确实施,维护市场正常秩序。

②索赔是落实和调整合同双方经济责权利关系的有效手段,索赔是最终工程造价合理确定的基础。

③索赔是合同和法律赋予施工合同当事人的权利。

④索赔有助于我国建筑业从业人员更快熟悉国际惯例,掌握索赔和处理索赔的方法与技巧,有助于对外开放和对外工程承包的开展。

任务二 索赔的处理

一、索赔证据

索赔证据是当事人用来支持其索赔成立和索赔有关的证明文件及资料。索赔证据作为索赔文件的组成部分,在很大程度上关系到索赔能否成功。证据不全、不足或没有证据,索赔是不可能获得成功的。索赔证据既要真实、全面、及时,又要具有法律证明效力。

在施工过程中应始终做好资料积累工作,建立完善的资料记录和科学管理制度,认真系统地积累和管理施工合同文件、质量、进度及财务收支等方面的资料。对于可能会发生索赔的工程项目,从开始施工时就要有目的地收集证据资料,系统地拍摄施工现场照片,妥善保管开支收据,有意识地为索赔文件积累必要的证据材料。

1.索赔证据应满足的要求

(1)及时性

干扰事件已发生,又意识到需要索赔,就应在有效的时间内收集证据并提出索赔意向。如果拖延太久,将增加索赔工作难度。

(2)真实性

索赔证据必须是实际施工过程中产生的,完全反映实际情况,能经得住对方的推敲。

(3)全面性

所提供的证据应能说明事件的全过程。索赔报告中涉及的干扰事件、索赔理由、影响、索赔值等都应有相应的证据,不能零乱或支离破碎,否则业主将退回索赔报告,要求重新补充证据。

(4)关联性

索赔证据应与索赔事件有必然联系,并能够互相说明,符合逻辑,不能互相矛盾。

(5)有效性

索赔证据必须有法律证明效力，特别是在双方意见分歧、争执不下时，更要注意这一点。具有法律证明效力的证据应是当时的书面文件。合同变更协议应由双方签署，或以会谈纪要的形式确定。

2. 索赔证据的分类

索赔证据是关系索赔成败的重要文件之一，收集有效的证据是搞好索赔管理不可忽视的工作。常见的索赔证据如下：

(1)合同文件、设计文件

具体内容有：招标文件、合同文本及附件，各种签约(备忘录等)；各种工程图纸(包括图纸修改指令)、技术规范等；承包商的报价文件、各种工程预算和其他作为报价依据的资料，如环境调查资料、标前会议和澄清会议资料等。

(2)来往信件、会谈纪要

具体内容有：业主的变更指令、来往信件、通知、对承包商问题的答复信及会谈纪要。工程建设经各方签署的决议或决定。

(3)施工进度计划和实际施工进度记录

具体内容有：总进度计划；开工后业主的工程师批准的详细进度计划、每月进度修改计划、实际施工进度记录、月进度报表等；工程的施工顺序、各工序的持续时间；劳动力、管理人员、施工机械设备、现场设施的安排计划和实际情况；材料的采购订货、运输、使用计划和实际使用情况等。

(4)施工现场的工程文件

具体内容有：施工记录、施工备忘录、施工日报、工长或检测员的工作日记、监理工程师填写的施工记录和工作签证等；劳动力数量与分布、设备数量与使用情况、进度、质量、特殊情况及处理；各种工程统计资料，如周报、旬报、月报；本期中及至期末的工程实际和计划进度对比、实际和计划成本对比和质量分析报告、合同履行情况评价；工地的交接记录(应注明交接日期、场地平整情况、水电路情况等)；图纸和各种资料交接记录；工程中送停电、送停水、道路开通和封闭的记录和证明；建筑材料和设备的采购、订货、运输、使用方面的记录、凭证和报表等。

(5)工程照片

具体内容有：表示工程进度的照片、隐蔽工程覆盖前的照片、业主责任造成返工和工程损坏的照片等。

(6)气候报告

具体内容有：如恶劣的天气等。

(7)验收报告、鉴定报告

具体内容有：工程水文地质勘探报告、土质分析报告；文物和化石的发现记录；地基承载力实验报告、隐蔽工程验收报告；材料试验报告、材料设备开箱验收报告；工程验收报告等。

(8)市场行情资料

具体内容有：市场价格、官方的物价指数、工资指数、中央银行的外汇比率等公布材料；税收制度变化，如税率、利率变化、收费标准提高等。

(9)会计核算资料

具体内容有:工资单、工资报表、工程款账单,各种收付款原始凭证;总分类账、管理费用报表、计工单、工程成本报表等。

※知识链接<索赔证据的分类>

①干扰事件存在和事件经过的证据,主要为来往信件、会谈纪要、业主或监理工程师的指令等。

②干扰事件责任和影响的证据。

③索赔理由的证据,如合同文件、备忘录、会谈纪要等。

④索赔值的计算基础和计算过程的证据,如各种账单、记工单、进料单等。

二、索赔程序

若承包人认为非承包人原因发生的事件造成了承包人的经济损失,承包人应在确认该事件发生后,按合同约定向发包人发出索赔通知。

发包人在收到最终索赔报告后并在合同约定时间内,未向承包人做出答复,视为该项索赔已经认可。

承包人索赔按下列程序处理:

①承包人在合同约定的时间内向发包人递交费用索赔意向通知书;

②发包人指定专人收集与索赔有关的资料;

③承包人在合同约定的时间内向发包人递交费用索赔申请表;

④发包人指定专人初步审查费用索赔申请表;

⑤发包人指定专人进行费用索赔核对,经造价工程师复核索赔金额后,与承包人协商确定并由发包人批准;

⑥发包人指定专人在合同约定时间内签署费用索赔审批表,或发出要求承包人提交有关索赔的进一步详细资料的通知,待收到承包人提交的详细资料后,按上述第④、⑤条的程序进行。

若承包人的费用索赔与工程延期索赔要求相关联时,发包人在做出费用索赔的批准决定时,应结合工程延期的批准,综合做出费用索赔和工程延期的决定。若发包人认为由于承包人的原因造成额外损失,发包人应在确认引起索赔的事件后,按合同约定向承包人发出索赔通知。

承包人在收到发包人索赔通知后并在合同约定时间内,未向发包人做出答复,视为该项索赔已经认可。承包人应发包人要求完成合同以外的零星工作或非承包人责任事件发生时,承包人应按合同约定及时向发包人提出现场签证。发、承包双方确认的索赔与现场签证费用与工程进度款同期支付。

总体来说,在索赔事件发生后,从承包人提出索赔申请到索赔事件处理完毕,大致要经过以下几个步骤:

1. 承包人提出索赔意向通知

承包人应在知道或应当知道索赔事件发生后的 28 天内,向监理工程师提交索赔意向通知书,并说明发生索赔事件的事由;承包人未在前述 28 天内发出索赔意向通知书的,丧失要求追加付款和(或)延长工期的权利。

索赔通知书的文本格式

尊敬的____先生(或女士):根据合同第____条第____款规定:(具体条款规定的内容),我方特此向你通知,我方对于在____年____月____日实施的工程所发生的额外费用及展延工期,保留取得补偿的权利。具体额外费用与展延工期的数量,我们将按照合同第____条的规定,按时向你方报送。

报送人:

报送日期:

2. 递交索赔报告

承包人应在发出索赔意向通知书后 28 天内,向监理工程师正式递交索赔报告。索赔报告应详细说明索赔的理由以及要求追加的付款金额和(或)延长的工期,并附必要的记录和证明材料。

索赔事件具有连续影响的,承包人应按合理时间间隔继续递交延续索赔通知,说明持续影响的实际情况和记录,列出累计的追加付款金额和(或)延长工期天数;在索赔事件影响结束后 28 天内,承包人应向监理工程师递交最终索赔报告,说明最终要求索赔的追加付款金额和(或)延长的工期,并附必要的记录和证明材料。

3. 监理工程师审核承包商的索赔报告

监理工程师接到承包人提交的索赔报告后,应及时审核其内容、查验承包人的记录和证明材料。

承包人的索赔要求成立必须同时具备如下条件:

①与合同相比较已经造成实际的额外费用增加或工期损失。

②造成费用增加或工期损失的原因不是由于承包商的过失。

③按合同约定不应由承包商承担的风险。

④承包商在事件发生后的规定时限内提出了书面的索赔意向通知。

监理工程师应在收到索赔通知书或有关索赔的进一步证明材料后,在 28 天内给予答复,将索赔处理结果答复承包商,或要求承包商进一步补充索赔理由和证据。如果在 28 天内未给予答复,也未对承包商作进一步要求的话,则视为承包商提出的该项索赔要求已经认可。

4. 提出初步处理意见

监理工程师在处理索赔事件时,应分清合同双方各自应负的责任,根据承包人的索赔通知书,仔细分析双方的记录和证明材料,提出初步处理意见。

5. 商定或确定解决索赔事件的方案

在初步处理意见基础上,与承包商和发包人商定或确定解决索赔事件的方案。

6. 业主赔付

承包商接受索赔处理结果的,发包人应在做出索赔处理结果答复后 28 天内完成赔付。如果合同双方或一方不接受监理工程师的处理结果,可按争议的解决办法解决。

三、索赔报告的编制

发包人的索赔

1. 索赔报告的编制要求

①事件真实,证据充分、有效。索赔报告中提出的干扰事件必须有可靠的

证据证明。对索赔事件的叙述必须明确、肯定，不包含任何估计的猜测。

②对原因责任分析应清楚、准确。索赔报告应仔细分析事件的责任，明确指出索赔所依据的合同条款或法律条文，且说明施工单位的索赔是完全按照合同规定程序进行的。

③索赔要求应有合同文件支持，索赔理由应充分。

④索赔报告应简洁，条例清楚，结论明确，有逻辑性。

⑤索赔证据和索赔值的计算应详细和精确。索赔的原则是赔偿由事件引起的承包人所遭受的实际损失，所以索赔报告中应强调由于事件影响，使承包人在实施工程中所受到干扰的严重程度，以致工期拖延，费用增加；并充分论证事件影响和实际损失之间的直接因果关系；报告中还应说明承包人为减轻事件影响和损失已尽了最大努力，采取了所能采用的措施；应采用合理的计算方法，正确计算出应取得的经济补偿款额和（或）工期延长，计算中应力求避免漏项或重复，不出现计算上的错误。

⑥用词要委婉。

2. 索赔报告的内容

索赔报告的具体内容，依索赔事件的性质和特点而有所不同。但从报告的必要内容与文字结构方面而论，一个完整的索赔报告应包括以下 4 个部分。

（1）总论部分

一般包括序言、索赔事项概述、具体索赔要求、索赔报告编写及审核人员名单。

首先应概要地论述索赔事件的发生日期与过程；承包人为该索赔事件所付出的努力和附加开支；承包人的具体索赔要求。在总论部分，附上索赔报告编写组主要人员及审核人员的名单，注明有关人员的职称、职务及施工经验，以表示该索赔报告的严肃性和权威性。总论部分的阐述要简明扼要，说明问题。

（2）根据部分

本部分主要是说明自己具有的索赔权利，这是索赔能否成立的关键。根据部分的内容主要来自该工程项目的合同文件，并参照有关法律规定。该部分中承包人应引用合同中的具体条款，说明自己理应获得经济补偿或工期延长。

根据部分的篇幅可能很大，其具体内容随各个索赔事件的特点而不同。一般地说，根据部分应包括以下内容：索赔事件的发生情况；已递交索赔意向书的情况；索赔事件的处理过程；索赔要求的合同根据；所附的证据资料。

在写法结构上，按照索赔事件发生、发展、处理和最终解决的过程编写，并明确全文引用有关的合同条款，使业主和监理工程师能历史地、逻辑地了解索赔事件的始末，并充分认识该项索赔事项的合理性和合法性。

（3）计算部分

索赔计算的目的是以具体的计算方法和计算过程，说明自己应得经济补偿的款额和（或）延长时间。如果说根据部分的任务是解决索赔能否成立，则计算部分的任务就是决定应得到多少索赔款额和工期。前者是定性的，后者是定量的。

在款额计算部分，承包商必须阐明下列问题：索赔款的要求总额；各项索赔款的计算，如额外开支的人工费、材料费、管理费和损失利润；指明各项开支的计算依据及证据资料，承包人应注意采用合适的计价方法。至于采用哪一种计价法，应根据索赔事件的特点及所掌握的证据资料等因素来确定。其次,应注意每项开支款的合理性,并指出相应的证据资料的名称及编号。切忌采用笼统的计价方法和不实的开支款额。

(4)证据部分

证据部分包括该索赔事件所涉及的一切证据资料,以及对这些证据的说明。证据是索赔报告的重要组成部分,没有翔实可靠的证据,索赔是不能成功的。在引用证据时,要注意该证据的效力或可信程度。为此,对重要的证据资料最好附以文字证明或确认件。例如,对一个重要的电话内容,仅附上自己的记录是不够的,最好附上经过双方签字确认的电话记录;或附上发给对方要求确认该电话记录的函件,即使对方未给复函,亦可说明责任在对方,因为对方未复函确认或修改,按惯例应理解为他已默认。

四、索赔的注意事项

工程索赔要注意以下几点:

①索赔时效:索赔事件发生后,承包人必须在合同约定时间内提出索赔。

②索赔证据:这是索赔成败的关键。

③索赔协商不成的,可以向仲裁机构申请仲裁或者向人民法院提起诉讼。

五、索赔争端的解决

争议的解决方法

1. 争议的解决方式

发包人和承包人在履行合同中发生争议的,可以友好协商解决或者提请争议评审组评审。

在工程实际中,索赔争端是难免的。如果遇到争端不能理智、友好地面对,将使一些本来较易解决的问题变得难以解决。承包商必须明确,为了进行索赔的开支是不能得到补偿的,而且采用仲裁或诉讼的方法解决索赔争端耗时长不说,索赔工作成本也大大增加。何况承包商的索赔要求可能得不到支持或者部分得不到支持,最后扣除掉索赔工作成本,得到的索赔款额相对于作些让步而友好解决来说可能还要少。因此,承包人一定要头脑冷静,防止对立情绪,力争友好解决索赔争端。只有当索赔款额大,通过友好解决努力后仍不能解决争端时,才采取合同约定的仲裁或向法院提出诉讼,以维护自己的索赔权益。友好解决争端对业主和承包人都是有益的。因此,在许多合同条件中,如FIDIC“新红皮书”和我国《建设工程施工合同(示范文本)》(GF-2017-0201)中均有友好解决争端的条款。

承包人应按照合同条款中关于友好解决的条款友好索赔,如果合同当事人友好协商解决不成、不愿提请争议评审组或者不接受争议评审组意见的,可在专用合同条款中约定下列一种方式解决:

①向约定的仲裁委员会申请仲裁。

②向有管辖权的人民法院提起诉讼。

【工程实例7-1】

争议解决案例

在非洲某水电工程中,工程施工期不到3年,原合同价2 500万美元。由于种种原因,在合同实施中承包商提出许多索赔，总值达 2 000 万美元。监理工程师作出处理决定，认为总计补偿 1 200 万美元比较合理。业主愿意接受监理工程师的决定。但承包商不肯接受，要求补偿 1 800 万美元。由于双方达不成协议，承包商向国际商会提出仲裁要求。双方各聘请一名仲裁员，由他们指定首席仲裁员。本案仲裁前后历经近 3 年时间，相当于整个建设期，仅仲裁费花去近 500 万美元。最终裁决为：业主给予承包商 1 200 万美元的补偿，即维持工程师的决定。经过国际仲裁，双方都受到很大损失。如果双方各作让步，通过协商，友好解决争执，则不仅花费少，而且麻烦少，信誉好。

2. DAB 方式

争端裁决委员会（Dispute Adjudication Board，简称 DAB）在 FIDIC 国际工程合同中首次提出，目的是避免耗时费钱的国际仲裁和诉讼，公正合理地解决争议，已在国内外大型工程建设中广泛应用。

在施工合同中，DAB 是常设的，合同双方应在开工之日起 28 天内共同指定 DAB，任命 DAB 成员，规定禁止合同一方单独征询 DAB 意见。

DAB 决定的性质：它是通过独立的第三方采用非正式的程序解决合同争议的一种方式，DAB 的决定具有“准仲裁”的性质，其效力与监理工程师的决定相同，合同双方应立即遵照执行。DAB 的决定对合同双方均具有约束力，除非争议双方另外签订和解协议或仲裁裁决改变了 DAB 的决定。

应用 DAB 能增进业主与承包人之间的交流、信任与合作，消除由工程师片面及不公正所带来的风险，减少建筑行业中通过仲裁或诉讼的案件数量，进而减少解决争议的成本。因此，从长期来看，有利于降低工程成本。

六、索赔的策略与技巧

索赔应根据项目的不同、业主的不同、监理工程师的不同和客观条件的不同而采取灵活的索赔策略和技巧。承包人的索赔技巧主要有以下几点：

①索赔管理贯穿于项目管理全过程。

②签好补充协议。在工程实施中经常采用一些标准的合同文本，但一定要注意专用条款的修改与补充。

③充分论证索赔权。索赔权是进行索赔的前提，如果不具备索赔权，承包人不论遭受多大损失，均无权得到经济补偿。因此，为了索赔成功，承包人必须善于从合同专用条款和通用条款、施工技术规范、工程量表、项目所在国法律或类似情况成功的索赔案例等中找出索赔的法律依据，从而充分论证自己具有索赔权，这样索赔才能被业主（工程师）所接受。

在索赔意向通知书和索赔报告中，承包人应明确指出所依据的合同条款号，最好全文引用具体依据的合同条款，通过这样有理有据的论证，使业主和工程师对承包人的索赔合理性予以确认。

④对工程师的口头指示及时确认。按照我国《建设工程施工合同条件（示范文本）》（GF-2017-0201）的规定，确有必要时，工程师可发出口头指令，并在 48 h 内给予书面确认，承包人对工程师的指令应予执行。工程师不能及时给予书面确认的，承包人应于工程师发出口头指令后 7 天内提出书面确认要求。工程师在承包人提出确认要求后 48 h 内不予答复的，视为口

头指令已被确认。由于合同规定有确认的时间限制,所以承包人一定要在合同时限内向监理工程师提出书面确认。

⑤遵守索赔程序,及时发出索赔通知。《建设工程施工合同(示范文本)》(GF-2017-0201)中规定,承包人在索赔事件发生后28天内必须以书面形式向工程师发出索赔意向通知。同时,合同中还对索赔报告、索赔证据的提供等提出具体的时间要求,承包人为了不失去全部或部分索赔权,必须严格遵守合同中的索赔程序,及时发出索赔意向通知。

⑥认真准备索赔报告。索赔报告是承包人的主要索赔文件。索赔报告编写的成功与否,对索赔的成功与否具有重要影响。在编制索赔报告时,一定要以客观事实为依据,合理引用合同条款、相关文件和法规,使得论述有理有据,并且一定要建立索赔事实与损失的因果关系,从而使工程师认可承包人的索赔要求。

⑦力争单项索赔,避免一揽子索赔。单项索赔通常容易解决,承包人可及时得到索赔款。而一揽子索赔,会使得问题复杂,金额大,不易解决,往往到工程结束后还得不到索赔款。

⑧坚持采用"清理账目法"保留索赔权。承包人在索赔管理中,应按照"清理账目"的方法,在每月的结算申报表中均列出累计的索赔款额,要求业主在本月进度款支付时一并予以支付,即使业主仍未支付,承包人保留了自己的索赔权。

⑨争取友好解决索赔。

⑩注意同监理工程师搞好关系。处理索赔是监理工程师的一项重要工作。从项目开始实施,特别是项目的初始阶段,项目经理就要主动会见监理工程师,经常沟通,建立起双方友好合作的良好气氛,争取工程师的公正解决,从而避免仲裁或诉讼。在整个工程建设过程中,工程师是处理索赔问题的关键人物,在合同条件中均授予工程师主持索赔的权利。因此,承包人如果想要提高索赔的成功率,应注意同监理工程师搞好关系。

※知识链接<索赔成功的关键>

1. 组建强有力的、稳定的索赔班子

2. 确定正确的索赔战略和策略

①确定索赔目标;

②对被索赔方的分析;

③承包人的经营战略分析;

④相关关系分析(与监理工程师、设计单位、业主的上级主管部门等);

⑤谈判过程分析。

3. 索赔的技巧

※知识拓展<索赔谈判的艺术性和灵活性>

灵活性主要表现在谈判中针对不同情况的变化而采取相应变化的策略,这个变化的策略就是在谈判中要控制好谈判的方向、气氛,要准备能够有条件的让步,要尽力将被动变为主动,争取和平解决,实现自己的目的。在工程索赔实践中,灵活性主要体现在两个方面:一是让步;二是变被动为主动,力争和平解决。

工程索赔的预防

①要注意搞好私人关系,发挥公关能力应用行为的科学方法。

②多谈困难,多诉苦。最后即使索赔非常成功,也不能以胜利的姿态出现,为自己留下余地,防止对方的报复性反击,避免问题趋于复杂化。

任务三　索赔的计算

一、工期索赔

在工程施工中,常常会发生一些未能预见的干扰事件,使得施工不能顺利进行。工期延长意味着工程成本的增加,对合同双方都会造成损失。业主会因工程不能及时投入使用、投入生产而不能实现预计的投资目的,减少盈利的机会,同时会增加各种管理费的开支;承包商则会因为工期延长而增加支付工人工资、施工机械使用费、工地管理费以及其他一些费用。如果超出合同工期,最终可能还要支付合同规定的拖期违约金。

(一)工期索赔成立的条件

对索赔报告中要求顺延的工期,在审核中应注意以下几点:

①划清施工进度拖延的责任。因承包人的原因造成施工进度滞后,属于不可原谅的延期;只有承包人不应承担任何责任的延误,才是可原谅的延期。

②索赔事件造成总工期的延误。

③工程师有审核、批准承包人顺延工期的权力,但无权要求承包人缩短合同工期。

工程师有权指示承包人删减掉某些合同内规定的工作内容,但不能要求他相应缩短合同工期。如果要求提前竣工的话,这项工作属于合同变更。

(二)工期索赔的计算方法

1. 网络图分析法

按网络进度计划组织施工的,承包人工期索赔可采用网络图分析法进行计算。计算方法如下:

①由于非承包人自身原因造成关键线路上的工序暂停施工:

工期索赔天数=关键线路上的工序暂停施工的日历天数

②由于非承包人自身原因造成非关键线路上的工序暂停施工:

工期索赔天数=工序暂停施工的日历天数-该工序的总时差天数

※特别提示

当差值为零或者负数时,工期不能索赔。

【工程实例 7-2】

工期索赔案例

某业主(甲方)与某承包商(乙方)订立了某工程项目施工合同,同时与某降水公司(丙方)订立了工程降水合同。甲乙双方合同规定采用单价合同,每一分项工程的实际工程量增加或减少超过招标文件中工程量的10%以上时调整单价;工作B、E、G作业使用的施工机械一台为乙方自备,台班费为400元/台班,台班折旧费为50元/台班。施工开始以前承包商提交了网络计划图(图7-1)并得到工程师批准。合同双方约定8月15日开工。施工过程中发生如下事件:

①降水方案错误致使工作D推迟2天;

②因设计变更，工作 E 的工程量由招标文件中的 300 m^3 增到 350 m^3；

③在工作 D、E 完成后，甲方指令增加一项临时工作 K，经核准完成该工作需要一天时间。

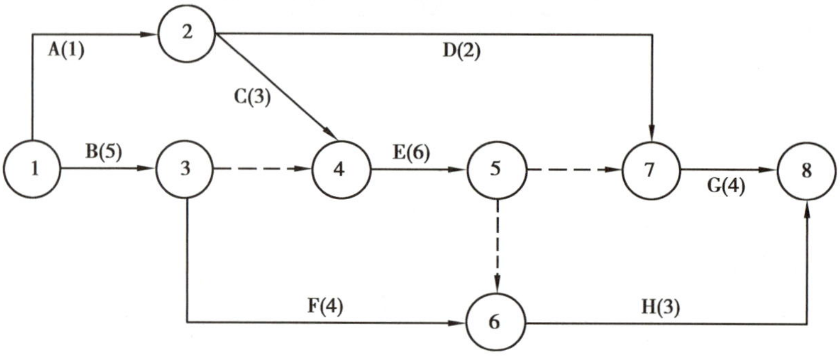

图 7-1　初始网络图

案例分析：针对上述事件进行分析，可以知道，事件①是由于丙方的错误导致乙方工作 D 推迟，在甲方和乙方的合同中属于甲方的责任；事件②和事件③是甲方的变更。因此，三个事件乙方都有索赔权。那么乙方到底能得到多少天的工期索赔呢？可通过网络图来分析。

首先，通过网络计划图对原方案的工期计算如图 7-2 所示。

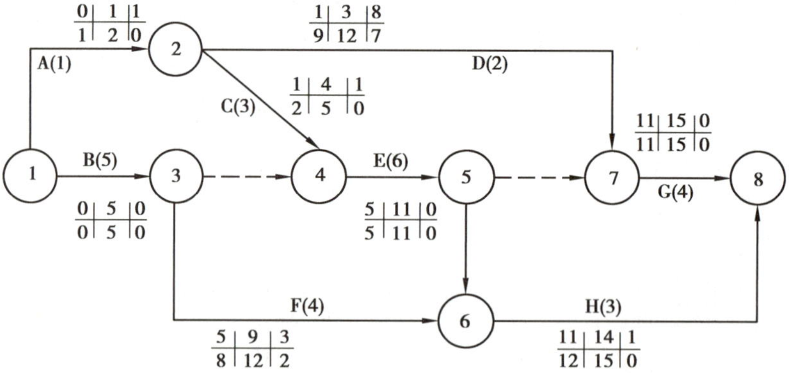

图 7-2　初始网络图工期计算

由图 7-2 可知原计划工期 15 天，关键线路为①—③—④—⑤—⑦—⑧。

图 7-3 为调整以后的网络计划计算图。

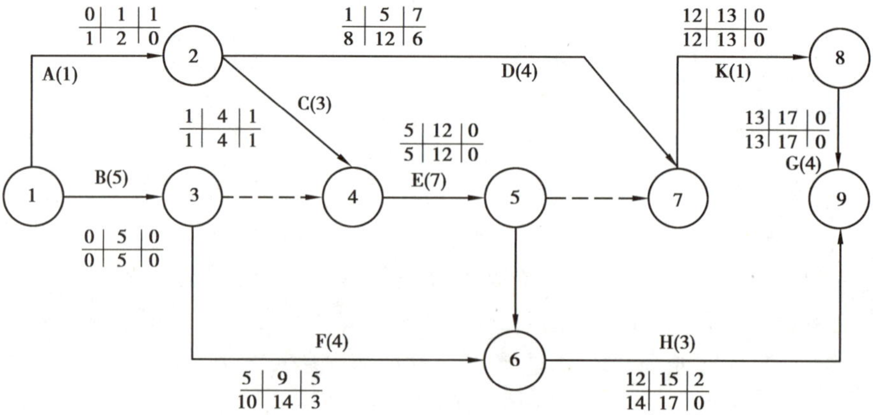

图 7-3　调整后的网络图工期计算

经过网络分析，我们可以知道，调整后的工期为 17 天，关键线路是①—③—④—⑤—⑦—⑧—⑨。工期延长索赔值为 17−15=2(天)。工作 D 在非关键线路上，虽然工期延长 2 天，但是对总工期无影响，因为它本身有足够多的总时差可以利用。工作 E 和工作 K 都在关键线路上，工期的增加直接影响总工期。

2. 比例计算法

比例计算法比较简单，但只是一种粗略的估算，在不能采用其他计算方法时使用。具体计算方法有两种。

(1)已知部分工程的拖延时间

工期索赔值=该受干扰部分工程的拖期时间×该受扰部分工程的合同价/原合同价

【工程实例 7-3】

比例计算法的应用(1)

在某工程施工中，办公楼工程基础设计图纸因业主原因延迟交付，使该单项工程延期 10 周。该单项工程合同价为 80 万美元，而整个工程合同总价为 400 万美元。承包商提出工期索赔为：总工期索赔=受干扰部分的工程合同价×该受干扰部分工程的工期拖延量/整个工程合同总价=80 万元×10 周/400 万元=2 周。

(2)已知额外增加工程量的价格

工期索赔值=原合同总工期×额外增加工程量的价格/原合同价

【工程实例 7-4】

比例计算法的应用(2)

某工程基础施工中，出现了不利的地质障碍，业主令承包人进行处理，土方工程量由原来的 2 760 m^3 增至 3 280 m^3，原定工期为 45 天。因此，承包人可提出工期索赔值为：

工期索赔值=原工期×额外增加工程量/原工程量=45×(3 280−2 760)/2 760=85(天)

若本例中合同规定 10% 范围内的工程量增加为承包人应承担的风险，则工期索赔值为：

工期索赔值=[3 280−2 760×(1+10%)]/2 760×45=4(天)

二、费用索赔

费用索赔是承包商向业主要求补偿不应该由承包商自己承担的经济损失或额外开支，以取得合理的经济补偿。也就是说在实际施工过程中发生的施工费用超过了投标报价书中该项工作所确定的费用，而这项费用的超支责任不是承包商方面的原因，也不属于承包商的风险范围。一般来讲，施工费用超支的原因主要有两种情况：一种承包商的施工受到干扰，致使工作效率降低；另一种是由于业主方指令工程变更或者增加额外工程，导致工程成本的增加。这两种情况导致新增费用或者额外费用，承包商有权提出索赔要求。

(一)索赔费用的组成

从原则上说，承包商有索赔权利的工程成本增加，都可以索赔费用。这些费用都是承包商为了完成额外的施工任务而增加的开支。但是，对于不同原因引起的索赔，承包商可索赔的具体费用内容不安全一致。哪些内容可索赔，要按照各项费用的特点、条件进行分析论证。一般承包商可索赔的具体费用内容如图 7-4 所示。

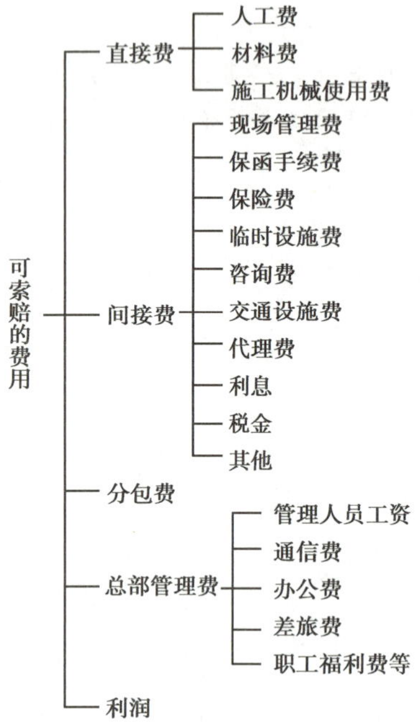

图 7-4　可索赔费用的组成部分

1. 人工费

人工费包括施工人员的基本工资、工资性津贴、加班费、奖金以及法定安全福利等费用。对于索赔费用而言，人工费是指完成合同之外的额外工作所花的人工费用；由于非承包商责任的工效降低增加的人工费用；超过法定工作时间加班劳动；法定人工费增长以及非承包商责任工程延误导致的人员窝工费和工资上涨费等。

2. 材料费

材料费索赔包括：

①由于索赔事件材料实际用量超过计划用量而增加的材料费；

②由于客观原因材料价格大幅度上涨；

③由于非承包商责任工程延误导致的材料价格上涨和超期储存费用。

材料费中应包括运输费、仓储费，以及合同的损耗费用。如果由于承包商管理不善，造成材料损失失效，则不能列入索赔计价。

3. 施工机械使用费

施工机械使用费索赔包括：

①由于完成额外工作增加的机械使用费。

②非承包商责任工效降低的机械使用费。如果实际施工中因为受到非承包商的原因导致的施工效率降低，承包商将不能按照原定计划完成施工任务。工程拖期后，会增加相应的施工机械费用。确定机械降低效率导致的机械费增加，可以按以下公式计算增加的机械台班数量：

实际台班数量=计划台班数量×[1+原定效率-(原定效率-实际效率)/原定效率]

增加的机械台班数量=实际台班数量-计划台班数量

机械降效增加的机械费=机械台班单价×增加的机械台班数量

③由于业主或监理工程师原因导致机械停工的窝工费。窝工费计算，如系租赁设备，一般按实际租金和调进调出费的分摊计算；如系承包商自有设备，一般按台班折旧费计算，而不能按台班费计算，因台班费中包括了设备使用费。

【工程实例 7-5】

费用索赔案例

某分包商承包了某工程土方工程，合同工期为 28 天，每日用工为 8 人，日工资为 25 元/人，合计用工 224 工日。分包商报价单中每台挖掘机每天挖土 550 方，台班单价为 850 元/台班。在施工过程中，由于总包商施工干扰，使分包商的施工效率大为降低，每天只能开挖 380 m^3，而每天出勤的设备和工人并未减少。因此，土方施工分包商向总包商提出索赔要求。

案例分析：

实际台班数量=224/8×[1+(550-380)/550]台班=36.7 台班

增加的机械台班数量=(36.7-28)台班=8.7 台班,取 9 台班

增加的机械费=(9×850)元=7 650 元

增加的人工费(8×9×25)元=1 800 元

管理费(9.5%)=9 450 元×0.095=898 元

利润(5%)=(9 450+898)元×0.05=517 元

施工效率降低索赔款合计:(9 450+898+517)元=10 865 元

4. 分包费用

分包费用索赔是指分包商的索赔费,一般也包括人工、材料、机械使用费的索赔。分包商的索赔应列入总承包商的索赔款总额以内。

5. 工地管理费

索赔款中的工地管理费是指承包商完成额外工程、索赔事项工作以及工期延长期间的工地管理费,包括管理人员工资、办公费、交通费等。但如果是部分工人窝工损失索赔时,因其他工程仍在进行,一般不予计算工地管理费索赔。

6. 利息

在索赔的计算中,经常包括利息。利息的索赔通常发生于下列情况:拖期付款的利息;由于工程变更和工程延期增加投资的利息;索赔款的利息;错误扣款的利息。

7. 总部管理费

索赔款中的总部管理费主要指的是工程延误期间所增加的管理费。这项索赔款的计算,目前没有统一的方法。

8. 利润

一般来说,由于工程范围的变更、文件有缺陷或技术错误、业主未能提供现场等引起的索赔,承包商可以列入利润。但对于工程暂停的索赔,由于利润通常是包括在每项实施的工程内容的价格之内的,而延误工期未能影响或削减某些项目的实施而导致利润减少,一般工程师很难同意在工程暂停的费用索赔中加入利润损失。

※知识拓展<索赔的种类>

①工期拖延的费用索赔,包括人工费的损失(如现场工人的停工、窝工、低生产效率的损失)、材料费(如承包商订购的材料推迟交货,材料价格上涨)、机械费(台班费和租金)、工地管理费、由于物价上涨引起的费用调整索赔、总部管理费的索赔,以及非关键线路活动拖延的费用索赔。

②工程变更的费用索赔,包括工程量变更、附加工程、工程质量变化、工程变更超过限额的处理。

③加速施工的费用索赔,包括人工费、材料费、机械费、管理费等。

④其他情况的费用索赔,如工程中断、合同终止、特殊服务、材料和劳务价格上涨的索赔,拖欠工程款的索赔,分包商索赔,由于设计变更及设计错误造成返工的索赔,工程未经验收,业主提前使用或擅自动用未经验收的工程等的索赔。

(二)索赔费用的计算方法

1. 总费用法

总费用法即总成本法,就是当发生多次索赔事件以后,重新计算该工程的实际总费用,实际费用减去投标报价时的估算总费用,即为索赔金额。

索赔金额=实际总费用-投标报价估算总费用

实际发生的总费用中包括了承包商的原因,造成的超支(如施工组织不善而增加的费用)以及投标报价中存在低价竞争的倾向,因此这种方法只有在难以采用实际费用法时才应用。

2. 修正总费用法

修正总费用法是对总费用法的改进,即在总费用计算的原则上,去掉一些不合理的因素,使其更合理。修正的内容如下:

①将计算索赔款的时段局限于受到外界影响的时间,而不是整个施工期;

②只计算受影响时段内的某项工作所受到外界影响的损失,而不是计算该时段内所有施工工作所受的损失;

③该项工作无关的费用不列入总费用中;

④对投标报价费用重新进行核算:按受影响时段内该项工作的实际单价进行核算,乘以实际完成的该项工作的工程量,得出调整后的报价费用。

按修正后的总费用法计算索赔金额的公式如下:

索赔金额=某项工作调整后的实际总费用-该项工作调整后的报价费用

【工程实例 7-6】

费用索赔计算案例

某学校教学楼工程原投标报价如下:

①现场成本(工程直接费+现场管理费)	3 200 000 元
②管理费(①×8%)	256 000 元
③利润、税金[(①+②)×9%]	311 040 元
投标报价合计(P)	3 767 040 元

在实际施工过程中,发生了多次索赔事件,造成承包人增加工程额外成本 180 000 元,试用总费用法计算索赔费用。

案例分析:

①额外成本	180 000 元
②管理费(①×8%)	14 400 元
③利润、税金[(①+②)×9%]	17 496 元
额外费用合计	211 896 元
即该教学楼工程索赔费用共计	211 896 元。

3. 实际费用法

实际费用法又称分项法,是工程索赔计算时常用的一种方法。这种方法的计算原则是,以承包商为某项索赔工作所支付的实际开支为根据,向业主要求费用补偿。

用实际费用法计算时,在直接费的额外费用部分的基础上,再加上应得的间接费和利润,即是承包商应得的索赔金额。由于实际费用法依据的是实际发生的成本记录或单据,所以在施工过程中,系统而准确地积累资料是非常重要的。

【工程实例 7-7】

费用索赔案例

某高速公路项目,业主修改高架桥设计方案,监理工程师下令承包商工程暂停一个月。试分析在这种情况下,承包商可索赔哪些费用?

案例分析：

可索赔费用如下：

①人工费：对于不可辞退的工人，索赔人工窝工费，应按人工工日成本计算；对于可以辞退的工人，可索赔人工上涨费。

②材料费：可索赔超期储存费用或材料价格上涨费。

③施工机械使用费：可索赔机械窝工费或机械台班上涨费。自有机械窝工费一般按台班折旧费计算；租赁机械一般按实际租金和调进调出的分摊费计算。

④分包费用：由于工程暂停分包商向总包商索赔的费用。总包商向业主索赔包括分包商向总包商索赔的费用。

⑤现场管理费：由于全面停工，可索赔增加的工地管理费。可按日计算，也可按直接成本的百分比计算。

⑥保险费：可索赔延期一个月的保险费，按保险公司保险费率计算。

⑦保函手续费：可索赔延期一个月的保函手续费，按银行规定的保函手续费率计算。

⑧利息：可索赔延期一个月增加的利息支出，按合同约定的利率计算。

⑨总部管理费：由于全面停工，可索赔延期增加的总部管理费，可按总部规定的百分比计算。如果工程只是部分停工，监理工程师可能不同意总部管理费的索赔。

※知识拓展<费用索赔的原则>

①赔偿实际损失的原则，实际损失包括直接损失和间接损失。

②合同原则。

③符合规定的或通用的会计核算原则及工程惯例。

任务四　工程索赔的管理

一、工程师的索赔管理

（一）工程师对工程索赔的影响

在发包人与承包人之间索赔事件的处理和解决过程中，工程师是核心。在整个合同的形成和实施过程中，工程师对工程索赔有如下影响：

1. 工程师受发包人委托进行工程项目管理

如果工程师在工作中出现问题、失误或行使施工合同赋予的权力造成承包人损失，发包人必须承担合同规定的相应赔偿责任。承包人索赔有相当一部分是由工程师引起的。

2. 工程师有处理索赔问题的权力

①在承包人提出索赔意向通知以后，工程师有权检查承包人的现场同期记录。

②对承包人的索赔报告进行审查分析，反驳承包人不合理的索赔要求，或索赔要求中不合理的部分。可指令承包人作出进一步解释，或进一步补充资料，提出审查意见。

③在工程师与承包人共同协商确定给承包人的工期和费用的补偿量达不成一致时，工程

师有权单方面作出处理决定。

④对合理的索赔要求，工程师有权将它纳入工程进度付款中，签发付款证书，发包人应在合同规定的期限内支付。

3. 索赔争执的调解人

如果业主和承包商就索赔解决达不成一致，有一方或双方都不满意监理工程师的决定，而且双方都不让步，则产生索赔争执。合同双方都可以将争执再次递交监理工程师，请求作出调解。监理工程师应在合同规定的期限内作出调解决定。

4. 在争议的仲裁和诉讼过程中作为见证人

如果合同一方或双方对工程师的处理不满意，都可以按合同规定提交仲裁，也可以按法律程序提出诉讼。在仲裁或诉讼过程中，工程师作为工程全过程的参与者和管理者，可以作为见证人提供证据。

在一个工程中，发生索赔的频率、索赔要求和索赔的解决结果等，与工程师的工作能力、经验、工作的完备性、作出决定的公平合理性等有直接关系。因此，在工程项目施工过程中，工程师也必须有"风险意识"，必须重视索赔问题。

（二）工程师的索赔管理任务

索赔管理是监理工程师工程项目管理的主要任务之一，由于监理工程师是业主的代理人，又作为承包合同的中间人，所以他有独特的索赔管理任务。他的基本目标是从工程整体效益的角度出发，尽量减少索赔事件的发生，降低损失，公平合理地解决索赔问题。具体地说，他的索赔管理任务包括以下几个方面：

1. 预测和分析导致索赔的原因和可能性

在施工合同的形成和实施过程中，工程师为发包人承担了大量具体的技术、组织和管理工作。如果在这些工作中出现疏漏，对承包人施工造成干扰，则产生索赔。承包人的合同管理人员常常在寻找这些疏漏，寻找索赔机会。所以，工程师在工作中应能预测到自己行为的后果，堵塞漏洞。起草文件、下达指令、作出决定、答复请示时都应注意到完备性和严密性；分发图纸、作出计划和实施方案时都应考虑其正确性和周密性。

2. 通过有效的合同管理减少索赔事件发生

工程师应以积极的态度和主动的精神管理好工程，为发包人和承包人提供良好的服务。在施工中，工程师作为双方的纽带，应做好协调、缓冲工作，为双方建立一个良好的合作气氛。通常合同实施越顺利，双方合作得越好，索赔事件越少，越易于解决。工程师应对合同实施进行有力的控制，这是他的主要工作。通过对合同的监督和跟踪，不仅可以及早发现干扰事件，也可以及早采取措施降低干扰事件的影响，减少双方损失，还可以及早了解情况，为合理地解决索赔提供条件。

3. 公平合理地处理和解决索赔

索赔的合理解决，是指承包人得到按合同规定的合理补偿，而又不使发包人投资失控，合同双方都心悦诚服，对解决结果满意，继续保持友好的合作关系。合理解决发包人和承包人之间的索赔纠纷，不仅符合工程师的工作目标，使承包人按合同得到支付，而且符合工程总目标。

(三)工程师索赔管理的原则

要使索赔得到公平合理的解决,工程师在工作中必须注意以下原则:

1. 公平合理地处理索赔

工程师作为施工合同的管理核心,必须公平行事,以没有偏见的方式解释和履行合同,独立地作出判断,行使自己的权力。由于施工合同双方的利益和立场存在不一致,常常会出现矛盾,甚至冲突,这时工程师起着缓冲、协调作用。

①从工程整体效益、工程总目标的角度出发作出判断或采取行动。使合同风险分配、干扰事件责任分担、索赔的处理和解决不损害工程整体效益和不违背工程总目标。

②按照合同约定行事。合同是施工过程中的最高行为准则。作为工程师,更应该按合同办事,准确理解、正确执行合同,在索赔的解决和处理过程中应贯穿合同精神。

③从事实出发,实事求是。按照合同的实际实施过程、干扰事件的实情、承包人的实际损失和所提供的证据作出判断。

2. 及时作出决定和处理索赔

在工程施工中,工程师必须及时地(有的合同规定具体的时间,或"在合理的时间内")行使权力,作出决定,下达通知、指令、表示认可等。工程师及时作出决定和处理索赔可以减少承包人的索赔概率,防止干扰事件影响的扩大,及时掌握干扰事件发生和发展的过程,掌握第一手资料,为分析、评价承包人的索赔做准备。不及时处理索赔会加大索赔解决的难度。

3. 尽可能通过协商达成一致

工程师在处理和解决索赔问题时,应及时地与发包人和承包人沟通,保持经常联系。在做出决定,特别是做出调整价格、决定工期和费用补偿决定前,应充分地与合同双方协商,最好达成一致,取得共识。这是避免索赔争议的最有效办法。工程师应充分认识到,如果他的协调不成功使索赔争议升级,对合同双方都是损失,将会严重影响工程项目的整体效益。

4. 诚实信用

工程师有很大的工程管理权力,对工程的整体效益起关键性作用。

(四)工程师对索赔的审查

1. 审查索赔证据

工程师对索赔报告审查时,首先判断承包人的索赔要求是否有理、有据。所谓有理,是指索赔要求与合同条款或有关法规是否一致,受到的损失应属于非承包人责任原因所造成。有据,是指提供的证据证明索赔要求成立。

2. 审查工期顺延

首先工程师应根据实际情况和合同约定划清施工进度拖延的责任,明确不应由承包商承担的责任范围,其次根据责任范围确定实际被延误的工期。

3. 审查费用索赔

费用索赔的原因,可能是与工期索赔相同的内容,即属于可原谅并应予以费用补偿的索赔,也可能是与工期索赔无关的理由。工程师在审核索赔的过程中,除划清合同责任以外,还应注意索赔计算的取费合理性和计算的正确性。

①审核承包人索赔取费的合理性。工程师应公正地审核索赔报告,根据事件影响实际情

况,正确判断索赔取费及费率的合理性,查出不合理的取费项目。

②审核索赔值计算的正确性。要点如下:

a. 所采用的费率是否合理、适度。工程量表中的单价是综合单价,不仅包含直接费,还包括间接费、风险费、辅助施工机械费、公司管理费和利润等项目的摊销成本。在索赔计算中不应重复取费。停工损失中,不应以计日工费计算。不应计算闲置人员在此期间的奖金、福利等报酬,通常采取人工单价乘以折算系数计算;停驶的机械费补偿,应按机械折旧费或设备租赁费计算,不应包括运转操作费用。

b. 正确区分停工损失与因工程师临时改变工作内容或作业方法的功效降低损失的区别。凡可改作其他工作的,不应按停工损失计算,但可以适当补偿降效损失。

(五)工程师对索赔的反驳

首先要说明的是,这里所讲的反驳索赔仅仅指的是反驳承包人不合理索赔或者索赔中的不合理部分,而绝对不是把承包人当作对立面,偏袒发包人,设法不给予或尽量少给予承包人补偿。

工程师通常可以对承包人的索赔提出疑问的情况有:

①索赔事项不属于发包人或工程师的责任,而是与承包人有关的其他第三方的责任;

②发包人和承包人共同负有责任,承包人必须划分和证明双方责任大小;

③事实依据不足;

④合同依据不足;

⑤承包人未按索赔意向通知书进行申请;

⑥承包人以前已经放弃(明示或暗示)了索赔要求;

⑦承包人没有采取适当措施避免或减少损失;

⑧承包人必须提供进一步的证据;

⑨损失计算夸大。

二、承包商的索赔管理

(一)承包商索赔失败的原因

1. 投标前对合同文件研究不够

一个有经验的承包商,尤其是其索赔人员,应该从准备投标开始就研究探讨该合同项目的索赔问题。首先,要把合同文件中涉及施工索赔的条款和规定,深入透彻地进行研究。因为每个工程项目的合同文件,都是由工程的设计咨询单位在业主的直接指导下专门编制的。即使采用某一标准合同文本,如 FIDIC、ICE、AIA 合同条件或我国的《建设工程施工合同(示范文本)》(GF-2017-0201),但在其工程项目的专用条款中,必然要引进一些专门的、有特殊性的规定,这些专门规定对工程结算和索赔具有决定性作用。因此,在投标报价前必须研究合同文件,尤其注意合同中是否有以下问题出现:

①在合同文件中没有列入有关索赔的条款;

②在施工现场条件方面列入开脱性条款;

③在合同条款中列入无延误补偿条款。

2. 编标时对报价计算考虑不够或计算错误

①在报价书中未列入工作效率数据。例如，在报价单中只列入生产率数值，如每天完成多少立方米混凝土浇筑，但没有列入投入的资源数量（机械台班和人工的数量），使得工效降低索赔时没有依据。

②在报价时没有核算主要工程量的数值。通常招标文件工程量表中的工程量并不是准确数值，只供承包商报价时用。在实际工程结算时，是按照实际工程量与所报单价之积计算的。如核查不仔细，可能会出现某项工程量在工程量表中数值很小，承包商投标时报价过低，而实际工程量大从而造成实际损失。

③投标报价时数据计算错误，引起所报单价过低。

3. 施工时对合同管理不善

施工时对合同管理不善主要表现在：

①没有在规定的索赔时限内发出索赔通知书；

②索赔报告对事实论证不足；

③对工程师的口头指令未及时取得确认；

④没有及时提出变更价款的要求；

⑤没有及时申请并获准延长工期；

⑥没有及时明确可索赔的变更指令或加速施工指令；

⑦没有利用合同权利；

⑧在业主违约严重的情况下，继续施工并建成工程。

4. 进行索赔时做法不当

①计价方法不当，索赔款额过高；

②采用算总账的索赔方法；

③未坚持采用清理账目法；

④同业主和工程师关系存在严重的僵局。

（二）承包商的索赔策略分析

索赔策略是承包商经营策略的一部分，在整个施工过程中，必须进行索赔策略研究，作为制定索赔方案、索赔谈判和解决争议的依据。索赔策略必须体现承包商的整个经营战略，体现承包商长远利益和目前利益、全局利益和局部利益的统一。

1. 确定索赔目标

承包商的索赔目标是承包商对索赔的最终期望值，它由承包商根据合同实施状况、承包商所受的损失和其总经营战略所确定。

此外，对于严重拖欠工程款，拒不承认承包商合理要求等不讲信誉的业主，则承包商就要注意按合同给予的权利放慢工程进度，因为合同中一般均规定在索赔处理期间承包商应继续施工。同时，承包商要分析目标实现的风险，包括承包商在履行合同时的失误、如未在合同规定的索赔有效期内提出索赔、没完成合同规定的工程量、没有执行工程师的指令、工程施工中未达到合同的质量标准等，还包括工地上和其他方面的风险，如业主的反索赔、对承包商的不利证据等。

2. 对业主和工程师的分析

在国际工程承包中，尤其应当注意分析业主和工程师。通常对业主或工程师的价值观念、社会心理、传统文化、生活习惯和本人的兴趣、爱好的了解和尊重，对索赔的处理和解决有极大影响。

3. 承包商的经营战略分析

承包商的经营直接制约着索赔策略和计划。在分析业主的目标、业主的情况和工程所在地(国)的情况后，承包商应考虑如下问题：

①有无可能与业主继续进行新的合作；

②承包商是否打算在当地继续扩展业务或其前景如何；

③承包商与业主之间的关系对在当地扩展业务有何影响。

4. 承包商主要对外关系分析

在工程合同实施过程中，承包商与多方具有合作关系。承包商应详细分析这些合作关系，利用这些关系，争取各方面的合作与支持，尤其是与工程师的关系。此外，在国际承包工程中，承包商的代理人的作用也非常重要。

5. 对业主进行反索赔的估计

在工程实施过程中，往往双方均有责任，所以当承包商提出索赔时，业主就提出反索赔，用以平衡承包商的索赔。因此，要对业主可能提出的索赔项目进行分析，考虑如何给予反驳。

6. 承包商可能获得的索赔值估计

承包商应对自己可能获得的索赔值的最大值和最小值进行分析，分析自己要求的合理性和业主反驳的可能性。

7. 合同双方索赔要求对比分析

分析自己的索赔要求与业主可能提出的反索赔要求之间的数额差，两者至少要平衡。对谈判过程和结果进行分析，对采取何种谈判策略进行预估，尽量减少差距。

三、业主的反索赔

业主反索赔是指业主向承包商提出的索赔，由于承包商不履行或不完全履行约定的义务，或是由于承包商的行为使业主受到损失时，业主为了维护自己的利益，向承包商提出的索赔。业主对承包商的反索赔还包括对承包商提出的索赔要求进行分析、评审和修正，否定其不合理的需求，接受其合理的要求。

索赔管理的任务包括追索损失和防止损失。追索损失主要通过索赔的手段进行，而防止损失主要靠反索赔进行。合同实施过程中，合同双方都在进行合同管理，都在寻找索赔机会。一旦干扰事件发生，都在企图推却自己的合同责任，都在企图进行索赔。不能进行有效的反索赔，同样要蒙受损失，所以反索赔与索赔有同等重要的地位。

1. 反索赔的意义

①反索赔可以减少和防止损失的发生，它直接关系到工程经济效益的高低。

②不能进行有效的反索赔，处于被动挨打的局面，会影响工程管理人员的士气，进而影响整个工程的施工和管理。

③索赔与反索赔是不可分离的。

2. 反索赔的内容和措施

反索赔的内容包括防止对方索赔和反击对方索赔。防止对方索赔，首先要防止自己违约，要按合同办事。当干扰事件一经发生，就应着手研究，收集证据，一方面作索赔处理，另一方面又准备反击对方的索赔。

最常见的反击对方索赔的措施有以下两个：

①用索赔对抗索赔，最终索赔结果是双方索赔款互相抵扣。

②反驳对方的索赔报告，找出理由和证据，证明对方的索赔报告不符合事实情况、不符合合同规定、没有根据、计算不准确，以推卸或减轻自己的赔偿责任，是自己不受或少受损失。

索赔和反索赔同时进行，即索赔报告中既有索赔，也有反索赔；反索赔报告中既有反索赔，也有索赔。攻守手段并用会达到很好的索赔效果。

※知识拓展<反索赔的基本原则>

①以事实为根据，以合同为准绳；

②实事求是认可合理的索赔要求；

③反驳、拒绝不合理的索赔要求；

④公平合理地解决索赔问题。

3. 业主对承包商履约中的违约责任进行索赔

根据《建设工程施工合同（示范文本）》（GF-2017-0201）的规定，因承包方原因不能按照协议书约定的竣工日期或监理工程师同意顺延的工期竣工，或因承包方原因工程质量达不到协议书约定的质量标准，或因承包方不履行合同义务或不按合同约定履行义务的情况，承包方均应承担违约责任，赔偿因其违约给业主造成的损失。

施工过程中业主反索赔的主要内容如下：

（1）施工责任反索赔

当承包商的施工质量不符合施工技术规程的要求，或在保修期未满以前未完成应该负责修补的工程时，业主有权向承包商追究责任。如果承包商未在规定的时限内完成修补工作，业主有权雇佣他人来完成工作，发生的费用由承包商负担。

（2）工期延误反索赔

在工程项目的施工过程中，由于承包商的原因，使竣工日期拖后，影响到业主对该工程的利用，给业主带来经济损失时，业主有权对承包商进行索赔，即由承包商支付延期竣工违约金。业主在确定违约金的费率时，一般要考虑以下因素：

①业主盈利损失；

②由于工期延长而引起的贷款利息的增加；

③工程拖期带来的附加监理费；

④由于本工程拖期竣工不能使用，租用其他建筑物时的租赁费。

至于违约金的计算方法，在每个合同文件中均有具体规定。一般按每延误一天赔偿一定的款额计算，累计赔偿额一般不超过合同总额的10%。

（3）对超额利润的索赔

如果工程量增加很多（超过有效合同价的15%），使承包商预期收入增大，因工程量增加承包商并不增加任何固定成本，合同价应由双方讨论调整，收回部分超额利润。由于法规的变化导致承包商在工程实施中降低了成本，产生了超额利润，应重新调整合同价格，收回部分超额利润。

（4）对指定分包商的付款索赔

在承包商未能提供已向指定分包商付款的合理证明时，业主可以直接按照监理工程师的证明书，将承包商未付给指定分包商的所有款项（扣除保留金）付给该分包商，并从应付给承包商的任何款项中如数扣回。

（5）承包商不履行保险费用的索赔

如果承包商未能按合同条款指定的项目投保，并保证保险有效，业主可以投保并保证保险有效，业主所支付的必要的保险费可在应付给承包商的款项中扣回。

（6）业主合理终止合同或承包商不正当放弃工程的索赔

如果业主合理终止承包商的承包，或者承包商不合理放弃工程，则业主有权从承包商手中收回由新的承包商完成工程所需的工程款与原合同未付部分的差额。

（7）其他索赔

由于工伤事故给业主方人员和第三方人员造成的人身或财产损失的索赔，以及承包商运送建筑材料及施工机械设备时损坏了公路、桥梁或隧道，道桥管理部门提出的索赔等。

4. 业主对承包商提出的索赔要求进行评审、反驳与修正

反索赔的另外一项工作就是对承包商提出的索赔要求进行评审、反驳与修正。审定过程中要全面参阅合同文件中的所有有关合同条款，客观评价。对承包商的索赔要求不符合合同文件规定的，即被认为没有索赔权，但是要防止有意轻率否定的倾向，避免合同争端升级。应注意以下几点：

①索赔是否具有合同依据，索赔报告中引用索赔理由是否充分；

②索赔事项的发生是否为承包商的责任，是否属于承包商的风险范畴；

③在索赔事项初发时，承包商是否采取了有效的控制措施，防止事态扩大，尽力挽回损失；

④认真核定索赔款额，肯定其合理的索赔要求，反驳或修正不合理的索赔要求。

案例应用

【案例 7-1】某汽车制造厂土方工程中，承包商在合同标明有松软石的地方没有遇到松软石，因此工期提前 1 个月。但在合同中另一未标明有坚硬岩石的地方遇到更多的坚硬岩石，开挖工作变得更加困难，由此造成实际生产率比原计划低得多，经测算影响工期 3 个月。由于施工速度慢，使得部分施工任务拖到雨季进行，按一般公认标准推算，又影响工期 2 个月。为此承包商准备提出索赔。

问题：

①该项施工索赔能否成立？为什么？

②在该索赔事件中，应提出的索赔内容包括哪两方面？

③在工程施工中，通常可以提供的索赔证据有哪些？

④承包商应提供的索赔文件有哪些？请协助承包商拟定一份索赔通知。

案例7-1答案

分析要点：

该案例主要考核工程施工索赔成立的条件与索赔责任的划分，索赔的内容与证据，索赔文件的种类、内容与形式。

【案例 7-2】某建设工程系外资贷款项目，业主与承包商按照 FIDIC《土木工程施工合同条件》签订了施工合同。施工合同专用条件规定：钢材、木材、水泥由业主供货到现场仓库，其他材料由承包商自行采购。

当工程施工至第五层框架柱钢筋绑扎时，因业主提供的钢筋未到，使该项作业从 10 月 3 日至 10 月 16 日停工（该项作业的总时差为零）。

10 月 7 日至 10 月 9 日因停电、停水使第三层的砌砖停工（该项作业的总时差为 4 天）。

10 月 14 至 10 月 17 因砂浆搅拌机发生故障使第一层抹灰推迟开工（该项作业的总时差为 4 天）。

为此，承包商于 10 月 20 日向工程师提交了一份索赔意向书，并于 10 月 25 日送交了一份工期、费用索赔计算书和索赔依据的详细材料。其计算书的主要内容如下：

（1）工期索赔

①框架柱绑扎钢筋　　10 月 3 日至 10 月 16 停工　　计 14 天

②砌砖　　10 月 7 日至 10 月 9 日停工　　计 3 天

③抹灰　　10 月 14 日至 10 月 17 日推迟开工　　计 4 天

总计请求顺延工期：21 天

（2）费用索赔

①窝工机械设备费：

一台塔吊　　14×234＝3 276（元）

一台混凝土搅拌机　　14×55＝770（元）

一台砂浆搅拌机　　7×24＝168（元）

小计：4 214 元

②窝工人工费：

扎筋　　35 人×20. 15×14＝9 873. 50（元）

砌砖　　30 人×20. 15×3＝1 813. 50（元）

抹灰　　35 人×20. 15×4＝2 821. 00（元）

小计：14 508. 00 元

③保函费延期补偿：　　（1 500×10% ×6‰÷365）×21＝517. 81（元）

④管理费增加：　　（4214+14 508. 00+517. 81）×15% ＝2 885. 977 5（元）

⑤利润损失：（4 214+14 508. 00+517. 81+2 885. 97）×5% ＝1 106. 29（元）

经济索赔合计：23 232. 07 元

问题：

①承包商提出的工期索赔是否正确？应予批准的工期索赔为多少天？

②假定经双方协商一致，窝工机械设备费索赔按台班单价的 65% 计；考虑对窝工人工应合理安排工人从事其他作业后的降效损失，窝工人工费索赔按每工日 10 元计；保函费计算方式合理；管理费、利润损失不予补偿。试确定经济索赔额。

分析要点：

该案例主要考核工程索赔成立的条件与索赔责任的划分，工期索赔、费用索赔计算与审核。分析该案例时，要注意网络计划关键线路、工作总时差的概念及其对工期的影响、因非承包商原因造成窝工的人工与机械增加费的确定方法。

案例7-2答案

【案例 7-3】某工程项目施工采用包工包全部材料的固定价格合同。工程招标文件参考资料中提供的用砂地点距工地 4 km。但是开工后，检查该砂质量不符合要求，承包商只得从另一距工地 20 km 的供砂地点采购。而在一个关键工作面上又发生了几种原因造成的临时停工：5 月 20 日至 5 月 26 日承包商的施工设备出现从未出现过的故障；应于 5 月 24 日交给承包商的后续图纸直到 6 月 10 日才交给承包商；6 月 7 日到 6 月 12 日施工现场下了罕见的特大暴雨，造成 6 月 11 日到 6 月 14 日的该地区的供电全面中断。

问题：

①承包商的索赔要求成立的条件是什么？

②由于供砂距离的增大，必然引起费用的增加，承包商经过认真仔细计算后，在业主指令下达的第 3 天，向业主的造价工程师提交了将原用砂单价每吨提高 5 元人民币的索赔要求。作为一名造价工程师，你批准该索赔要求吗？为什么？

③若承包商对因业主原因造成窝工损失进行索赔时，要求设备窝工损失按台班计算，人工的窝工损失按日工资标准计算是否合理？如不合理应怎样计算？

④由于几种情况的暂时停工，承包商在 6 月 25 日向业主的造价工程师提出延长工期 26 天，成本损失费人民币 2 万元/天（此费率已经造价工程师核准）和利润损失费人民币 2 千元/天的索赔要求，共计索赔款 57.2 万元。作为一名造价工程师，你批准延长工期多少天？索赔款额多少万元？

⑤你认为应该在业主支付给承包商的工程进度款中扣除因设备故障引起的竣工拖期违约损失赔偿金吗？为什么？

分析要点：

对该案例的求解，要弄清工程索赔的概念、工程索赔成立的条件、施工进度拖延和费用增加的责任划分与处理原则，特别是在出现共同延误情况下工期延长和费用索赔的处理原则与方法，以及竣工拖期违约损失赔偿金的处理原则与方法。

案例7-3答案

【案例 7-4】某施工单位（乙方）与某建设单位（甲方）签订了建造无线电发射试验基地施工合同。合同工期为 38 天。由于该项目急于投入使用，在合同中规定，工期每提前（或拖后）1 天奖励（或罚款）5 000 元。乙方按时提交了施工方案和施工网络进度计划（图 7-5），并得到了甲方代表的批准。

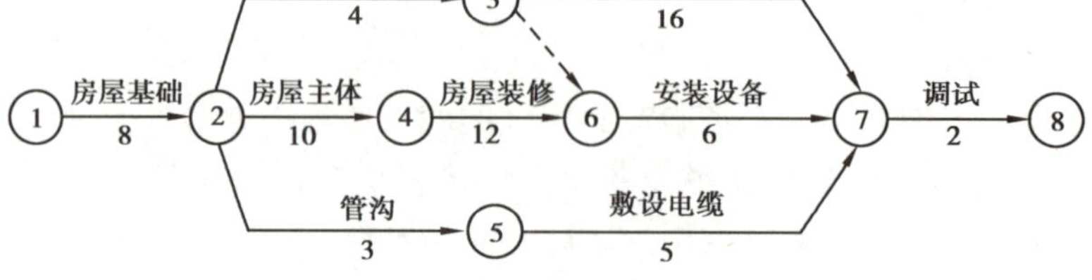

图 7-5　发射塔试验基地工程施工网络进度计划（单位：天）

实际施工过程中发生了如下几项事件：

事件1：在房屋基坑开挖后，发现局部有软弱下卧层，按甲方代表指示乙方配合地质复查，配合用工为10个工日。地质复查后，根据经甲方代表批准的地基处理方案，增加直接费4万元，因地质复查和处理使房屋基础作业时间延长3天，工人窝工15个工日。

事件2：在发射塔基础施工时，因发射塔原设计尺寸不够，甲方代表要求拆除已施工的基础，重新定位施工。由此造成增加用工30工日，材料费1.2万元，机械台班费3 000元，发射塔基础作业时间拖延2天。

事件3：在房屋主体施工中，因施工机械故障，造成工人窝工8个工日，该项工作作业时间延长2天。

事件4：在房屋装修施工基本结束时，甲方代表对某项电气暗管的敷设位置是否准确有疑义，要求乙方进行剥离检查。检查结果为某部位的偏差超出了规范允许范围，乙方根据甲方代表的要求进行返工处理，合格后甲方代表予以签字验收。该项返工及覆盖用工20个工日，材料费为1 000元。因该项电气暗管的重新检验和返工处理使安装设备的开始作业时间推迟了1天。

事件5：在敷设电缆时，因乙方购买的电缆线材质量差，甲方代表令乙方重新购买合格线材。致使完成该项工作多用人工8个工日，作业时间延长4天，材料损失费8 000元。

事件6：鉴于该工程工期较紧，经甲方代表同意乙方在安装设备作业过程中采取了加快施工的技术组织措施，使该项工作作业时间缩短2天，该项技术组织措施费为6 000元。

其余各项工作实际作业时间和费用均与原计划相符。

问题：

①乙方在上述事件中可以就哪些事件向甲方提出工期补偿和费用补偿要求？为什么？

②该工程的实际施工天数为多少天？可得到的工期补偿为多少天？工期奖罚款为多少？

③如果按照工程所在地人工费标准30天/工日，则甲方给予补偿的窝工人工费为多少？补偿标准为18元/工日，该工程综合取费率为30%，则在该工程结算时，乙方应得到的索赔款为多少？

分析要点：

该案例除涉及前述几个案例中的工程索赔知识外，增加了按我国现行建筑安装工程费用计算方法计算索赔费用的内容。我国现行建筑安装工程费用的计算方法一般是首先计算直接费，然后以直接费为基数，根据有关规定计算其他直接费、现场经费、间接费、利润和税金等。本案例为简化起见，将直接费以外的费用处理成以直接费为基数的一个综合费率。

案例7-4答案

项目总结

索赔是当事人在合同实施过程中，根据法律、合同规定及惯例，对不应由自己承担责任的情况造成的损失，向合同的另一方当事人提出给予赔偿或补偿要求的行为。在工程建设的各个阶段，都有可能发生索赔，但在施工阶段索赔发生较多。对施工合同的双方来说，都有通过索赔维护自己合法利益的权利，依据双方约定的合同责任，构成正确履行合同义务的制约关系。学会合理合法索赔，必须掌握索赔的依据和方法。

引起施工索赔的原因很多,最主要的是业主方面的原因。

施工索赔分类方法很多,按索赔目的来分,主要为工期索赔和经济索赔。工期索赔计算方法有网络计算法和比例计算法两种。经济索赔值的计算法有实际费用法、总费用法和修正总费用法。

施工索赔是合同管理的重要内容。工程师索赔管理的基本目标是:尽可能减少索赔事件的发生,公平合理地解决索赔问题。对于承包商来说,施工索赔是承包商改善合同地位、维护合同权益的重要手段。

技能实训

索赔报告的编制

实训目标:

上述案例的各个事件,以教学班级为单位,按照索赔程序,就是否能够索赔进行讨论并根据讨论结果编写索赔报告。

实训过程:

1. 分组讨论,每组 5 人或 6 人,由各组组长负责。

2. 每组讨论完后,就讨论结果编写出索赔报告。

实训成果:

编制索赔报告。

能力训练

某工程项目的施工招标文件中表明该工程采用综合单价计价方式,工期为 15 个月,承包单位投标工期为 13 个月。合同总价确定为 8 000 万元。合同约定:实际完成工程量超过估计工程量 25% 以上时允许调整单价;拖期每天赔偿金为合同总价的 1‰,最高拖期赔偿限额为合同总价的 10%;若能提前竣工,每提前 1 天的奖金按合同总价的 1‰计算。

承包单位开工前编制并经工程师认可的施工进度计划如图 7-6 所示。

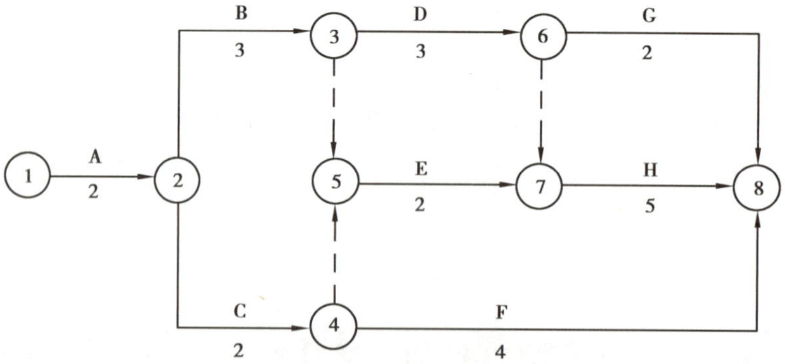

图 7-6 施工进度网络计划

施工过程中发生了 4 个事件,致使承包单位完成该项目的施工实际用了 15 个月。

事件 1:A、C 两项工作为土方工程,工程量均为 16 万 m^3,土方工程合同单价为 16 元/m^3。实际工程量与估计工程量相等。施工按计划进行 4 个月后,工程师以设计变更通知发布新增土方工程 N 的指示。该工作的性质和施工难度与 A、C 工作相同,工程量为 32 万 m^3。N 工作要 B 和 C 工作完成后开始施工,且为 H 和 G 的紧前工作。工程师与承包商依据合同约定协商后,确定土方变更单价为 14 元/m^3。承包单位按计划用 4 个月完成。3 项土方工程均租用 1 台机械开挖,机械租赁费为 1 万元/(月·台)。

事件 2:F 工作,因设计变更等待新图纸延误 1 个月。

事件 3:G 工作由于连续降雨累计 1 个月导致实际施工 3 个月完成,其中 0.5 个月的日降雨量超过当地 30 年气象资料记载的最大强度。

事件 4:H 工作由于分包单位施工的工程质量不合格造成返工,实际 5.5 个月完成。

由于以上事件,承包单位提出以下索赔要求:

①顺延工期 6.5 个月。理由是:完成 N 工作 4 个月;变更设计图纸延误 1 个月;连续降雨属于不利的条件和障碍影响 1 个月;工程师未能很好地控制分包单位的施工质量应补偿工期 0.5 个月。

②N 工作的费用补偿 = 16 元/m^3×32 万 = 512 万元。

③由于第 5 个月后才能开始 N 工作施工,要求补偿 5 个月的机械闲置费 5 月×1 万元/(月·台)×1 台 = 5 万元。

问题:

①请对以上施工过程中发生的 4 个事件进行合同责任分析。

②根据工程师认可的施工进度计划,应给承包单位顺延的工期是多少?请说明理由。

③确定应补偿承包单位的费用,并说明理由。

④分析承包单位应获得工期提前奖励还是承担拖延工期违约赔偿责任,并计算其金额。

链接执考

1. 下列施工索赔证据中,属于合同文件类证据的是(　　)。

A. 监理人批准的施工方案　　B. 承包人进场材料合格证书

C. 标准和技术规范　　D. 发包人审批的施工进度计划

2. 下列干扰事件中,承包人可以进行索赔的有(　　)。

A. 承包人选择的分包人不能按时进场施工

B. 发包人对合同规定以外的项目进行检验,且检验合格

C. 发包人要求提前完成项目或者缩短工期

D. 承包人为项目创优而自主增加投入

E. 监理工程师对合同文件的歧义解释影响了工程进展

3. 工程师直接向分包人发布了错误指令,分包人经承包人确认后实施,但该错误指令导致分包工程返工,为此分包人向承包人提出费用索赔,承包人(　　)。

A. 以不属于自己的原理拒绝索赔要求

B. 认为要求合理,先行支付后再向业主索赔

C. 以自己的名义向工程师提交索赔报告

D. 不予支付,以分包商的名义向工程师提交索赔报告

4. 按照《建设工程施工合同(示范文本)》(GF-0201-2017)的规定,由于(　　)等原因造

成的工期延误，经工程师确认后工期可以顺延。

A. 发包人未按约定提供施工场地
B. 分包人对承包人的施工干扰
C. 设计变更
D. 承包人的主要施工机械出现故障
E. 发生不可抗力

5. 下列关于索赔的表述中，正确的是（　　）。

A. 索赔要求的提出无须经对方同意
B. 索赔具有惩罚性质
C. 在索赔事件发生后的 28 天内递交索赔报告
D. 总监理工程师的索赔处理决定超过权限时应报发包人批准
E. 承包人必须执行总监理工程师的索赔处理决定

项目八　BIM 招投标

知识目标

1. 了解 BIM 技术在工程招投标环节的应用；
2. 熟悉电子化招投标的实施过程；
3. 了解企业诚信管理；
4. 熟悉 BIM 招标、可视化投标文件编制过程。

素养目标

1. 沟通原理与技巧；
2. 商务谈判能力；
3. 自主学习能力；
4. 发现问题和解决问题能力；
5. 团队合作能力。

驱动任务训练

1. 简述工程招投标的发展趋势。
2. 工程建设电子化招投标的优势有哪些？
3. 建设工程招投标引入 BIM 技术的意义是什么？
4. 企业诚信管理主要有哪些内容？

案例导入

BIM 助力卓伯根项目

2018 年 12 月初，德国卓伯根集团发布施工总承包招标公告，湖南建工集团 BIM 中心应华西局邀请，组织参与该工程的 BIM 化标书编制。历时 25 天，经过严格的开标、评标及定标审核，层层筛选，集团华西局从众多企业中脱颖而出，以综合评标最高分顺利中标该工程。

该项目投标中，湖南建工 BIM 中心建立了明确的 BIM 应用管理机构，并进行责任分工，以满足项目实际施工需求。通过各专业 BIM 模型的建立,保障标书编制各专项方案、进度计划的合理,工程量清单的准确,为项目技术及商务标书的编制提供有力依据。

1. 可视化方案呈现

项目投标前期,依据工程量清单计量规范,分别建立土建、钢结构等专业模型。集成各专业模型数据,渲染动画,在与业主贯标中,对设计方案及施工完成的效果进行可视化展现,给业主真实的设计场景体验。

卓伯根中国区总部项目整体模型如图 8-1 所示。

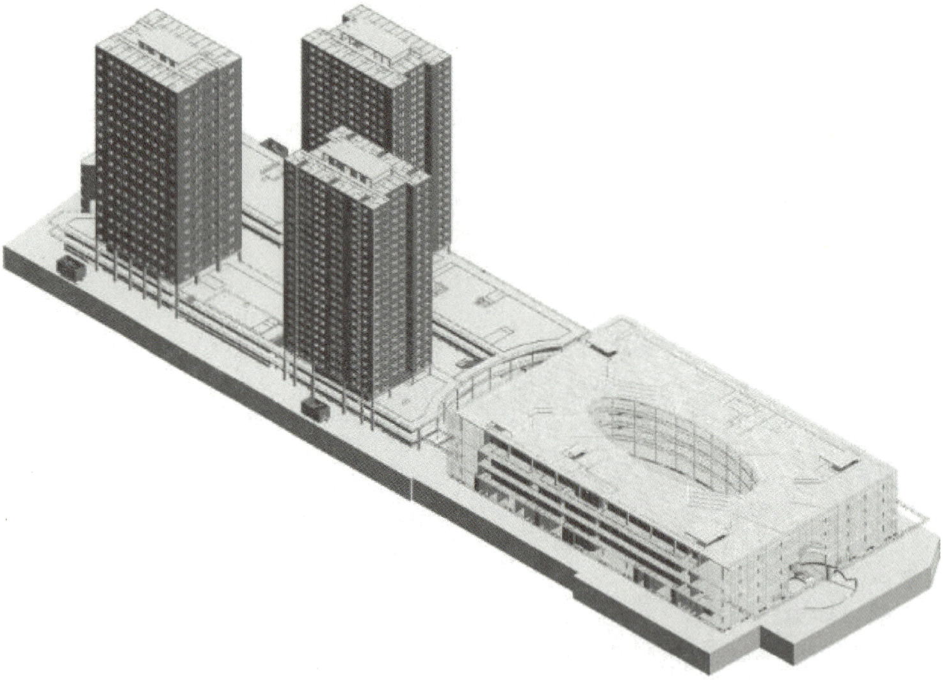

图 8-1　卓伯根中国区总部项目整体模型

2. 施工进度模拟

BIM 模型通过匹配进度信息,在 Navisworks 中进行施工模拟,形象演示施工各阶段流水划分、关键施工节点、施工工艺等,客观展现湖南建工的技术实力及对项目的施工部署。同时对关键节点部位可视化拆分,提前预见问题,确保工程质量,在前期的贯标中,有效展现集团技术实力。

3. 商务应用

确定三维模型工程计量的剪切关系及优先等级,同时明确构件单元模型的名称及分类设置,对 BIM 模型进行拆分,导出准确的工程量清单,为投标报价提供数据基础,有效审查清单的缺漏项,保障报价的合理及准确。

4. 场地布置

在投标方案中,以 BIM 化的形式对施工平面进行合理布置,包括对道路、材料堆场、生产、办公、生活等临时设施进行设计,使施工平面布置有条理,减少占用施工用地,同时做到场容整齐清洁,道路畅通,符合防火安全及文明施工的要求,并核算临建清单报价。

5. 质量管理措施

在技术方案编制过程中，通过 BIM 技术进行现场质量安全管理，采集现场数据、建立质量安全数据资料，与模型关联，对质量、安全、文明施工等问题落实整改，形成可追溯的记录，实时统计分析，提前预防，减少问题发生概率，展示湖南建工集团在质安管理方面的技术实力和管理水平。

6. 安全防护管理措施

通过 BIM 用电模拟、BIM 安全帽撞击模拟、临边洞口防护和高空作业模拟及 BIM5D 质安协同管理，提升项目安全管理水平。

案例评析：

项目备标阶段是项目开展的起始点，该阶段的工作准备充分与否直接决定着项目能否中标。基于我国建设行业情况，备标阶段一般时间比较紧张，备标作业涉及内容多，流程复杂烦琐等客观因素均决定着标书质量。如果不能合理规划备标作业，将难以在有限时间内保质保量地完成备标工作。

基于 BIM 技术在工程备标阶段的应用模式，能够降低备标作业过程中遇到的困难，协助备标人员将复杂的备标流程精简化，高效地输出标书相关成果，对备标人员起到极大的减负增效作用，并能够保证标书的质量，大大提高中标概率。

思政升华：BIM 电子招投标的引入，强调具有创新意识的重要性，同时“四新”技术的推广使用，引导学生培养大国工匠精神和爱国主义精神。

任务一　工程招投标发展趋势

一、电子化招标投标

1. 电子化招标投标概述

电子化招标投标是传统招标投标制度的改革及发展趋势，也是促进招标投标可持续发展的基础。根据《招标投标法实施条例》第五条规定，国家鼓励利用信息网络进行电子招标投标。电子招标投标是指利用现代信息技术，以数据电文形式进行的无纸化招标投标活动，通俗地说，就是部分或者全部抛弃纸，借助计算机和网络完成招标投标活动。

招标投标主体按照国家有关法律法规的规定，以数据电文为主要载体，运用电子化手段完成的全部或者部分招标投标活动，提供完成上述内容的网络服务需要以网络平台作为载体。每一个采购方或者招标投标代理公司均可在其上进行招标信息发布、评标、开标、中标管理等作业，供应商也可以通过平台进行投标作业，完成远程网络化招标投标行为。

电子招标投标系统根据功能分为三大平台：交易平台、公共服务平台和行政监督平台。

电子招标投标交易平台主要实现网络发布招标公告、下载招标文件、上传投标文件、网络开标、网络评标、电子签名、电子公示中标结果。

电子招标投标公共服务平台主要是为电子招标投标交易平台、招标投标活动当事人、社会公众、行政机关提供信息服务。

电子招标投标监督平台是监督部门和监察机关对电子招标投标交易平台和公共服务平台进行监督、监察的平台,也是接受投标人利害关系人投诉的平台。

目前我国的电子化招标投标还处于迅猛发展阶段,其优点是有目共睹的,但也存在一系列的问题。

2. 工程建设电子化招标投标在我国的现状

电子招标投标办法

党的十八大以来,国家对电子化招标投标给予了高度重视,频繁出台相应的规范和办法,从政策上给予引导和支持。

2013 年 2 月,以国家发展和改革委员会牵头的八部委联合发布《电子招标投标办法》(国家发改委令第 20 号)。《电子招标投标办法》是我国推行电子化招标投标的纲领性文件,是我国招标投标行业发展的一个重要里程碑。

2014 年 8 月,国家发展和改革委员会等六部委发出《关于进一步规范电子招标投标系统建设运营的通知》(发改法规〔2014〕1925 号),进一步规范了电子招标投标系统建设运营,确保电子化招标投标健康有序发展。

2015 年 7 月,国家发展和改革委员会等六部委发出《关于扎实开展国家电子招标投标试点工作的通知》(发改法规〔2015〕1544 号),在招标投标领域探索实行"互联网+监管"模式,深入贯彻实施《电子招标投标办法》,不断提高电子化招标投标的广度和深度,促进招标投标市场健康可持续发展。

2015 年 8 月,国家认监委等七部委发布《关于发布〈电子招标投标系统检测认证管理办法(试行)〉的通知》(国认证联〔2015〕53 号),规范电子招标投标系统检测认证活动,根据《中华人民共和国产品质量法》《招标投标法》及其实施条例、《中华人民共和国认证认可条例》《电子招标投标办法》等法律法规规章,开展电子招标投标系统检测认证工作。唯有检测认证通过的平台,才可以推广运营。

2015 年 8 月,国务院办公厅印发《整合建立统一的公共资源交易平台工作方案》(国办发〔2015〕63 号),工作方案落实《国务院机构改革和职能转变方案》部署。整合工程建设项目招标投标、土地使用权和矿业权出让、国有产权交易、政府采购等交易市场,建立统一的公共资源交易平台,有利于防止公共资源交易碎片化,加快形成统一开放、竞争有序的现代市场体系;有利于推动政府职能转变,提高行政监管和公共服务水平;有利于促进公共资源交易阳光操作,强化对行政权力的监督制约,推进预防和惩治腐败体系建设。

2017 年,《国务院办公厅关于促进建筑业持续健康发展的意见》(国办发〔2017〕19 号)中,针对呼声很高的招标投标变革,做了明确阐明:一是加快修订《工程建设项目招标范围和规模标准规定》,缩小并严格界定必须进行招标的工程建设项目范围,放宽有关规模标准,防止工程建设项目实行招标"一刀切";二是将依法必须招标的工程建设项目纳入统一的公共资源交易平台,遵循公平、公正、公开和诚信的原则,规范招标投标行为;三是进一步简化招标投标程序,尽快实现招标投标交易全过程电子化,推行网上异地评标。

2017 年 2 月,《"互联网+"招标采购行动方案(2017—2019 年)》(发改法规〔2017〕357 号)提出。

2019 年,覆盖全国、分类清晰、透明规范、互联互通的电子招标采购系统有序运行,以协同共享、动态监督和大数据监管为基础的公共服务体系和综合监督体系全面发挥作用,实现招标投标行业向信息化、智能化转型。

3. 工程建设电子化招标投标的优势

(1)有利于解决当前的突出问题

通过匿名下载招标文件,使招标人和投标人在投标截止前难以知晓潜在投标人的名称和数量,有助于防止围标串标;通过网络终端直接登录电子招标投标系统,免除了传统招标情况下存在的投标报名环节,极大地方便了投标人,既有利于防止通过投标报名排斥本地区本行业以外的潜在投标人,也通过增加投标人数量增强了竞争性。同时,由于电子化招标投标具有整合和共享信息、提高透明度、如实记载交易过程等优势,有利于建立健全信用奖惩机制,遏制弄虚作假,防止"暗箱操作",有效查处违法行为。

(2)有利于提高招标投标效率

与传统招标投标方式相比,电子化招标投标实现了招标投标文件的电子化,其制作、修改、递交等都通过计算机和网络进行,省去了差旅、印刷、邮寄等所需的时间,便于有关资料的备案和存档。评标活动有了计算机辅助评标系统的帮助,可以提高效率。

(3)有利于公平竞争和预防腐败

招标投标程序电子化后,招标公告、招标文件、投标人信用、中标结果、签约履约情况等信息的公开公示将变得更加方便和深入,有利于提高透明度,更好地发挥招标投标当事人相互监督和社会监督的作用。同时,电子化招标投标可以通过技术手段减少当前招标投标活动中存在的"暗箱操作"等人为因素,预防商业贿赂和不正之风。

(4)节约招标采购资金

实施电子化招标投标,实现了电子化的招标投标文件,节约了招标文件的印刷费,大大减少了环境污染,促进节能减排;在开标时不需要投标人亲临现场,通过网络直播就可以,节约了投标人的来回差旅费用、会议费等;还可实现电子化评标,进一步提高了评标效率。

(5)提高招标信息的透明度

电子化招标投标实现了招标信息的透明化目标,创建招标投标信息档案库,实现了参与招标投标的信息真实度。有效地规范了招标投标流程,避免了在招标投标过程中的人为干扰和虚假行为,实现了公平、公正、公开原则。电子化招标投标要求投标人通过网上报名、下载招标文件及缴纳招标保证金等,有效地拦截了围标、串标的信息源,防止了围标、串标的行为。还能够方便招标投标部门对招标投标过程的监督和管理,通过专门的账户能够实时地对项目动态进行管理和掌控,也规范了监督模式。

(6)实现了招标投标的集中化管理

首先创建电子化招标投标系统,内部实现了供应商、招标、评标等一系列数据信息的资源共享,便于集中化管理。另外,电子化招标投标使用人性化的操作模式,一些高难度的人为可以工作通过计算机实现,降低了人为工作的失误率,提高了招标投标过程的效率。

(7)有利于规范行政监督行为

按照监管权限以及法定监管要求,科学设置监管流程和监管手段,减少自由裁量和"暗箱操作",可以大大提高监管的规范性。

4. 工程建设电子化招标投标的发展趋势

电子化招标投标已经是招标投标的发展趋势,但是在电子化招标投标发展过程中存在着一系列问题，要想使电子化招标投标可持续发展，就要完善存在的问题。

（1）制定有效的电子化招标投标制度和规范

依据法律规定规范电子化招标投标的过程，将其能够真实、可靠地反映出来，使电子化招标投标过程中的各个程序都能够相互整合、兼容协调地运行。电子化招标投标系统使用的是电子信息技术，能够有效地使招标人规范、便捷地进行招标采购任务，并满足招标项目之后的信息管理需求，系统保障了招标信息的开放性和及时性。

（2）创建电子化招标投标交易平台

创建电子化招标投标交易平台的目的是使不同的电子化招标项目能够与服务管理系统相互连通，使招标信息及公共性的交易能够实时共享，并且具有开放性，还要创建科学、有效的招标投标监督和管理机制，规范招标投标管理机构的监督方式，使其成为全面、实时性的服务信息网络平台。只要是与招标投标相关的管理部门或人员，都要进行身份加密，在网上进行招标投标时，也应该进行身份加密，保障招标投标活动的安全性和保密性。

二、互联网+招标采购

公开、公平、公正和诚实信用是招标投标市场的核心价值目标；开放、互联、透明、共享是互联网的优势特征，这两者之间的“先天”优势决定二者需要相互融合。只有这样才能建立一体化开放共享的市场信息体系，才能够真正实现招标投标市场信息互联互通、动态跟踪、透明高效、开放共享、永久追溯、立体监督；才能突破市场信息条块分割、静态、封闭、单向传播的困境，逐步消除真伪难别、“暗箱操作”、弄虚作假、违法失信等市场扭曲现象；才能够真正实现招标投标市场的核心价值目标。

同时，“互联网+”和电子化招标投标的深度融合，会改变传统纸质招标投标的业务运行和组织管理模式，改变独立分散、隔离、单向、独享、静态、简单、粗放的运行和管理状态；通过改造完善电子化招标投标系统及其交易平台，大力推进交易平台向市场化、专业化和集约化发展，改变和消除各种技术壁垒、独立孤岛、简单流程和“人机重复”的低水平、低效率运营状态。随着“互联网+”和电子化招标投标融合的深度发展，实现各个系统平台之间无障碍，互联、互通、共享、网络化；实现使用者与平台系统之间无阻碍，易用、高效、智能、人性化；实现市场主体之间无壁垒，公开、公平、公正、竞争一体化；实现监督者与市场主体之间无屏障，依法、客观、监督、透明化。

三、BIM 技术在工程招标投标环节的应用

BIM（Building Information Modeling）是指基于先进三维数字设计解决方案所构建的可视化的数字建筑模型，BIM 技术已经成为工程建设行业的发展趋势。BIM 技术作为建筑业信息化的重要组成部分，为施工行业的发展带来了强大推力，有利于推动绿色建筑，优化绿色施工方案，优化项目管理，提高工程质量，降低成本和安全风险，提升工程项目的效益和效率。

BIM 技术通过数字化手段，在计算机中建立出一个虚拟建筑，该虚拟建筑会提供一个单一、完整、包含逻辑关系的建筑信息库。需要注意的是，其中“信息”的内涵不仅是几何形状描述的视觉信息，还包含大量的非几何信息，如材料的耐火等级和传热系数、构件的造价和采购

信息等。其本质是一个按照建筑直观物理形态构建的数据库，其中记录了各阶段的所有数据信息。BIM 应用的精髓在于这些数据能贯穿项目的全生命周期，对项目的建造及后期的运营管理持续发挥作用。BIM 是以建筑工程项目的各项相关信息数据为基础而建立的建筑模型。通过数字信息仿真，模拟建筑物具有真实信息。BIM 是以从设计、施工到运营协调、项目信息为基础而构建的集成流程，它具有可视化、协调性、模拟性、优化性和可出图性 5 大特点。建筑施工企业通过使用 BIM，可以在整个流程中将统一的项目信息创新、设计和绘制，还可以通过真实模拟和建筑可视化进行更好的沟通，以便让项目各方了解工期、现场实时情况、成本和环境影响等项目基本信息。

《2016—2020 年建筑业信息化发展纲要》的发展目标中明确指出："十三五"时期，全面提高建筑业信息化水平，着力增强 BIM、大数据、智能化、移动通讯、云计算、物联网等信息技术集成应用能力。同时，在施工类企业发展主要任务中指出，推进管理信息系统升级换代，普及项目管理信息系统，开展施工阶段的 BIM 基础应用。有条件的企业应研究 BIM 应用条件下的施工管理模式和协同工作机制，建立基于 BIM 的项目管理信息系统。

1. BIM 招标投标在我国的发展现状

2017 年 2 月 21 日，《国务院办公厅关于促进建筑业持续健康发展的意见》（国办发〔2017〕19 号），明确要求加快推进建筑信息模型（BIM）技术在规划、勘察、设计、施工和运营维护全过程的集成应用，实现工程建设项目全生命周期数据共享和信息化管理，为项目方案优化和科学决策提供依据，促进建筑业提质增效。

2018 年 5 月 16 日 15 点 06 分，全国首个应用 BIM 技术的电子招标投标项目"万宁市文化体育广场——体育广场项目体育馆、游泳馆工程"项目在海南省人民政府政务服务中心顺利完成开评标工作。该项目评标会顺利完成标志着电子招标投标正式进入三维模型时代，即传统纸质招标投标到电子化招标投标变革成功后，又一次取得了革命性的技术成果创新，在评标过程中引入 BIM 技术，实现了从全流程电子化招标投标到可视化、智能化的变革，并为后续的人工智能评标和大数据应用奠定了良好的基础。

2. BIM 应用给招标人带来的便利

BIM 技术的推广与应用，极大地促进了招标投标管理的精细化程度和管理水平。在招标投标过程中，招标人根据 BIM 模型可以编制准确的工程量清单，达到清单完整、快速算量、精确算量，有效避免漏项和错算等情况，最大限度地减少施工阶段因工程量问题引起的纠纷。投标人根据 BIM 模型快速获取正确的工程量信息，与招标文件的工程量清单相比较，可以制订更好的投标策略。

在招标控制环节，准确和全面的工程量清单是关键。而工程量计算是招标投标阶段耗费时间和精力最多的重要工作。而 BIM 是一个富含工程信息的数据库，可以真实地提供工程量计算所需要的物理和空间信息。借助这些信息，计算机可以快速对各种构件进行统计分析，从而大大减少根据图纸统计工程量带来的烦琐的人工操作和潜在错误，在效率和准确性上得到显著提高。

基于 BIM 可以将施工方案动画化，模拟实际建筑过程，不仅可以对施工组织设计进行优化，而且可以直观地展示施工过程，让评标专家和非业内人士的建设单位相关负责人能够对施工方案和施工过程一目了然，极大地提高投标人的中标概率。

利用 BIM 技术可以提高招标投标的质量和效率,有力地保障工程量清单的全面和精确,促进投标报价的科学、合理,加强招标投标管理的精细化水平,减少风险,进一步促进招标投标市场的规范化、市场化和标准化发展。

在开评标环节,利用 BIM 可视化技术为专家提供直观的方案展示,专家在评审中可以对建筑物外观、内部结构、周围环境、各个专业方案等进行详细分析和对比,并且可以借助 BIM 方案展示,模拟整个施工过程进度和资金计划,使得评标过程更加科学、全面、高效和准确。

综上所述,利用 BIM 技术可以提高招标投标的质量和效率,有力地保障工程量清单的全面和精确,促进投标报价的科学性、合理性,提升评标质量与评标效率,加强招标投标的精细化管理,减少风险,进一步促进招标投标市场的规范化、市场化、标准化发展。

3. BIM 技术在建设工程招标投标中的应用

(1)BIM 在建设过程全生命周期内的应用

在设计阶段,借助 BIM 信息库可以进行限额设计,与此同时,参与设计工作的各专业设计师可以基于同一个模型进行不同专业的设计信息的填充,进而通过碰撞检查审核各专业之间的设计是否存在冲突,避免施工阶段的设计变更。关于 BIM 在招标投标阶段的应用,前文已有相关介绍。在施工阶段可以模拟建造过程,提前预知具体施工任务并且做好材料供应,避免了不当施工,节约了成本,缩短了工期,进而达到对施工过程的动态控制。BIM 系统中的数据是在工程进行过程中不断更新的,所以在竣工验收阶段,BIM 系统中数据的完整性加快了结算效率,同时也避免了结算常见的扯皮现象。在后期运营阶段,业主可以借助 BIM 快速获取相应资料,物业管理人员可以借助 BIM 快速了解建筑内各种设备的数据等资料,方便进行维护和智能化管理。

(2)BIM 在招标控制中的应用

在招标投标阶段,各专业 BIM 模型的建立是 BIM 应用的重要基础工作。BIM 模型建立的质量和效率直接影响后续应用的成效。BIM 模型的建立主要有三种途径:①直接按照施工图纸重新建立 BIM 模型,这也是最基础、最常用的方式;②如果可以得到二维施工图的 AutoCAD 格式的电子文件,利用软件提供的识图转换功能,将 dwg 二维图纸转成 BIM 模型;③复用和导入设计软件提供的 BIM 模型,生成 BIM 算量模型。从整个 BIM 流程来看,最后一种是最合理的方式,可以避免重新建模带来的大量手工工作及可能产生的错误。

(3)BIM 在投标过程中的应用

①基于 BIM 的 4D 进度模拟。建筑施工是一个高度动态和复杂的过程,当前建筑工程项目管理中经常用进度计划描述施工进度以及各种复杂关系,难以形象地表达工程施工的动态变化过程。通过将 BIM 与施工进度计划相链接,将空间信息与时间信息整合在一个可视的 4D(3D+Time)模型中,可以直观、精确地反映整个建筑的施工过程和虚拟形象进度。4D 施工模拟技术可以在项目建造过程中合理制订施工计划、精确掌握施工进度、优化使用施工资源以及科学地进行场地布置,对整个工程的施工进度、资源和质量进行统一管理和控制,以缩短工期、降低成本、提高质量。

②基于 BIM 的资源优化与资金计划利用。BIM 可以方便、快捷地进行施工进度模拟、资源优化,以及预计产值和编制资金计划。通过进度计划与模型的关联,以及造价数据与进度计划关联,可以实现不同维度(空间、时间、流水段)的造价管理与分析。将三维模型和进度计

划相结合，模拟出每个施工进度计划任务对应所需的资金和资源，形成进度计划对应的资金和资源曲线，便于选择更加合理的进度安排。通过对 BIM 模型的流水段划分，可以按照流水段自动关联并快速计算出人工、材料、机械设备和资金等的资源需用量计划。所见即所得的方式，不但有助于投标单位制订合理的施工方案，还能形象地展示给招标人。

总之，利用 BIM 技术可以提高招标投标的质量和效率，有力地保障工程量清单的全面和精确，促进企业发展。

4. BIM 技术标编制中主要 BIM 应用点

(1)基于 BIM 的场地布置

施工场地布置是项目施工的前提。在技术标编制阶段，基于 BIM 的场地布置将更加合理、直观地反映不同阶段的现场施工状态。

(2)基于 BIM 的施工进度模拟

在技术标编制阶段，基于 BIM 的施工进度模拟可以辅助施工进度计划编制与优化，通过可视化形式展现项目施工状况。

(3)基于 BIM 的工程量统计

在技术标编制阶段，通过 BIM 模型提取对应工程量辅助商务标编制工作。常见工程量提取包括混凝土工程量、模板钢筋量、抹灰工程量等，通过量的数值提取，又可进行资源计划的制订。

(4)基于 BIM 的三维可视化设计

在技术标编制阶段，运用 BIM 模型对大型施工方案进行三维可视化施工场景还原及验证，展现其施工工艺流程、方案思路。

(5)基于 BIM 的招标投标动画制作

在运用 BIM 辅助招标投标工作开展的过程中，为更好地表达施工组织设计，可以运用 BIM 模型制作招标投标动画。

任务二　企业诚信管理

一、诚信平台简介

建筑业是国民经济的支柱产业之一，建筑业的诚信是整个社会信用体系的重要组成部分。当前我国正处于建设高峰时期，建筑市场中各方主体信用缺失的情况还比较普遍。一些建设单位不按工程建设程序办事，强行要求垫资承包、肢解工程发包、明招暗定、拖欠工程款。一些承包企业层层转包工程，在施工过程中偷工减料，导致质量和安全问题。一些监理、招标代理、造价咨询等中介机构办事不公正，扰乱了市场秩序。造成这些问题的原因很多，其中一个主要原因是建筑市场发育尚不完善，信用意识较为薄弱，违法违规的失信成本较低；另一个主要原因是各个管理环节没有建立信息共享机制，市场管理和现场管理缺乏联动。信用缺失不仅造成建筑市场混乱、经营成本浪费，也给企业和行业发展带来很大风险。因此，加快推进建筑市场信用体系建设工作就十分迫切和必要。

2008 年至今,住房和城乡建设部先后印发了《住房城乡建设部办公厅关于推进建设省级建筑市场监管与诚信信息一体化工作平台若干意见的通知》(建办市〔2014〕55 号)、《住房城乡建设部关于印发〈全国建筑市场监管与诚信信息系统基础数据库数据标准(试行)〉和〈全国建筑市场监管与诚信信息系统基础数据库管理办法(试行)〉的通知》(建市〔2014〕108 号)、《住房和城乡建设部建筑市场监管司关于印发〈全国建筑市场监管与诚信信息系统基础数据库部省数据对接验收评估标准(试行)〉的通知》(建市综函〔2015〕26 号)、《住房城乡建设部办公厅关于进一步做好建筑市场监管与诚信信息平台建设工作的通知》(建办市〔2016〕6 号)等政策法规。2015 年 7 月,全国第二批 10 个省级建筑市场监管与诚信一体化工作平台完成建设,全国共有 18 个省、自治区、直辖市实现了与住房和城乡建设部建筑市场监管与诚信信息系统中央数据库的实时联通,并继续推进其余 13 个省(自治区)建筑市场监管与诚信一体化工作平台建设工作,全面实现全国建筑市场"数据一个库、监管一张网、管理一条线"的信息化监管目标。

建立使用统一的企业诚信库,是进一步提高招标投标监管水平,推进诚信体系建设,打击围标串标,培育建立依法竞争、合理竞争、诚实守信的招标投标市场环境的有效手段。诚信库一般都记录并展示核验地区、核验人、核验通过时间等有关信息,办理入库核验人员会认真履行核验职责,拒绝不完整、错误或虚假信息的入库请求。投标企业对诚信库信息的及时性、完整性、真实性负责,对在核验过程中帮助企业弄虚作假、徇私舞弊、谋取利益的,依纪依法追究相关人员责任。

按照住房和城乡建设部要求,2015 年底建成的"四库一平台"暨住房和城乡建设部全国建筑市场监管与诚信发布平台,"四库"指的是企业数据库基本信息库、注册人员数据库基本信息库、工程项目数据库基本信息库、诚信信息数据库基本信息库;"一平台"就是一体化工作平台,作用是解决数据多头采集、重复录入、真实性核实、项目数据缺失、诚信信息难以采集、市场监管与行政审批脱离、"市场与现场"两场无法联动等问题,保证数据的全面性、真实性、关联性和动态性,全面实现全国建筑市场"数据一个库、监管一张网、管理一条线"的信息化监管目标。各省建设的平台一般称为"某省建筑市场监管与诚信一体化工作平台",基于各地实际管理的需要,平台建设内容不尽相同。

1."四库"主要内容

(1)企业数据库基本信息

企业数据库基本信息主要包括:取得住房城乡建设主管部门颁发的工程勘察资质、工程设计资质、建筑业企业资质、工程监理企业资质、工程招标代理机构资格、工程设计施工一体化企业资质、工程造价咨询企业资质、施工图审查机构名录、质量检测机构资质等企业的基本信息和资质信息。

(2)注册人员数据库基本信息

注册人员数据库基本信息主要包括:取得全国(或省级)注册建筑师管理委员会颁发的注册建筑师注册证书,以及取得住房城乡建设主管部门颁发的勘察设计注册工程师、注册监理工程师、注册建造师、注册造价工程师等注册证书的注册人员的注册信息。

(3)工程项目数据库基本信息

工程项目数据库基本信息主要包括:各类工程项目名称、类型、规模、造价等信息;参与工程项目建设的建设、勘察、设计、施工、监理、招标代理等单位及其注册建筑师、勘察设计注册工程师、注册监理工程师、注册建造师、注册造价工程师等注册人员信息;参与工程项目建设的现场管理人员信息;工程项目招标投标、合同备案、施工图审查、施工许可、现场管理、竣工验收等环节的监管信息。

(4)诚信信息数据库基本信息

诚信信息数据库基本信息主要包括:企业诚信信息、注册人员诚信信息等,分为不良行为信息和良好行为信息。不良行为信息是指企业和注册人员所受到的行政处罚、行政处理、通报等信息。良好行为信息是指企业或注册人员获得省部级以上奖项、市级以上行政主管部门评优、社会认可的信用中介机构评级、科技创新、获取专利、参加社会公益行为等信息。

2.“四库”主要应用

(1)基础数据库可应用于建筑市场权威数据信息发布

住房和城乡建设部在门户网站上设立发布平台,整合各级住房城乡建设主管部门上报采集的建筑市场监管与诚信信息,建立与工商、税务、社保、教育、应急管理等部门的信息共享机制,共同构建全国建筑市场监管与诚信权威信息发布管理体系,供各级住房城乡建设主管部门、相关行政管理部门和社会公众查询使用。

(2)基础数据库可应用于建筑市场监管

各级住房城乡建设主管部门应将建筑市场监管与诚信信息数据作为各地实施建筑市场监管、行政处罚的有效法律依据,应将建筑市场监管与诚信信息数据作为权威监管数据用于对企业和人员资质资格进行行政审批、企业和人员资质资格动态监管、企业和人员跨省承接业务管理、投标企业资信评估、企业和人员资质资格证书电子化管理等,优化完善现有业务管理流程,提升建筑市场监管效能。

(3)基础数据库可为建筑市场监管提供统计分析和决策支持

各级住房城乡建设主管部门可对企业、人员、工程项目等发布情况进行统计分析,实现动态监测及供求预测,进行政策研究,及时制定和调整建筑市场监管与诚信体系建设等相关政策。

3.对工程项目投标的影响

各个地区不同专业的投标要求虽然不尽相同,但一般都会要求在投标文件中对项目经理做详细介绍和相关证明文件,如身份证、注册建造师证、安全生产考核合格证(B)、毕业证书、社保证明、工程业绩等。目前有些企业为了提高中标概率,不排除大量提供虚假材料,有的招标人为了避免同一个建造师任职多项目的情况,要求投标方出具注册建造师证书原件,而投标企业不排除会“克隆”出注册建造师证书,以应付招标人和评标委员会。招标人和评标专家对投标方资料的真伪评定难度非常大,“四库一平台”建立后,这种情况将大大改观,相关信息可以很方便地查询到。例如:项目数据库中注册建造师与项目信息关联,某建造师做了多少项目、是否存在同时间出任不同项目的项目经理,一目了然。

同时,企业的上缴利税、营业收入、诚信情况等基本信息,通过与工商、税务等主管部门信息共享后,在平台中可以方便地查询到。信息平台建立后,企业在市场中将成为一个透明的企业。

4. 对项目建设过程的影响

随着“四库一平台”系统的建立，未来将会对工程项目进行动态监管，建造师、现场管理人员等相关人员是否在项目现场、项目具体进展及人员情况等均可通过刷取身份证的方式进行监管，在源头上避免行业的各种乱象，保证工程项目保质保量地完成。

二、企业备案流程

在中华人民共和国境内实施对建筑业企业资质监督管理。建筑业企业应当按照其拥有的注册资本、专业技术人员、技术装备和已完成的建筑工程业绩等条件申请资质，经审查合格，取得建筑业企业资质证书后，方可在资质许可的范围内从事建筑施工活动。

建筑施工企业如果想要在当地招标投标交易中心进行投标活动，必须到当地建设行政主管部门招标投标管理办公室或者相关部门进行企业资质等的备案。

招标人(招标代理机构)从事招标活动，也要到当地建设行政主管部门招标投标管理办公室进行备案。

(1)企业首次申报诚信档案

①新用户注册；

②填写企业及企业人员相关信息；

③提交企业档案。

(2)诚信档案变更操作流程

①增加变更记录；

②编辑企业变更信息；

③提交变更。

(3)新注册企业备案流程

①用户注册；

②填写档案相关信息；

③提交；

④携带证明材料；

⑤到交易中心信用档案室进行审核；

⑥办理 CA 锁；

⑦档案室写锁并发给企业。

三、团队建设

项目团队建设是指将肩负项目管理使命的团队成员按照特定的模式组织起来，协调一致，以实现预期项目目标的持续不断的过程。它是项目经理和项目管理团队成员的共同职责，团队建设过程中应创造一种开放和自信的气氛，使全体团队成员有统一感和使命感。

1. 项目团队建设的重要性

项目团队建设就是要创造一个良好的氛围与环境，使整个项目管理团队为实现共同的项目目标而努力奋斗。项目团队建设的重要性主要体现在：

①使团队成员确立明确的共同目标，增强吸引力、感召力和战斗力；

②做到合理分工与协作，使每个成员明确自己的角色、权利、任务和职责，以及与其他成员之间的关系；

③建立高度的凝聚力，使团队成员积极热情地为项目成功付出必要的时间和努力；

④加强团队成员之间的相互信任，促使成员间相互关心、彼此认同。

⑤实现成员间有效沟通，形成开放、坦诚的沟通气氛。

2. 项目团队建设中的意识

一个成功的项目团队应树立五种意识，即目标意识、团队意识、服务意识、竞争意识和危机意识。

①目标意识：应该做到目标到人、个人目标与组织目标相结合、强烈的责任心和自信心。

②团队意识：团队成功观念，树正气、刹歪风，个人利益和团队利益相结合。

③服务意识：面向客户的服务、面向团队内部的服务及面向维修保养人员的服务。

④竞争意识：责权利均衡，论功行赏，处理好主角与配角的关系。

⑤危机意识：使命感，行业、市场的危机，团队的危机。

3. 项目团队建设的阶段

(1)形成阶段

在形成阶段，主要依靠项目经理来指导和构建团队。团队形成需要两个基础，即以整个运行的组织为基础，一个组织构成一个团队的基础框架，团队的目标即为组织的目标，团队的成员即为组织的全体成员；在组织内的一个有限范围内完成某一特定任务或为一共同目标等形成的团队。

(2)磨合阶段

磨合阶段是团队从组建到规范阶段的过渡过程，主要指团队成员之间，成员于内外环境之间，团队与所在组织、上级、客户之间进行的磨合。

在磨合阶段，由于项目任务比预计的繁重、困难，成本或进度的计划限制可能比预计的紧张，项目经理部成员会产生激动、希望、怀疑、焦急和犹豫的情绪，会有许多矛盾，而且有的团队成员可能因不适应而退出团队，为此，团队要重新调整与补充。在实际工作中，应尽可能地缩短磨合时间，以便使团队早日形成合力。

(3)规范阶段

经过磨合阶段，团队的工作开始进入有序化状态，团队的各项规则经过建立、补充与完善，成员之间经过认识、了解与相互定位，形成了自己的团队文化、新的工作规范，培养了初步的团队精神。

(4)表现阶段

经过上述三个阶段，团队进入表现阶段。这是团队最佳状态的时期，团队成员彼此高度信任，配合默契，工作效率有了极大的提高，工作效果明显，这时团队已经比较成熟。

(5)休整阶段

休整阶段包括休止和整顿两方面的内容。团队休止是指团队经过一个时期的工作，工作任务即将结束，团队将面临总结、表彰等工作，所有这些都暗示着团队前一时期的工作已经基本结束，团队可能面临解散的状况，团队成员要考虑自己的下一步工作。

团队整顿是指团队的原工作任务结束后，团队准备接受新的任务时，要进行调整和整顿，包括工作作风、工作规范、人员结构等方面的调整与整顿。如果这种调整比较大，实际上是构建一个新的团队。

4. 项目团队能力的持续改进方法

①改善工作环境；

②团队的评价、表彰与奖励；

③人员培训与文化管理；

④反馈与调整。

四、角色分工及职能划分

以学生为主体，围绕招标投标两大主要角色，通过四个职能岗位展开，分别是项目经理、市场经理、技术经理和商务经理。

1. 招标人岗位

(1)项目经理

项目经理负责组织协调项目组成员完成招标策划、资格预审文件编制、招标文件编制；负责资格审查办法、评标办法标准的制订；负责招标业务流程的各类审批、汇总工作。

(2)市场经理

市场经理负责资格预审文件中企业门槛的设置；负责招标文件中市场条款的制订；资信标的门槛设置。

(3)技术经理

技术经理负责资格预审文件中人员门槛的设置；负责招标文件中技术条款的制订、图纸审核、技术标评分标准的制订。

(4)商务经理

商务经理负责资格预审文件中经营状况的门槛设置；负责招标文件中商务条款的制订、工程量清单编制、经济标评分标准的制订。

2. 投标人岗位

(1)项目经理

项目经理负责组织协调项目组成员完成资格预审申请文件编制、投标文件编制；负责中标后的合同谈判、签订；负责投标业务流程的各类审批、汇总工作。

(2)市场经理

市场经理负责组织资格审查、现场踏勘、投标预备会和开标评标会；负责其他招标业务流程的实施。

(3)技术经理

技术经理负责资格预审申请文件中人员资格、机械设备的资料准备；负责投标文件中技术标的编制。

(4)商务经理

商务经理负责资格预审申请文件中财务状况、工程业绩的资料准备；负责投标文件中经济标(商务标)的编制。

任务三　招标策划

一、招标策划的内容

1. 落实开展招标采购活动的条件

履行项目审批手续和落实资金来源是招标项目进行招标前必须具备的两项基本条件，满足采购单位或部门的立项发包、招标采购的审核审批等相关规定，也是开展招标活动的重要前提。

根据《工程建设项目申报材料增加招标内容和核准招标事项暂行规定》的要求，招标活动应严格按照审批或核准的工程建设项目可行性研究报告或资金申请报告、项目申请报告说明招标范围、招标组织形式（自行招标或委托招标）、招标方式（公开招标或邀请招标）等开展。

通过对招标条件的确认和检查，能够有效避免招标活动擅自终止及相关法律风险的发生，为招标活动的顺利开展提供前提条件。

2. 调研潜在供方市场

潜在供方市场调研是为了了解有能力且有意愿参与招标采购项目的潜在投标人的竞争状况，包括潜在投标人的数量、规模实力、人员资质、技术装备、供货业绩等。

潜在投标人的数量是确保招标采购活动顺利进行并产生投标竞争的前提条件。《招标投标法》第二十八条规定，投标人少于三个的，招标人应当依法重新招标。《招标投标法实施条例》第十九条规定，通过资格预审的申请人少于 3 个的，应当重新招标。潜在投标人数量不足，不仅容易造成招标失败，也容易因竞争不充分而导致投标价格过高。

通过对潜在投标人的规模实力、人员资质、技术装备、供货业绩等信息进行收集并对比分析，预判潜在投标人的技术方案优劣、供货能力高低、投标报价策略科学与否等，可以为确定采购项目的标段划分或组包、采购要求、评标办法（合格投标人须具备的条件、详细评审方法的选择及评分细则的确定等）等提供可靠充分的依据。

3. 分析招标项目的标段划分及采购要求

招标项目标段划分是指将若干同类或类似项目合并成一个项目或将一个项目拆分成不同项目实施招标采购。标段划分对潜在投标人参与投标竞争的意愿、投标报价、招标成本等有重要影响。一个工程项目划分的标段数越多，业主招标成本就越高；参加的承包商越多，投标报价越接近成本，由于规模效益较差，其资源配置效益越差，成本也越高；由于各标段相互间的制约越大，工程实施过程中向业主索赔的费用也越高。一个工程建设项目随着标段数的减少，采购成本及交易成本会随之降低，工程总成本也会降低；承包商获得的合同标的额将会越大，也更会引起承包商领导重视并在资源配置等方面加强配合，有助于降低生产成本，保证工程项目的顺利实施。

招标项目的采购要求一定要清晰明确、适宜合理。采购要求包括供货范围及边界、技术条件等内容。采购要求清晰明确、适宜合理，不会造成潜在投标人的误解，并有利于其对招标文件作出恰当的响应。如果采购要求中的供货范围模糊、技术条件含糊，则会导致潜在投标人对招标项目的理解出现偏差，对招标文件的响应千差万别，这得不利于招标人对潜在投标人的对比遴选。另外，技术条件的高低对招标活动的影响也是深刻的。技术条件过高，会限制潜在投标人的数量，弱化投标竞争，并增加不必要的采购成本；技术条件过低，则会造成采购项目质量堪忧，严重的甚至可能会影响整个建设项目。

4. 编制进度计划

招标采购仅是工程建设项目工作中的一个环节，其进度计划必须满足工程建设项目的需要。招标采购进度计划以招标策划作为起始时间、以合同签订作为终止时间，进度计划时间的确定以招标采购项目的供货时间为基准，并考虑招标采购活动可能出现的风险而预留一定的富余。

招标投标法律法规对招标活动的时间有明确规定，包括：资格预审文件和招标文件的发售期不能少于 5 日；依法必须招标项目提交资格预审申请文件的截止时间，自资格预审文件停止发售之日起不得少于 5 日；依法必须招标项目提交投标文件的截止时间，自招标文件开始发售之日起不得少于 20 日；澄清或修改的内容可能影响资格预审申请文件或投标文件编制的，应在提交资格预审申请文件截止时间至少 3 日前或投标截止时间前 15 日发出；招标人收到评标报告 3 日内公示中标候选人且公示期不得少于 3 日；招标人最迟应当在书面合同签订后 5 日内，向中标人和未中标的投标人退还投标保证金及银行同期存款利息。编制进度计划时，务必要以法律法规规定的时间为准，避免因此导致违法违规。

5. 研究以往采购经验

采购经验一般包括以往招标采购活动所采用的招标方式、参与竞争的投标人、各投标人的报价及投标方案的特点、开评标活动是否有拒收以及否决投标等情况发生、合同签订后执行情况及其他投标人在类似项目的执行情况（如有）等。

研究采购经验，能够了解以往采购活动的过程，以及对所发生问题从原因分析、过程影响、避免的建议措施等方面进行详细论述，从而对本次招标采购具有有效的示范作用，是避免相同或类似问题重复发生的有效手段。如果招标策划活动是招标采购的开始，并对其将要发生的过程进行预知预测，那么采购经验反馈就是招标采购的结束，并对其已发生的过程进行总结和经验分享。

6. 编制评标办法

评标办法是招标人在遵守招标投标法律法规的前提下，根据招标采购项目的特点编制的用于评标委员会评价投标人提交的投标文件的规则、方法和程序。评标办法要明确评标工作内容、初步评审的标准、详细评审所采用的方法（经评审的最低投标价法、综合评估法或法律、行政法规规定的其他评标方法）。

评标办法对投标文件澄清、低于成本价竞标的认定、否决投标的情形、初步评审办法、详细评审细则、中标候选人的推荐等规定要合法合规。例如《评标委员会和评标方法暂行规定》第十七条规定：评标委员会应当根据招标文件规定的评标标准和方法，对投标文件进行系统的评审和比较。招标文件中没有规定的标准和方法不得作为评标的依据。第二十一条规定，在评标过程中，评标委员会发现投标人的报价明显低于其他投标报价或者在设有标底时明显低于标底，使得其投标报价可能低于其个别成本的，应当要求该投标人作出书面说明并提供相关证明材料。投标人不能合理说明或者不能提供相关证明材料的，由评标委员会认定该投标人以低于成本报价竞标,其投标应作废标处理。第四十八条规定,使用国有资金投资或者国家融资的项目,招标人应当确定排名第一的中标候选人为中标人。排名第一的中标候选人放弃中标、因不可抗力提出不能履行合同,或者招标文件规定应当提交履约保证金而在规定的期限内未能提交的,招标人可以确定排名第二的中标候选人为中标人。排名第二的中标候选人因前款规定的同样原因不能签订合同的,招标人可以确定排名第三的中标候选人为中标人。招标人可以授权评标委员会直接确定中标人。

评标办法对初步评审办法、详细评审方法及细则的规定要契合招标项目的特点,评标办法的内容要细致完善,要充分考虑评标过程可能发生的情况及投标文件可能响应招标文件的状况。例如,投标报价金额大小写不一致的处理办法、实质性偏离的认定、备选方案的评审规定、采用综合评估法评分相同情况下排序的规定、划分多个单项合同的招标项目的授标规定等,均要在评标办法中进行规定,以便评标委员会针对发生的情况依据规定进行处理。

二、招标策划成果的确定及应用

招标策划成果是指经过认可的以书面形式固化的招标策划报告。招标策划报告编制完成后需经主管审批确认,如果内容深度或范围不满足要求,还需要进行补充。招标策划不仅是招标人开展工作的作业指导书,还涉及潜在投标人调研、标段划分等内容,不宜对外公开,即使招标人内部,也应仅限于组织招标实施的人员和与此相关的管理人员。因此,接触招标策划报告的人员一定要遵守保密要求。

招标策划报告审批确认后,招标主管需要将其中内容落实到后续工作中。例如,严格按照进度计划推进招标活动;将明确的采购要求、评标办法等编写在招标文件中;发标时确保足够数量的潜在投标人获知招标信息;确保潜在投标人获得澄清或补遗;确保潜在投标人参与投标;确保评标委员会按照招标文件规定的评标办法进行评审;定标时注意区分自愿招标项目、国有资金占控股或者主导地位依法必须招标项目的不同规定等。

三、审查的办法

1. 资格预审

为了保证潜在投标人能够公平获取公开招标项目的投标竞争机会,并确保投标人满足招标项目的资格条件,避免招标人和投标人的资源浪费,招标人可以对潜在投标人组织资格预审。

资格预审是招标人通过发布资格预审公告,向不特定的潜在投标人发出投标邀请,由招标人或者由其依法组建的资格审查委员会,按照资格预审文件确定的审查方法、资格条件以及审查标准,对资格预审申请人的经营资格、专业资质、财务状况、类似项目业绩、履约信誉等条件进行评审,以确定通过资格预审的申请人。未通过资格预审的申请人,不具有投标的资格。资格预审的方法包括合格制和有限数量制。一般情况下应采用合格制,潜在投标人过多的,可采用有限数量制。

2. 资格后审

资格后审是在开标后由评标委员会对投标人进行的资格审查。采用资格后审时,招标人应当在开标后由评标委员会按照招标文件规定的标准和方法对投标人的资格进行审查。

资格后审是评标工作的一项重要内容。对资格后审不合格的投标人,评标委员会应否决其投标。

四、资格后审

采用资格后审办法的,对投标人资格要求的审查内容、标准和方法、程序等内容均在招标文件中规定,并由评标委员会在初步评审阶段进行评审。

任务四　BIM 招标

BIM 招标是指招标人或招标代理机构使用相应软件进行工程量清单编制及 BIM 模型创建,然后编制电子招标文件。

一、工程量清单编制

工程量清单是建设工程的分部分项工程项目、措施项目、其他项目、规费项目和税金项目的名称和数量等的明细清单,由分部分项工程量清单、措施项目清单、其他项目清单、规费和税金清单组成。工程量清单编制要求投标人完成的工程项目及其相应工程实体工程数量的计算,为投标人提供拟建工程的基本内容、实体数量和质量要求等信息。

编制工程量清单由具有编制招标文件能力的招标人,或受其委托具有相应资质的中介机构进行编制。招标人可以使用广联达计价软件(广联达云计价平台 6.0)(图 8-2)编制工程量清单,也可使用其他软件编制工程量清单,编制完成后可以直接导出 Excel 版的工程量清单或 PDF 版工程量清单(图 8-3),也可以按照使用要求直接导出电子标书,用于投标人直接导入制作投标文件的商务标(图 8-4)。

电子招标书的编制

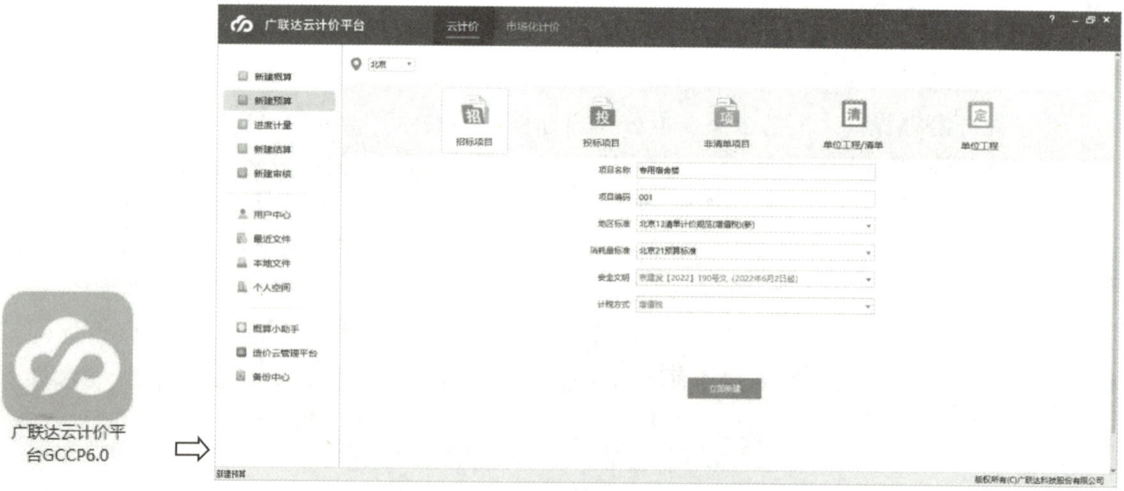

图 8-2　广联达云计价平台 6.0

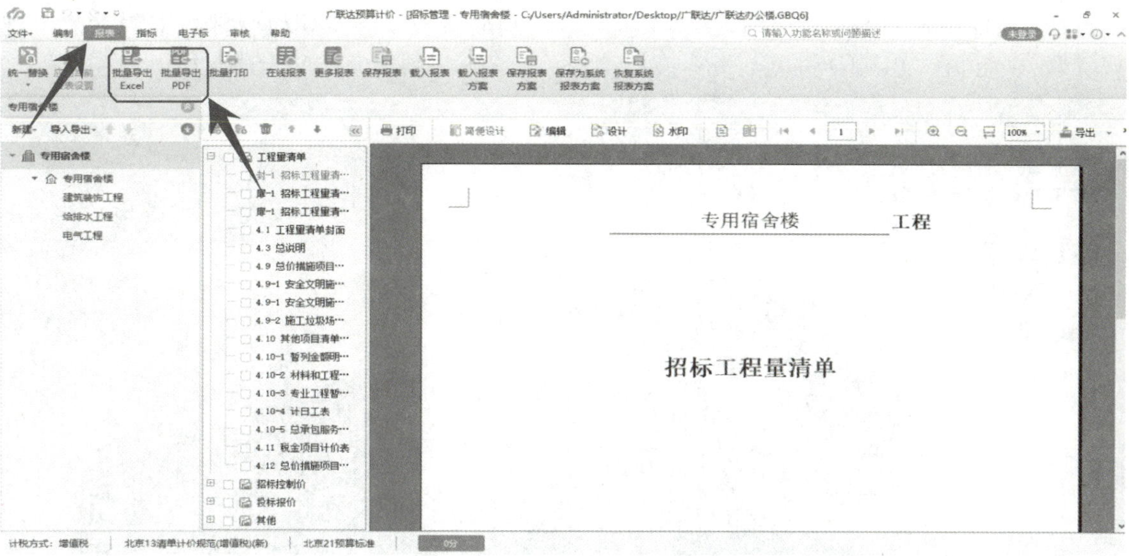

图 8-3　导出 Excel 或 PDF 版工程量清单

图 8-4　导出电子标书

二、BIM 模型创建

BIM 模型指的是具有大量信息数据支撑的三维模型。BIM 技术应用的目标是设计、施工、运维的一体化，设计方在设计之初就会基于 BIM 技术对建筑工程进行分析设计，在招标阶段提供完备的 BIM 模型。但是在我国 BIM 技术发展时间较短，尚未形成一个完整的体系，大部分的项目在招标阶段提供的还是传统的二维普通 CAD 图纸，随着信息技术的发展，为实现建筑工程全生命周期的信息化管理，需要在最初的招标阶段就引入 BIM 技术。

例如，招标人在招标阶段委托地方设计院制作项目的 BIM 模型时使用 Revit 软件，通过图纸制作“. rvt”格式的各专业模型，投标人可以直接利用该模型导入相应软件与工程量清单进行关联，进而制作 BIM5D 进度与资金模拟动画。图 8-5 为制作完成的土建与机电的模型。

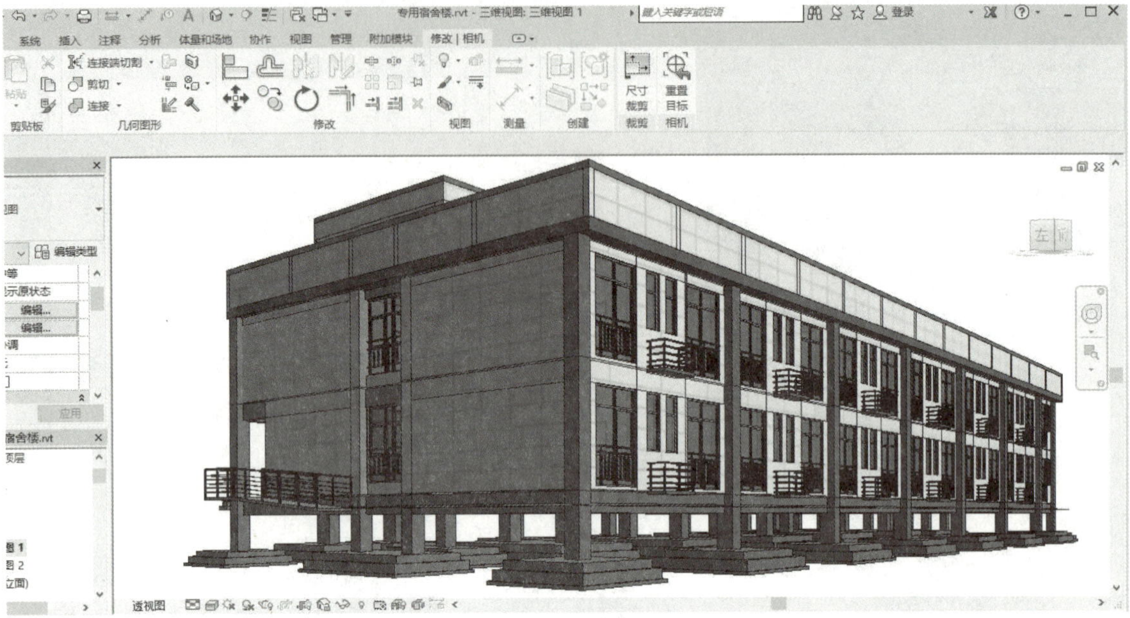

图 8-5　制作完成的 Revit 模型

三、编制招标文件

招标文件的编制质量和深度，关系着整个招标工作的成败。招标文件的繁简程度，要视招标工程项目的性质和规模而定。建设项目复杂、规模庞大的，招标文件要力求精练、准确、清楚；建设项目简单、规模小的，文件可以从简，但要把主要问题交代清楚。招标文件的内容，根据招标方式和范围的不同而异。

招标人在使用招标文件编制工具进行 BIM 招投标编制时，可以明确 BIM 评标办法，对 BIM 相关评审点所需要的 BIM 技术与效果进行阐述，如 BIM 模型评审、BIM 模型深化设计评审、BIM 施工工艺评审、BIM 施工进度模拟评审、BIM 施工场地布置评审、BIM 施工方案评审、BIM 资金资源评审、清单查看评审等，并提前设置好项目中各评标项的参数，导入计价软件导出的工程量清单文件，编辑招标文件，最后签章并导出。

例如，招标人通过广联达电子招标书编制工具对项目基本信息、评标办法、工程量清单和招标文件进行了编辑与上传，具体操作流程如下：

1. 新建项目

双击打开“电子招标书编制工具”软件，单击“新建”，进入工程招标文件编制和资格预审文件编制选择界面，选择“施工”，输入项目名称，单击“确定”后选择保存路径，如图 8-6 所示。

2. 设置基本信息

保存项目后自动进入编制招标书界面，首先对项目基本信息进行填写，软件对需要必填的项目进行了红色标注，并设置了红色数字标识，如图 8-7 所示。

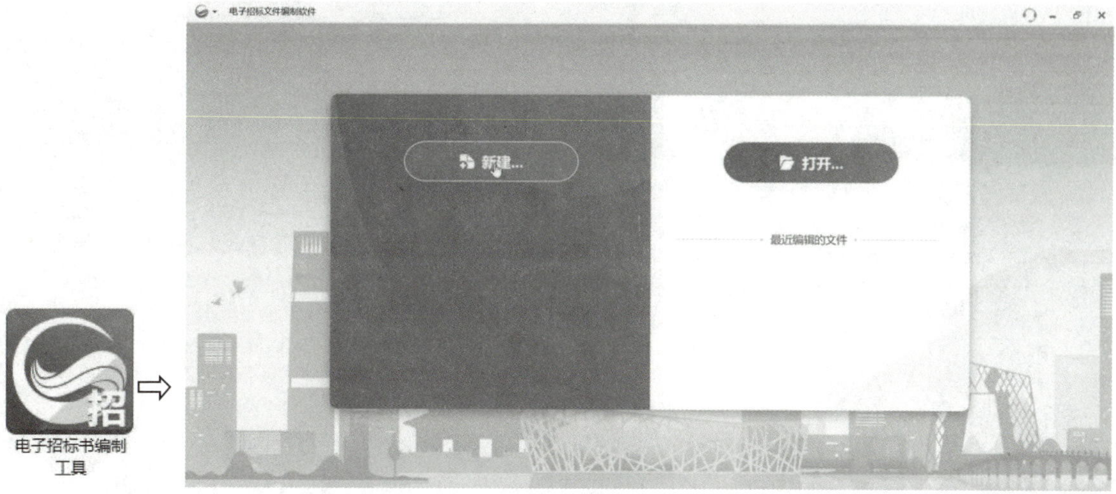

(a)新建项目

(b)新建招标文件

图 8-6　新建招标项目

招标人按照自己的实际需求选择相应的招标方式、资格审查方式、评标办法以及招标人信息等基本情况。

3. 评标办法设置

设置完基本信息后,单击评标办法下的"参数设置",对各项评审步骤设置评审类型和分值,并按软件提示设置其他评审细节要求;之后对评审条款和无效标条款进行设置,并根据自身需求添加或删除评审因素,如图 8-8 所示。

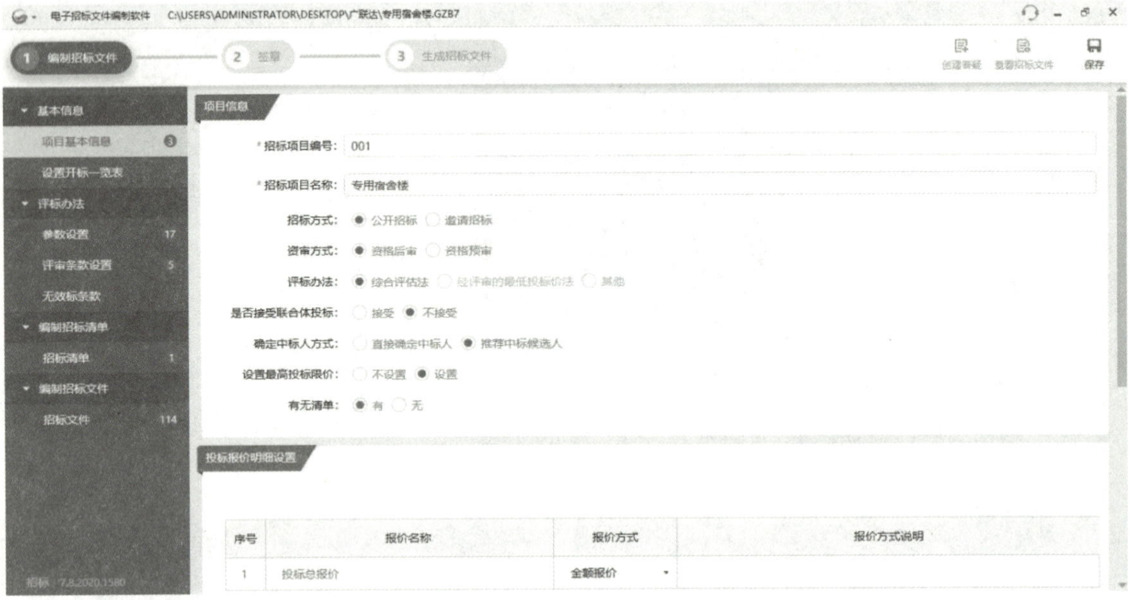

图 8-7　项目基本信息编制

(a)评审办法参数设置

(b) 评审条款设置

图 8-8　设置评标办法

4. 编制招标清单

单击“招标清单”，依次导入招标项目工程量清单的封面和总说明，之后选择招标清单，单击“导入清单”导入 PDF 版和电子工程量清单(支持 Excel 和广联达计价云平台导出的电子标书等多种格式)，分别用于展示和投标人导出编辑使用，如图 8-9 所示。

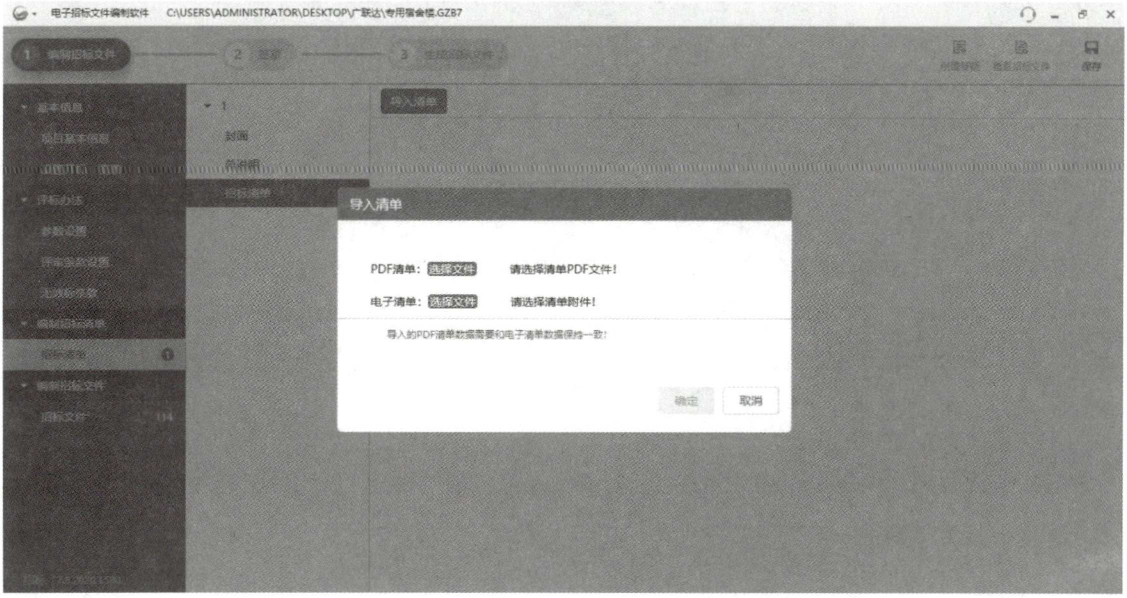

图 8-9　导入工程量清单

5. 编制招标文件

单击“招标文件”，依次对招标文件的封面以及招标公告、投标人须知、评标办法、合同条款及格式、工程量清单、图纸、技术标准和要求及投标文件格式八部分内容进行填写设置，如图 8-10 所示。

图 8-10 编制招标文件

6. 签章

当所有招标文件的内容设置完毕后，单击“签章”，等待软件生成招标书后，对电子招标书需要签章的位置选择电子签章进行签章，使招标文件生效，如图 8-11 所示。

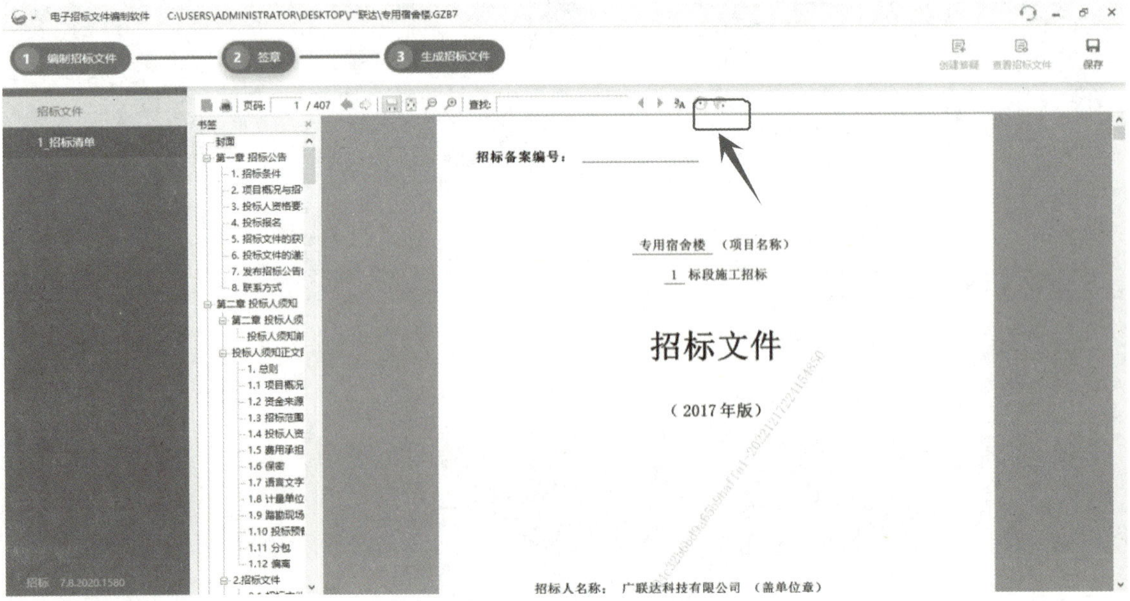

图 8-11 招标文件签章

7. 导出招标文件

签章完成后，单击“生成招标文件”，设置文件名和保存位置即可，如图 8-12 所示。

图 8-12　生成招标文件

任务五　BIM 可视化投标文件编制

电子化招标投标就是在传统招标投标的基础上使用现代信息技术，以数据电文为载体，以此实现招标投标的全过程。通俗地说，就是部分或者全部抛弃纸质文件，借助计算机和网络完成招标投标活动。

利用 BIM5D 软件可以制作可视化投标文件。例如，投标人采用广联达 BIM5D 软件制作投标文件，具体操作流程如下。

一、新建工程项目

双击图标打开广联达 BIM5D 软件，进入初始界面，单击本地项目下的“新建项目”，在弹出的对话框中填写工程名称及项目保存路径（软件默认放置到文件夹 D:\WorkSpace），单击“完成”即可进入系统中，如图 8-13 所示。

二、模型文件的导入与整合

1. 模型导入

进入主界面后，单击“数据导入”，在模型导入界面共有三种类型的模型可以导入，包括实体模型、场地模型和其他模型，其中其他模型是指塔吊、吊车等设备模型的导入。

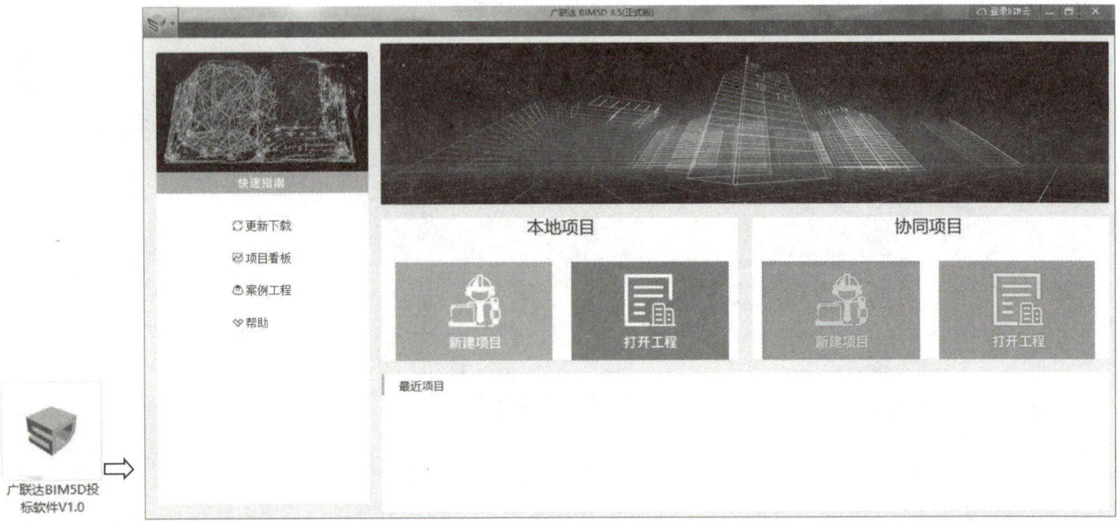

(a) 新建项目初始界面

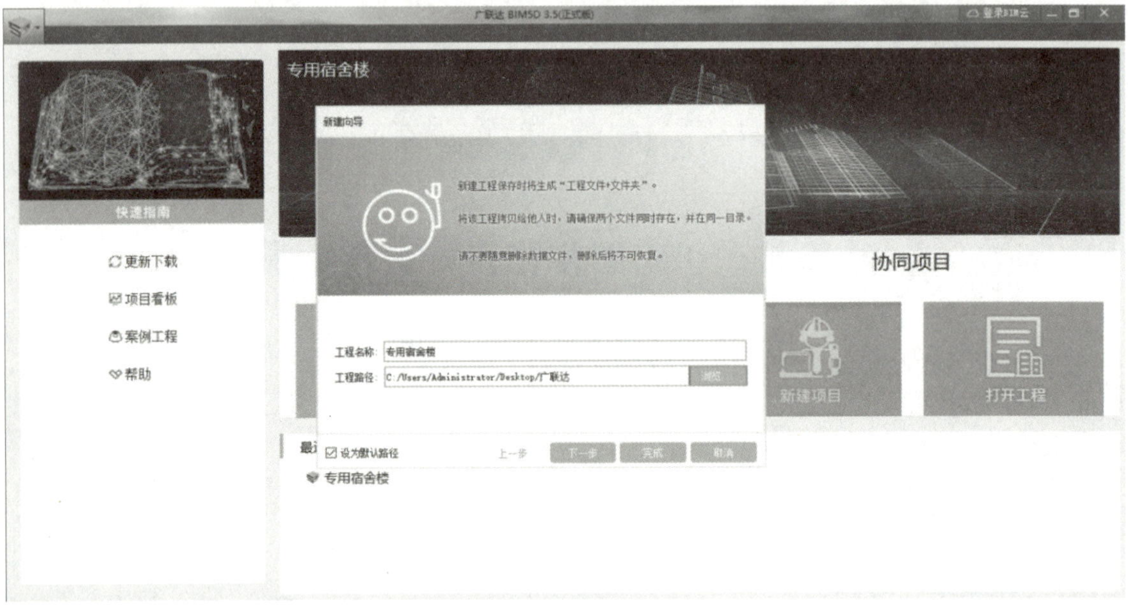

(b) 新建向导

图 8-13　新建工程项目

依次选择相应的模型类型，单击"添加模型"，选择 igms 格式的模型文件导入即可，如图 8-14—图 8-16 所示。

图 8-14　模型导入

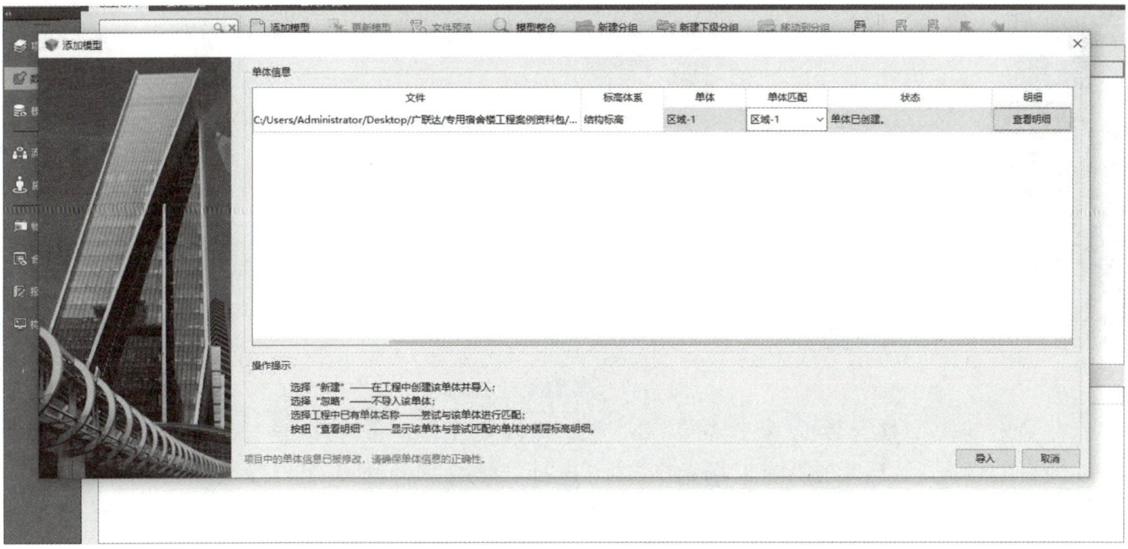

图 8-15　添加实体模型界面

图 8-16　添加场地模型界面

2. 模型整合

在模型导入界面,单击“模型整合”,将场地模型与实体模型整合到一起,如图 8-17 所示。

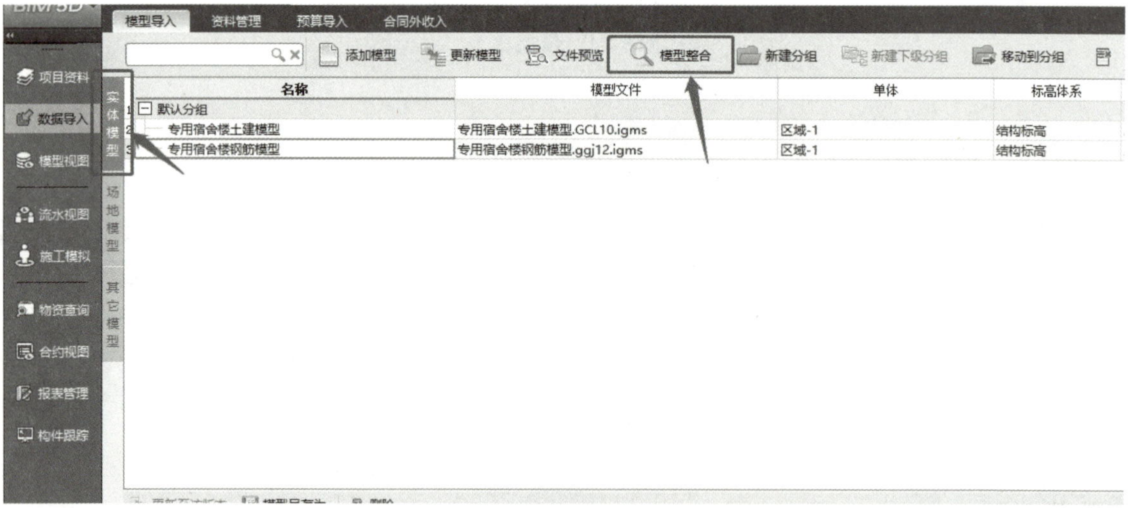

图 8-17　模型整合(一)

在弹出的模型整合界面,将“楼层”和“专业构件类型”全部勾选,这样可以避免后期出现构件缺失的情况,然后单击“施工场地”图标,选择“专用宿舍楼基础阶段场布模型”,选择精度为单体,如图 8-18 所示。

单击“平移模型”按钮,在选中实体模型的某一点后,将其拖曳到场地模型中合适的位置,适当调整让实体模型和场地模型契合,如图 8-19 所示。确认无误后单击“应用”,如果出现错误需要修改,单击“退出”重复上一步骤。

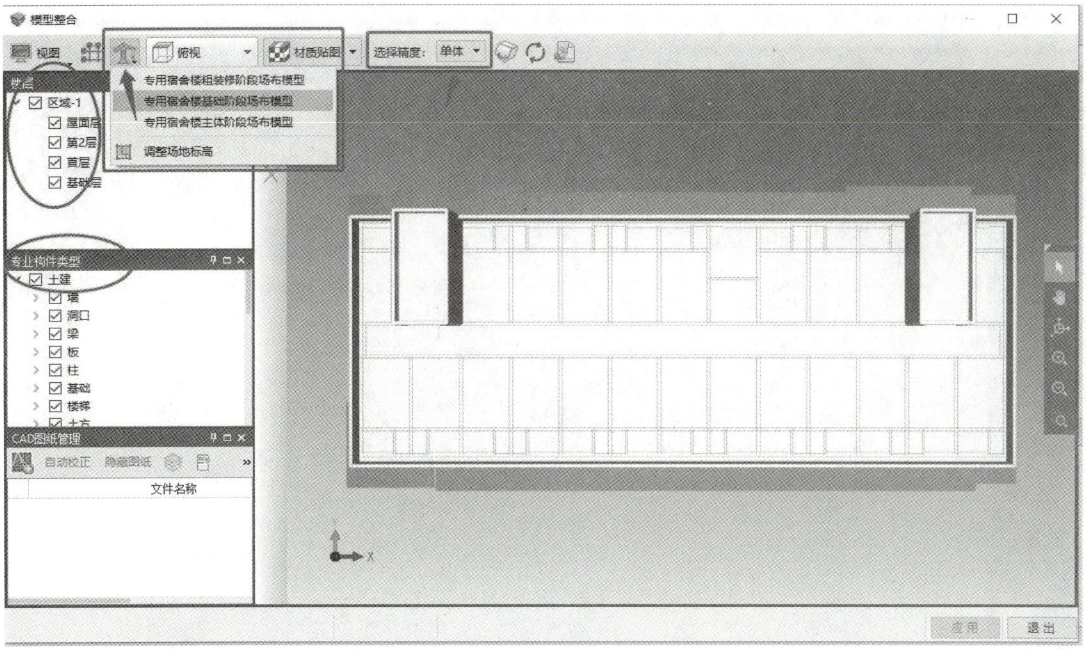

图 8-18　模型整合(二)

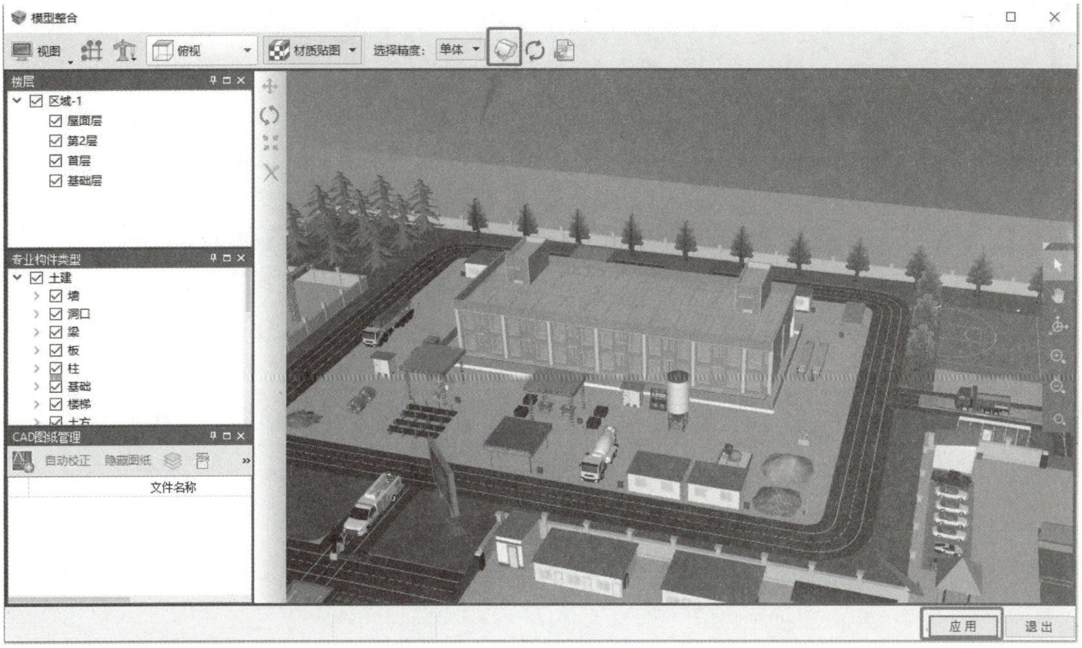

图 8-19　平移模型并应用

三、投标预算文件导入与清单匹配

1. 预算文件导入

在数据导入界面,选择"预算导入",单击"添加预算书"按钮,选择适当格式的投标预算文件导入,如图 8-20 所示。

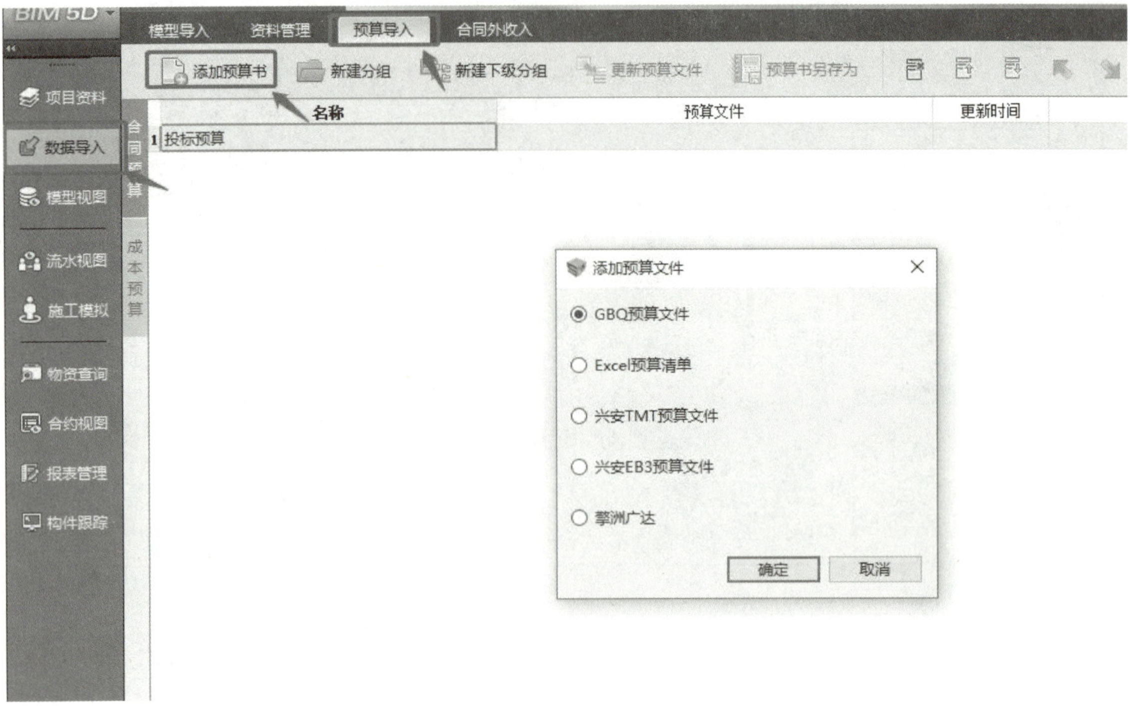

图 8-20　预算文件导入

2. 清单匹配

导入预算文件后,单击“清单匹配”按钮,在弹出的清单匹配窗口内,按软件提示,双击指定区域选择预算文件,单击“确定”完成选择,如图 8-21、图 8-22 所示。

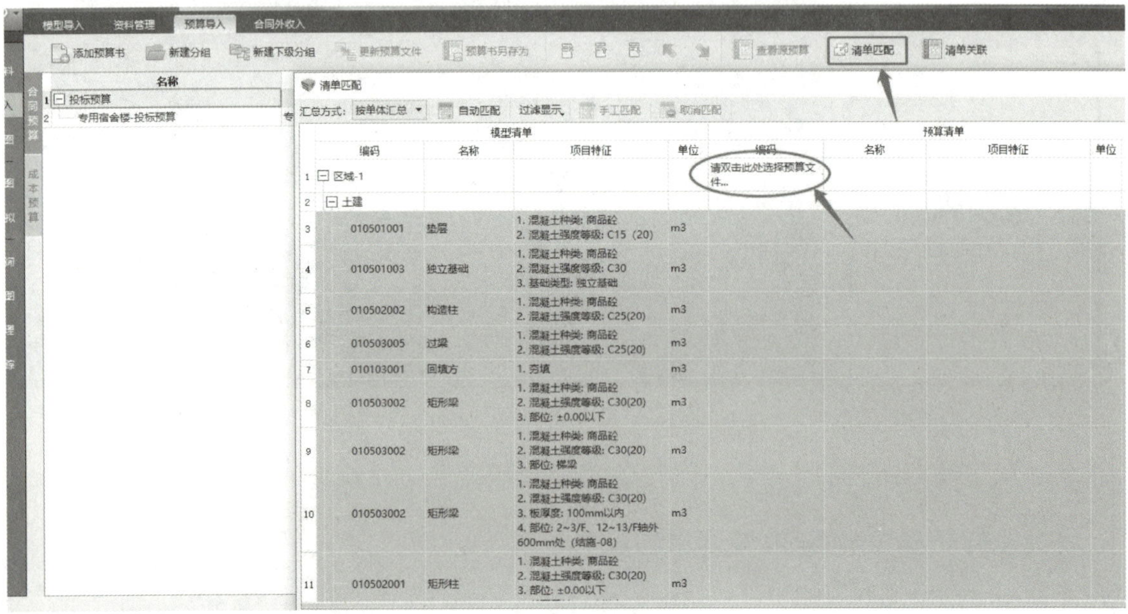

图 8-21　清单匹配

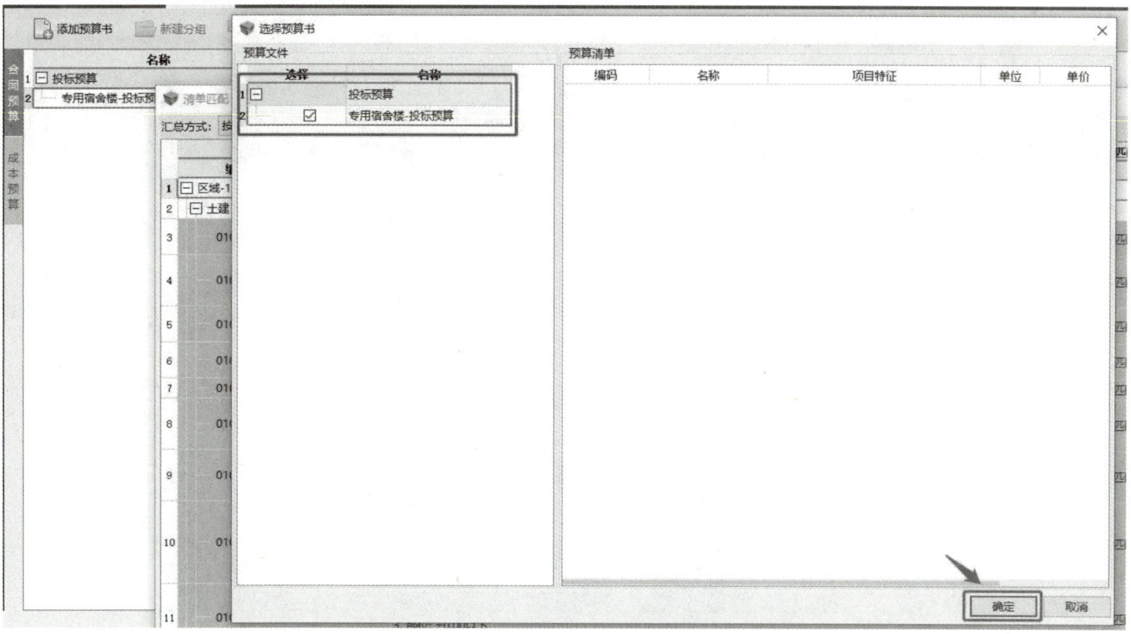

图 8-22　选择匹配预算文件

选择好预算文件后，首先单击“自动匹配”按钮，此时软件会按照一定的标准进行匹配，如图 8-23 所示。如有软件自动匹配无法完成的清单项，需要选择此清单项后单击“手工匹配”按钮，保证不缺项。在手工匹配界面可以通过下面的查询或选择界面，找到对应的清单，单击“匹配”即可，如图 8-24 所示。

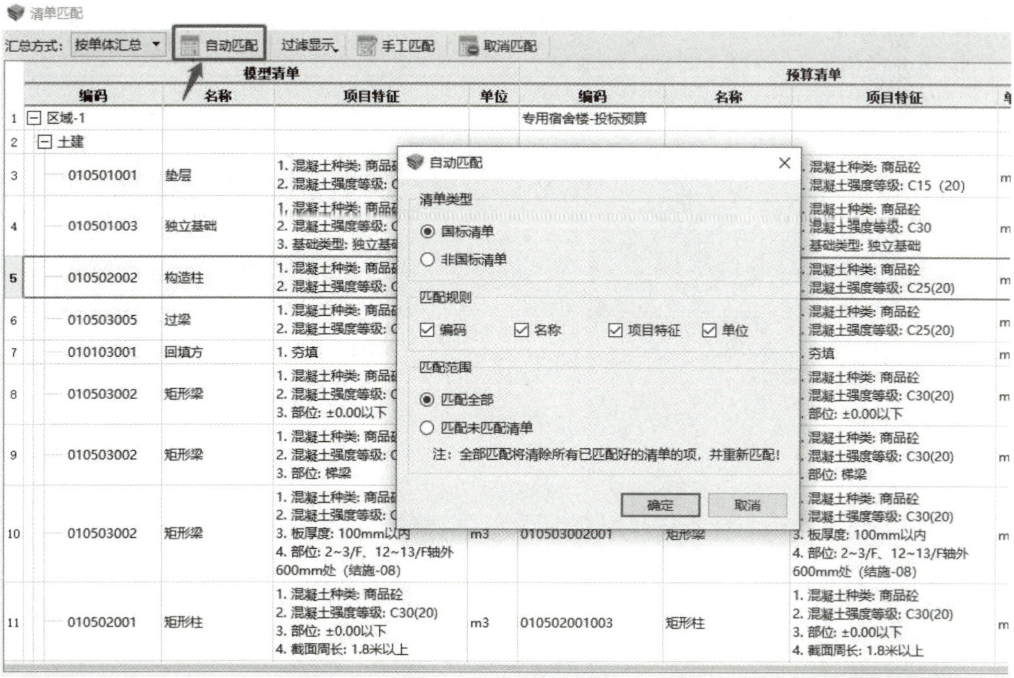

图 8-23　自动匹配

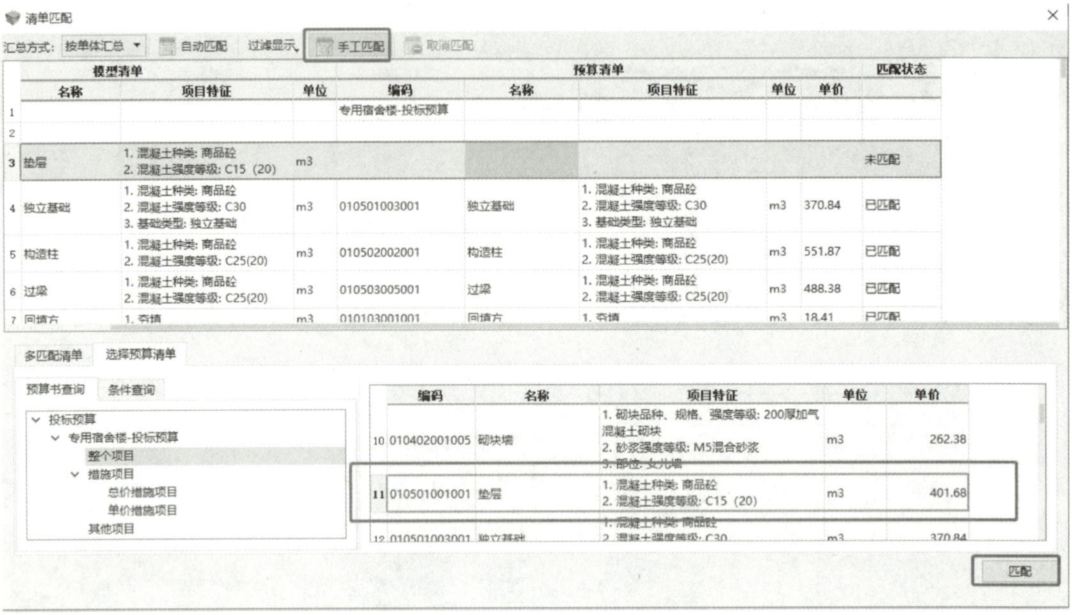

图 8-24　手工匹配

在检查确认无漏项后,关闭清单匹配窗口,完成匹配。

四、流水段划分与进度关联

1. 导入进度计划

单击“施工模拟”,进入施工模拟界面,单击“导入进度计划”按钮,选择制作完成的进度计划文件,支持 MS-Project 及斑马梦龙成果文件,如图 8-25 所示。

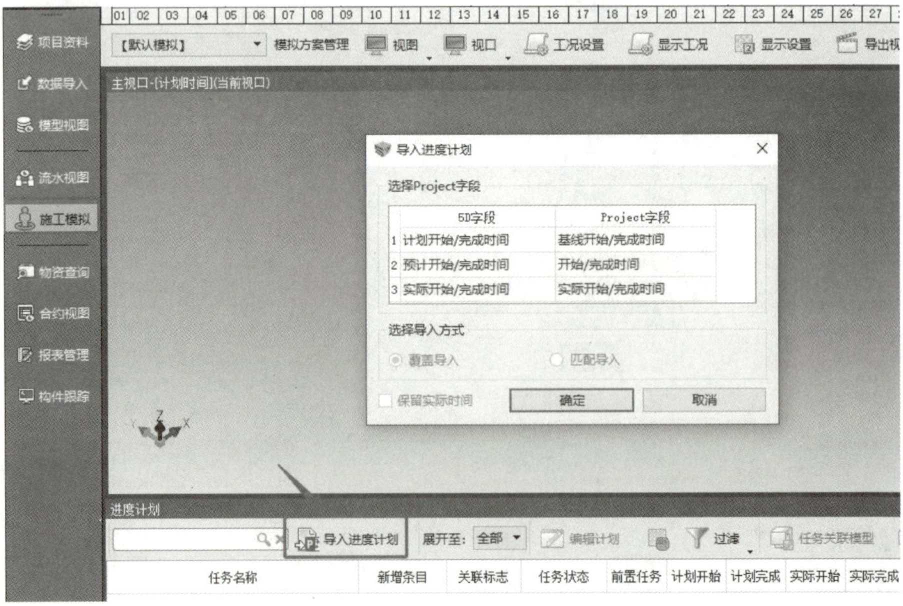

图 8-25　导入进度计划

2. 流水段的划分

进入流水视图界面，在“流水段定义”界面下，单击“新建同级”按钮，选择单体，继而单击“新建下级”按钮，选择专业和楼层，并分类命名，接着单击“新建流水段”，根据进度计划中的流水段划分进行流水段的处理，如图 8-26 所示。同时新建流水段过程也可以在下一步骤“关联模型”中完成。

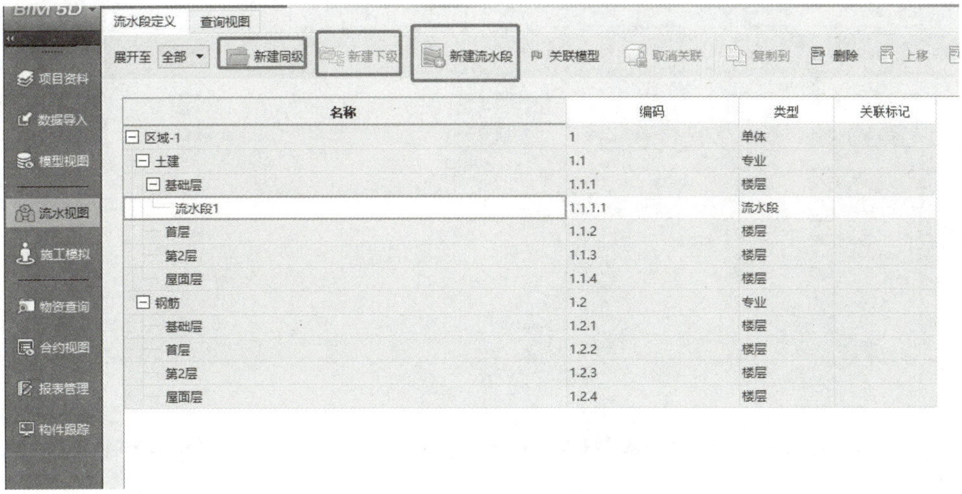

图 8-26　流水视图

单击“关联模型”按钮，在弹出的窗口内，将“显示构件类型”全选，“关联构件类型”上锁，防止出现构建缺失，单击“画流水段线框”按钮对流水段进行绘制，绘制完成时点击“应用并新建”，此时软件会自动新建“流水段 2”，继续上一步骤，绘制“流水段 2”包含的区域，如图 8-27 所示。其他楼层的流水段划分可以使用“复制到”功能复制到目标楼层。

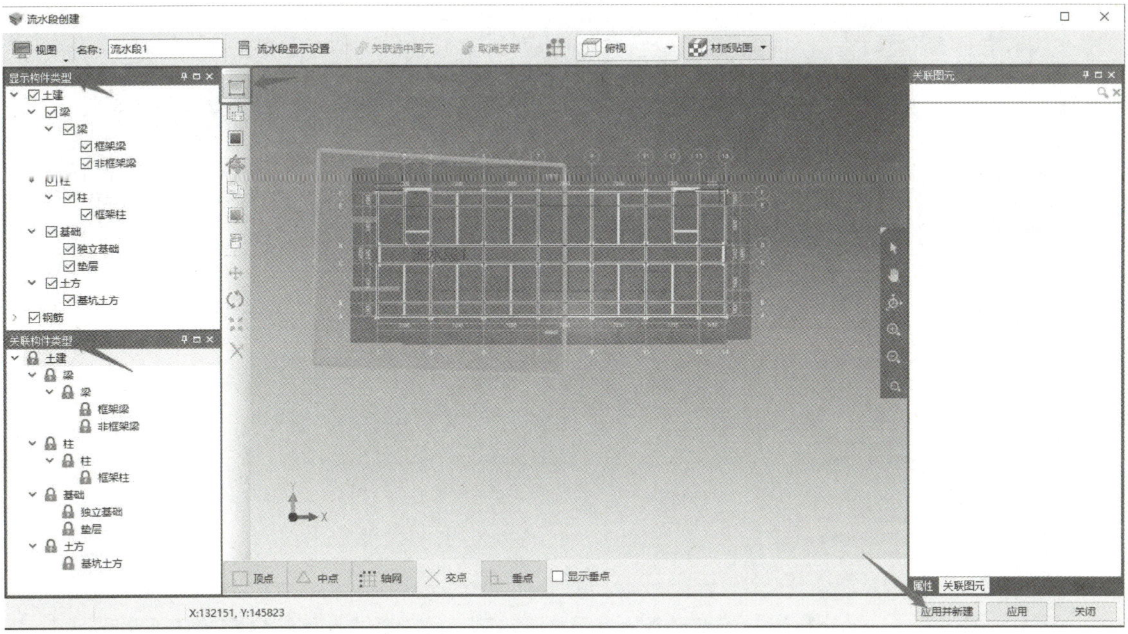

图 8-27　划分流水段

3. 进度关联

在施工模拟状态下，任意点击一条任务名称，此时可单击“任务关联模型”按钮，在弹出的窗口内，根据进度计划依次选择楼层、专业、流水段、构件类型、构件类型属性，最后单击“关联”按钮。依次完成每一项任务的模型关联，如图 8-28 所示。

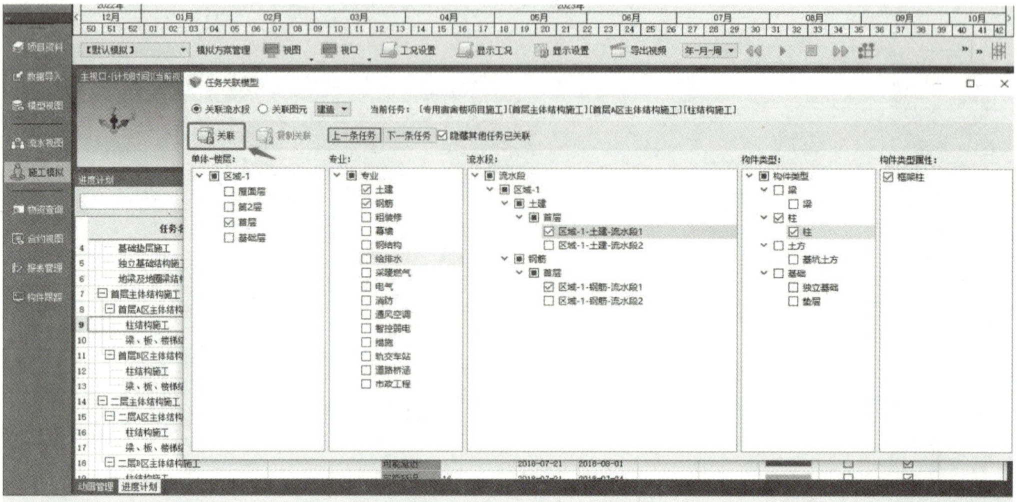

图 8-28　进度关联

五、模拟施工动画制作

在施工模拟窗口依次单击“模拟方案管理”→“添加”按钮，在弹出的模拟方案窗口内输入方案名称及需要模拟的时间段，完成后单击“确认”，如图 8-29 所示。

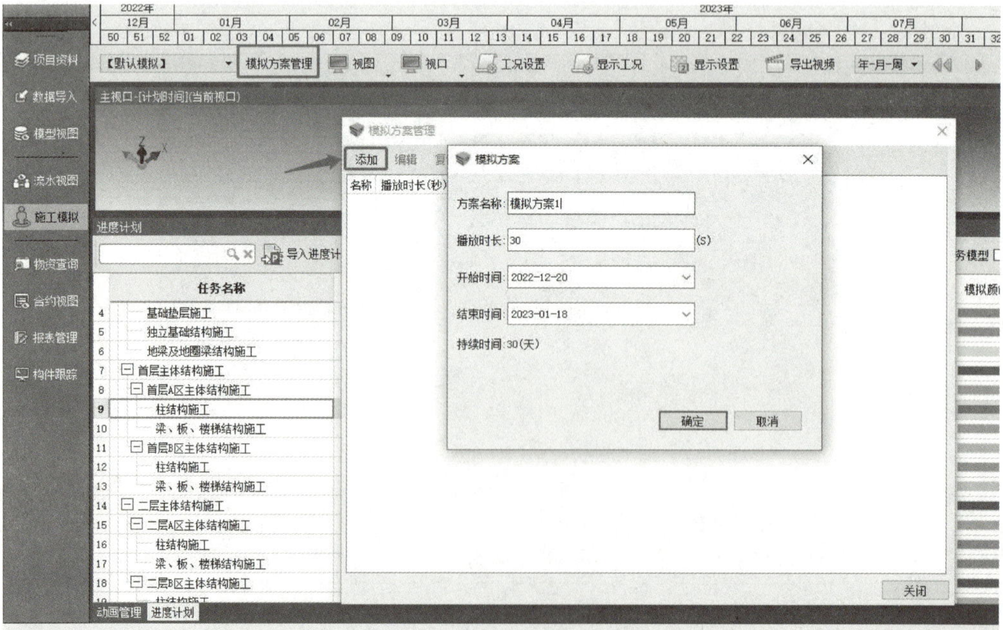

图 8-29　新建模拟方案

单击屏幕左下角的“动画管理”按钮，进入动画模拟界面。如果主视口未显示模型，可以在主视口处单击鼠标右键选择“视口属性”，接着在弹出的窗口内将显示范围全选，单击“确定”即可显示模型，如图 8-30 所示。

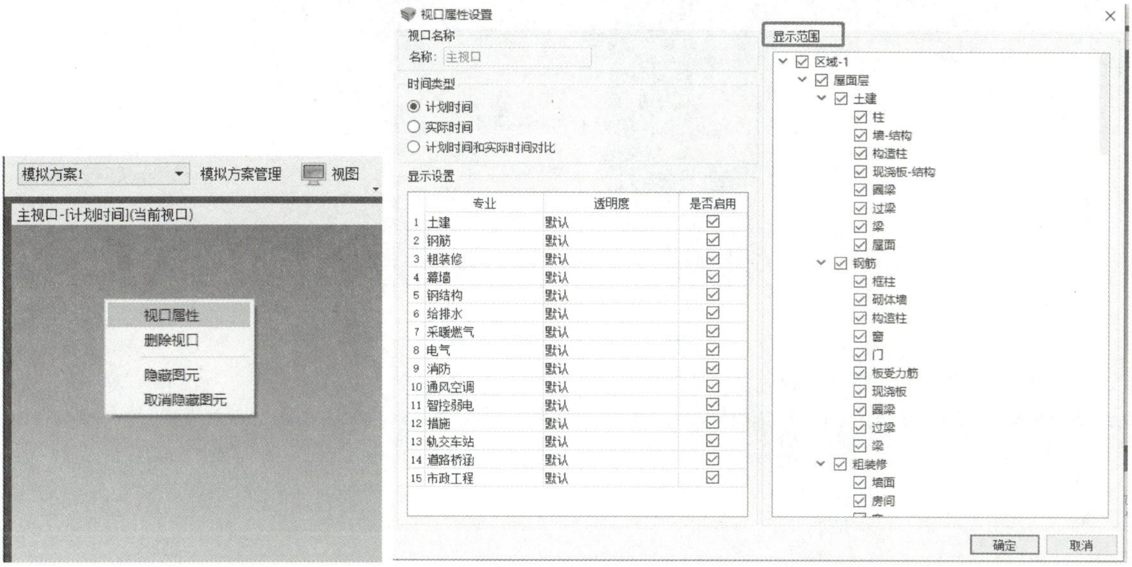

图 8-30　调整视口属性

选择新建的模拟方案，单击“相机动画”，设置关键帧和视角，注意先拉时间进度条再设置视角，利用“捕获节点”按钮设置关键帧，利用“动态观察”按钮调整视角，利用“显示设置”对模拟效果进行设计，如图 8-31 所示。

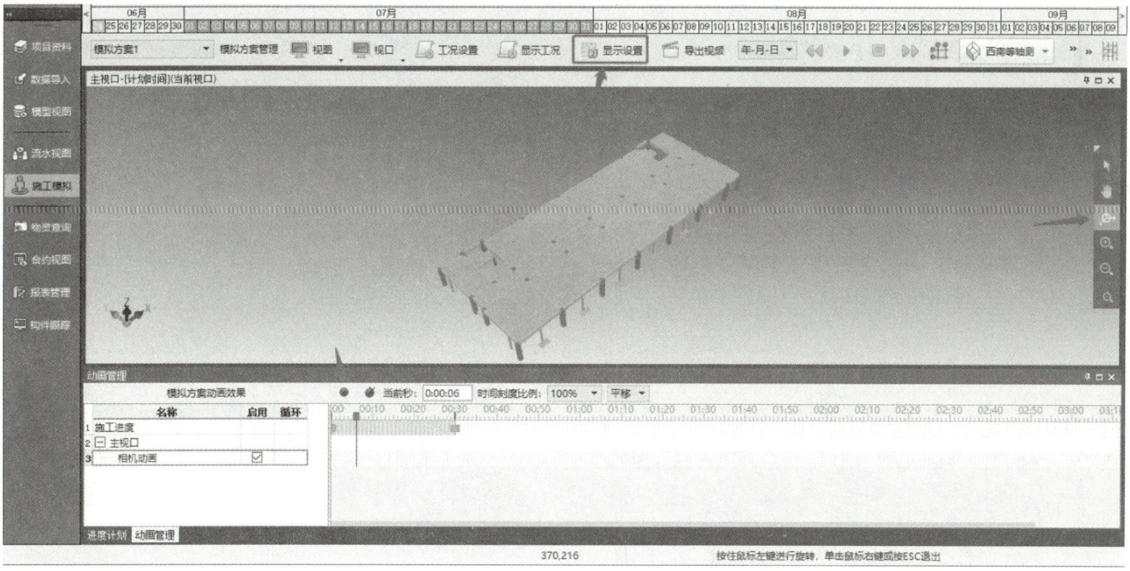

图 8-31　制作施工模拟动画

设置完成后进行视频导出，首先单击“视图”按钮，调出资金曲线窗口，如图 8-32 所示。

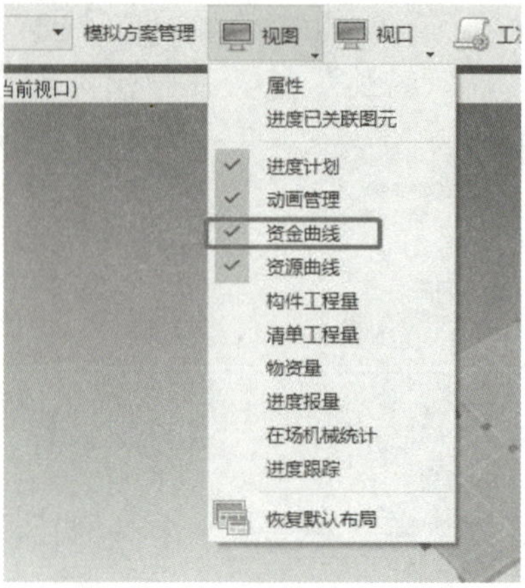

图 8-32　添加资金曲线

注意资金曲线需要先进行“费用预计算”，再“刷新曲线”才能正确显示，如图 8-33 所示。

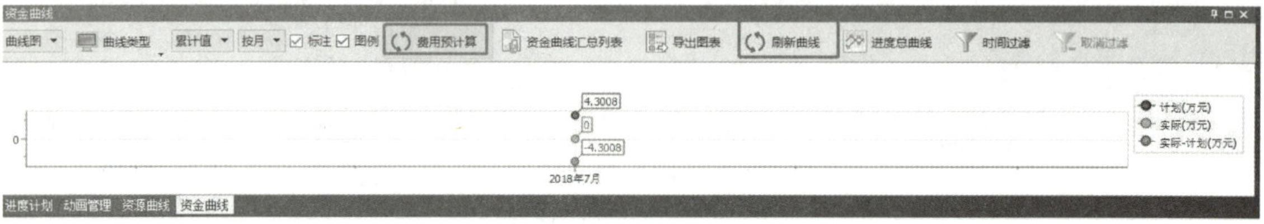

图 8-33　资金曲线

最后单击“导出视频”按钮，在弹出的窗口依次对“视频设置”和“内容及布局”两项进行适当的调整，即可导出视频，如图 8-34 所示。

图 8-34　视频设置并导出

六、投标资料导入及 BIM 投标文件输出

在数据导入界面依次单击“投标资料”“导入文件”，将完成的施工模拟动画视频、施工实施方案等文件导入软件。

在主菜单中，单击“导出施工模型标书”，选择保存路径，如图 8-35 所示。

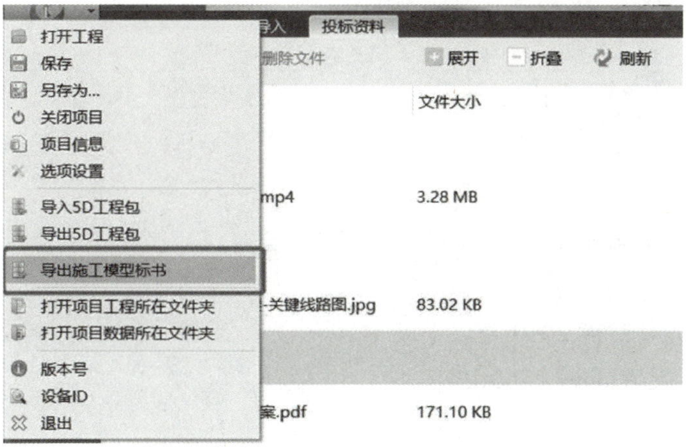

图 8-35　导出投标文件

任务六　电子化招投标综合实训简介

电子化招标投标综合实训以建筑工程招标投标专业理论为架构，通过一系列实训辅助软件，以仿真方式模拟工程招标投标全过程管理。通过电子化招标投标，可以集工程招标投标与合同管理利益相关各方团队，通过一系列招标投标工作任务，全面再现工程招标投标管理全过程。目前，电子化招投标综合实训采用任务驱动式教学方法，将招标投标各阶段的工作任务化，学生组建招标投标项目团队并研究分析任务点，形成招标投标决策方案，通过电子化招标投标相关软件工具，实现电子化招标投标线上业务模拟+线下技能实操的功能，全面强化学生就业岗位的业务与技能锻炼。

一、实训目标

1. 专业能力目标

①熟悉电子化招标投标完整的业务流程、各阶段主要工作及时间把控。

②掌握电子化招标投标业务中招标文件、投标文件的编制方法和编制技巧。

③熟悉电子化招标投标工作岗位分工及岗位职责。

④了解并熟悉招标投标相关企业、人员各类证件资料内容。

⑤具备编制和制定工程合同条款的能力。

⑥具备能够进行工程招标投标风险管理的能力。

2. 素质目标

①培养学生细致耐心、一丝不苟的工作作风。

②培养学生语言表达能力及社交能力。

③锻炼学生逻辑思维能力及实验动手操作能力。

二、课前准备

1. 硬件准备

(1)多媒体设备

投影仪、教师计算机、授课 PPT。

(2)实训计算机

学生用实训计算机配置要求如下:

①IE 浏览器 8 及以上。

②安装 Office 办公软件 2010 及以上版本。

③电脑操作系统:Windows 7 及以上。

(3)网络环境

机房内网或校园网内网环境。

(4)实训物资

自编工程招标投标实训指导书、任务书、签字笔、广联达系列软件加密锁或云锁。

2. 软件准备

①广联达 BIM 投标软件(或广联达 BIM5D)。

②广联达电子投标文件编制工具 V7.0。

③广联达电子招标文件编制工具 V7.0。

④电子招标投标项目交易管理平台。

三、实训任务

1. 实训目的

①通过案例,结合基础知识点,让学生掌握项目招标投标应该具备的条件,学会分析如何选择招标方式。

②通过招标计划编制,让学生熟悉完整的招标投标业务流程、时间控制。

2. 实训任务

①第一阶段:企业注册备案阶段实训。

②第二阶段:招标阶段实训。

③第三阶段:投标阶段实训。

3. 角色扮演

(1)招标人

①招标人即建设单位,由教师临时客串。

②负责对招标代理公司提出的招标条件问题进行解答、出具相关的证明资料。

(2)招标代理

①每个学生团队都是一个招标代理公司。

②承接招标人(或建设单位)的工程招标委托任务。

③确认工程招标项目的招标条件是否满足。

(3)行政监管人员

每个学生团队中由项目经理指定一名成员,担任本团队的行政监管人员。

(4)投标人

在完成招标工作后,每个学生团队都是投标企业(建筑施工企业)的身份,完成投标任务。

四、各阶段实训任务

1. 企业注册备案阶段实训内容及任务

实训内容:企业注册备案。

任务指导:企业注册备案。

①每人需成立招标企业和投标企业,并在“广联达工程交易管理服务平台”上完成招标企业和投标企业的注册,获取在工程交易管理服务平台上进行电子化招标投标交易活动的资格,如图 8-36 所示。

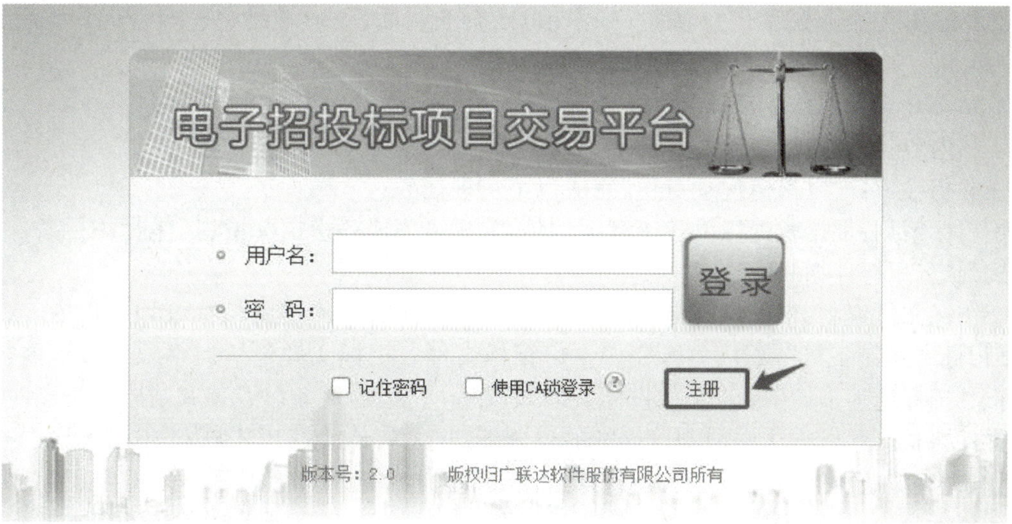

图 8-36 企业注册

②企业注册备案:每人需要完成招标代理公司、建设施工企业共两家公司的企业备案并登录(包括但不限于企业基本信息、企业资质、安全生产许可证、企业人员等信息备案),如图 8-37 所示。

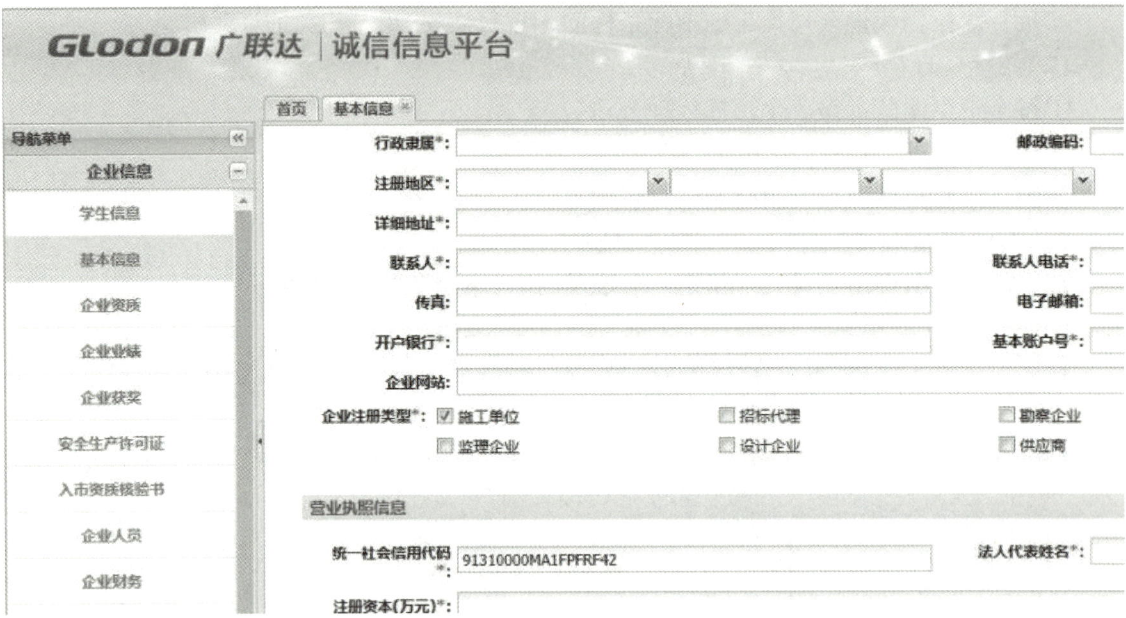

图 8-37　完善企业信息

实训提交成果文件：

①招标代理公司诚信信息备案：基本信息、企业资质、企业业绩、企业人员。

②建筑施工企业诚信信息备案：基本信息、企业资质、企业业绩、安全生产许可证、企业人员。

2. 招标阶段实训内容及任务

实训内容：编制招标文件及开标前预约工作。

任务指导：每人以招标代理身份，完成以下实训任务：

①招标策划：根据教师提供的工程案例信息，每人完成一份招标策划（包括招标条件及招标方式判定、招标计划）。

②招标文件编制：根据教师提供的工程案例信息，结合已完成的招标策划文件内容，利用“电子招标书编制工具”软件，每人完成一份招标文件。招标文件包括但不限于以下内容：封面、目录、招标邀请书（招标公告）、投标人须知、评标办法、合同条款及格式、技术标准和要求、投标文件格式。评标方法中须制订详细的评分细则（尤其是针对 BIM 技术的应用及实施保障措施、BIM 实施业绩等与 BIM 相关的评审标准；同时，技术标评审模块不少于 6 个子模块）。

③招标公告、发售招标文件：每人需在“广联达工程交易管理服务平台”上完成招标项目注册、发布招标公告并发售招标文件。完成图 8-38 中的项目登记、初步发包方案和委托招标备案内容并审批通过，完成招标项目注册；完成招标公告管理、招标文件管理和最高投标限价内容并审批通过，完成招标公告和招标文件的发售。

④完成开标前预约工作：每人需在“广联达工程交易管理服务平台”上完成标室预约、评标专家申请工作，完成图 8-38 中标室预约、评标专家申请内容并审批通过。

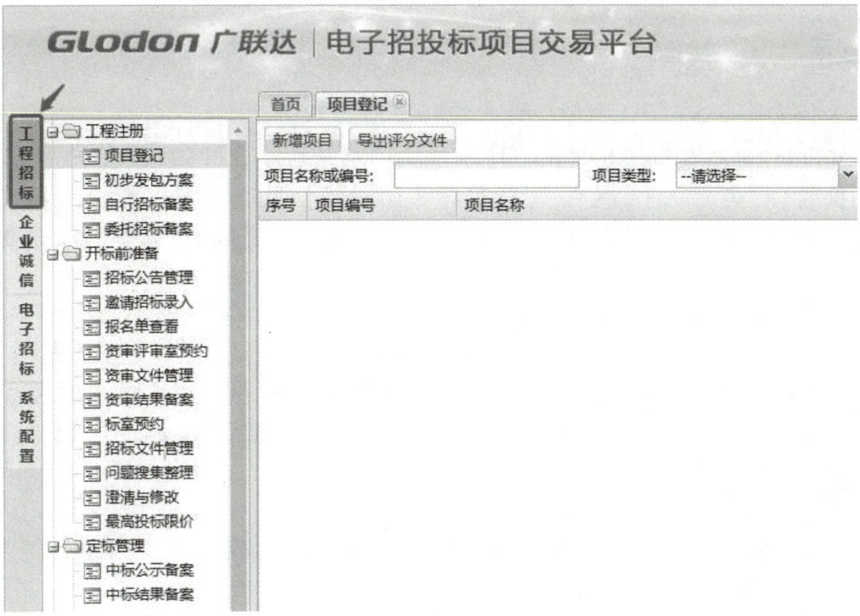

图 8-38　招标设置

3. 投标阶段实训内容及任务

实训内容:编制投标文件并递交。

任务指导:每人以投标企业(建筑施工企业)身份,完成以下实训任务。

①投标报名、获取招标文件:每人需登录"广联达工程交易管理服务平台",投标报名教师发布的招标公告、获取招标文件,如图 8-39 所示。

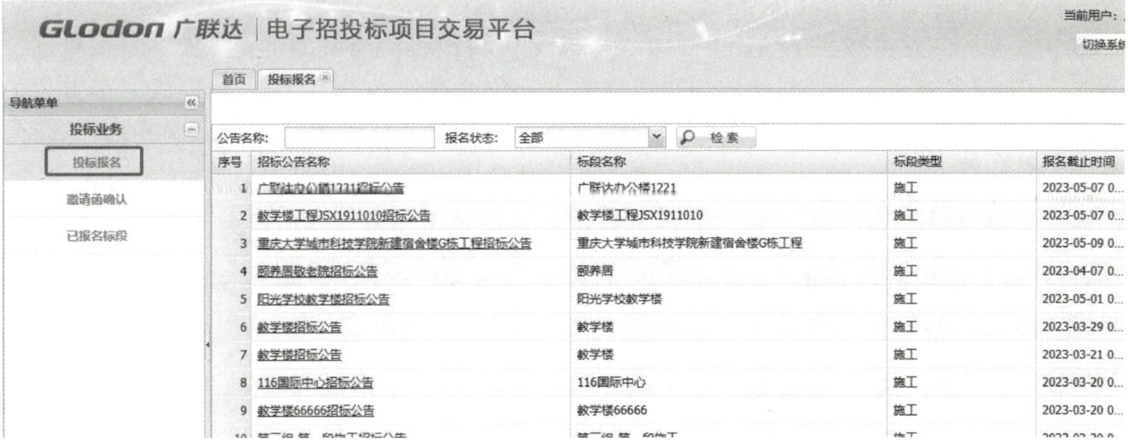

图 8-39　投标报名

②投标文件编制:每人按照招标文件要求,利用广联达 BIM5D 软件整合完成一份电子版投标文件。

③投标文件递交:每人将完成的投标文件在"广联达工程交易管理服务平台"已报名标段内成功递交。

案例应用

BIM 技术招投标应用案例

BIM(Building Information Modeling)技术是一种基于数字化建筑模型的工程技术,通过对建筑的全周期管理,实现设计、施工、运营等各个阶段的协同与信息共享。近年来,BIM 技术在招投标过程中得到越来越广泛的应用,其为招投标提供了更高效、精确的数据支持,减少了工程风险,提高了招标结果的可靠性。

1. 清华大学图书馆 BIM 技术应用案例

清华大学图书馆是中国首座采用 BIM 技术进行招投标的图书馆工程。在项目招投标过程中,建设单位要求投标方提供 BIM 模型,并使用 BIM 技术进行施工过程模拟和优化,以确保施工质量和工期的控制。通过 BIM 技术的应用,可以实现施工流程的可视化,有效地避免了施工过程中的冲突问题,提高工程质量和效率。

2. 沈阳地铁二号线 BIM 技术应用案例

沈阳地铁二号线是中国首批采用 BIM 技术进行招投标的轨道交通项目。在项目招投标过程中,采用 BIM 技术对地铁线路的设计和施工进行全过程数字化管理,可以实时监控施工进度,预测潜在问题,并提供合理的建议和解决方案。通过 BIM 技术的应用,项目的施工质量得到了有效保障,施工期限也得到了有效控制。

3. 上海世博会英国馆 BIM 技术应用案例

上海世博会英国馆是世界首个应用 BIM 技术进行招投标的世博馆工程。在项目招投标过程中,BIM 技术被用于建筑设计和施工过程中各个环节的协同,有效提高了设计和施工的效率。通过 BIM 技术的应用,可以对工程进行全面的模拟和优化,预测潜在问题,减少施工风险,提高工程质量和效率。

4. 北京大兴国际机场 BIM 技术应用案例

北京大兴国际机场是中国首个应用 BIM 技术进行招投标的机场工程。在项目招投标过程中,BIM 技术被用于机场航站楼和跑道等关键部位的设计和施工,为项目提供了全方位的数字化管理和优化。通过 BIM 技术的应用,可以实现机场各个部分之间的协同和优化,提高施工质量和效率。

5. 深圳地铁四号线 BIM 技术应用案例

深圳地铁四号线是中国首个全程应用 BIM 技术进行招投标的地铁线路工程。在项目招投标过程中,BIM 技术被用于地铁线路的设计、施工和运营过程的管理,实现了信息的共享和协同。通过 BIM 技术的应用,可以实时监控地铁线路的施工进度,提前发现和解决潜在问题,提高施工效率和工程质量。

综上所述,BIM 技术在招投标应用中的案例丰富多样,不仅提供了全周期数字化管理的支持,还能够优化设计和施工过程,降低工程风险,提高工程质量和效率。随着 BIM 技术的不断发展和应用,相信其在招投标领域的应用将会更加广泛和深入。

项目总结

通过本项目学习,应了解什么是 BIM 技术,BIM 技术在工程招投标环节的应用;熟悉电子化招投标的实施过程,了解企业诚信管理,熟悉 BIM 招标和可视化投标文件编制过程,并能理论联系实际,进行案例分析,解决实际问题。

技能实训

完成任务八中的实训内容。

能力训练

2016 年，国家发改委等六部联合发布《关于深入开展 2016 年国家电子招标投标试点工作的通知》，明确第一批电子投标试点城市的主要任务。其中，通知对深圳提出“深化 BIM 等技术应用，推进电子招标投标与相关技术融合创新发展”的 BIM 应用试点要求，开启了 BIM 招投标时代。

2017 年 5 月 4 日，住房和城乡建设部发布第 1535 号公告，批准《建设项目工程总承包管理规范》为国家标准，编号为 GB/T 50358—2017，自 2018 年 1 月 1 日起实施。其中要求：采用 BIM 技术或者装配式技术的，招标文件中应当有明确要求；建设单位对承诺采用 BIM 技术或装配式技术的投标人应当适当设置加分条件。

2019 年颁发的《绿色建筑评价标准》中，BIM 技术应用评价总分值从原 2 分升至 15 分。此标准的颁布将对 BIM 技术的应用产生深远影响。

问题：

①我国为什么要大力推广 BIM 招投标？它的优势是什么？

②在大力推广 BIM 招投标的过程中，你认为有哪些困难需要克服？

链接执考

1. 根据《电子招标投标办法》，在电子招标投标系统中，具有为市场主体、行政监督部门和社会公众提供信息交换、整合和发布功能的平台是（　　）。

A. 电子交易平台　　B. 资源共享平台　　C. 行政监督平台　　D. 公共服务平台

2. 电子招标投标项目交易管理交易平台用户注册不包括（　　）。

A. 招标人注册　　B. 招标代理机构注册　　C. 投标人注册　　D. 监督部门注册

3. 电子招标投标交易平台的主要功能不包括（　　）。

A. 在线完成招标投标全部交易过程

B. 编辑、生成、对接、交换和发布有关招标投标数据信息

C. 行政监督

D. 提供有关主管部门受理投诉所需的监督通道

4. 关于电子招标投标的说法，正确的有（　　）。

A. 投标人在投标截止时间前可以撤回投标文件

B. 数据电文形式与纸质形式的招标投标活动具有同等法律效力

C. 投标截止时间后送达的投标文件，电子招标投标平台不得拒收

D. 依法必须进行公开招标项目的招标公告应当在电子招标投标交易平台和国家指定的招标公告媒介同步发布

E. 投标人应当在投标截止时间前完成投标文件的传输递交，但不可补充、修改投标文件

5. 电子招标投标交易平台应当依照中华人民共和国（　　）条例等有关规定进行检测认证。

A. 招标投标　　B. 认证认可　　C. 检测认证　　D. 技术规范

参考文献

[1] 成虎. 工程合同管理[M]. 北京:中国建筑工业出版社,2005.
[2] 朱永祥,陈茂明. 工程招投标与合同管理[M]. 武汉:武汉理工大学出版社,2004.
[3] 吴渝玲. 工程招投标与合同管理[M]. 北京:高等教育出版社,2020.
[4] 宋春岩. 建设工程招投标与合同管理[M]. 5 版. 北京:北京大学出版社,2022.
[5] 中国工程咨询协会. 施工合同条件[M]. 北京:机械工业出版社,2002.
[6] 中国建设监理协会组织. 建设工程投资控制[M]. 北京:知识产权出版社,2023.
[7] 雷华,冯伟,林俊杰. 工程 BIM 招投标与合同管理[M]. 北京:中国建筑工业出版社,2022.
[8] 刘钦. 工程招投标与合同管理[M]. 2 版. 北京:高等教育出版社,2008.
[9] 周艳冬,许可. 工程项目招投标与合同管理[M]. 4 版. 北京:北京大学出版社,2022.
[10] 危道军. 招投标与合同管理实务[M]. 北京:高等教育出版社,2005.
[11] 宋春岩,付庆向. 建设工程招投标与合同管理[M]. 北京:北京大学出版社,2008.
[12] 林密. 工程项目招投标与合同管理[M]. 2 版. 北京:中国建筑工业出版社,2007.
[13] 刘旭灵,陈博. 建设工程招投标与合同管理[M]. 4 版. 长沙:中南大学出版社,2022.
[14]《标准文件》编制组. 中华人民共和国标准施工招标文件(2007 年版)[M]. 北京:中国计划出版社,2007.
[15]《房屋建筑和市政工程标准施工招标文件》编制组. 中华人民共和国房屋建筑和市政工程标准施工招标文件(2010 年版)[M]. 北京:中国建筑工业出版社,2010.
[16] 中华人民共和国交通运输部. 公路工程标准施工招标文件(2018 年版 · 第一册)[M]. 北京:人民交通出版社股份有限公司,2018.